SAFe – Das Scaled Agile Framework

Christoph Mathis ist Agilist seit 2001. Im Laufe seines Berufslebens hat er vielfältige Erfahrungen als Teammitglied, Projektmanager, Scrum Master und Führungskraft gesammelt. In seiner jetzigen Position als Coach und Trainer beim Beratungsunternehmen improuv aus München hilft er Managern und Organisationen dabei, die Potenziale von Lean und Agile zu nutzen. In den letzten Jahren unterstützt er vermehrt große Organisationen beim agilen Change und bei der Entwicklung von Führungskräften. Dabei hat er die Erfahrung gemacht, dass eine erfolgreiche agile Organisation nur von Management und Teams gemeinsam gestaltet werden kann.

Christoph Mathis

SAFe – Das Scaled Agile Framework

Lean und Agile in großen Unternehmen skalieren

Mit einem Geleitwort von Dean Leffingwell

2., überarbeitete und aktualisierte Auflage

dpunkt.verlag

Christoph Mathis
christoph.mathis@improuv.com

Lektorat: Christa Preisendanz
Copy-Editing: Ursula Zimpfer, Herrenberg
Satz: Nadine Thiele
Herstellung: Susanne Bröckelmann
Umschlaggestaltung: Helmut Kraus, www.exclam.de
Druck und Bindung: M.P. Media-Print Informationstechnologie GmbH, 33100 Paderborn

Bibliografische Information der Deutschen Nationalbibliothek
Die Deutsche Nationalbibliothek verzeichnet diese Publikation in der Deutschen Nationalbibliografie; detaillierte bibliografische Daten sind im Internet über http://dnb.d-nb.de abrufbar.

ISBN:
Print 978-3-86490-529-2
PDF 978-3-96088-353-1
ePub 978-3-96088-354-8
mobi 978-3-96088-355-5

2., überarbeitete und aktualisierte Auflage 2018

Wieblinger Weg 17
69123 Heidelberg

5 4 3 2 1

Vorwort zur 2. Auflage

Agile Softwareentwicklung ist zum Mainstream geworden. Zahlreiche Unternehmen, die ich in den vergangenen Jahren beraten habe, wagen sich inzwischen auch an sehr große Entwicklungsvorhaben mit agilen Methoden heran. Dabei hat sich herausgestellt, dass ganz neue Herausforderungen auftreten: Es geht längst nicht mehr nur um die Veränderung der Arbeitsweise einzelner Teams, sondern um den Wandel zum agilen Unternehmen, d. h. die Kultur und die Organisation, die agile Teams formt und ihnen die Möglichkeit eröffnet, effektiv zu arbeiten.

In der Diskussion um agile Softwareentwicklung bin ich immer wieder auf ähnliche Fragen gestoßen:

- Warum muss man überhaupt skalieren? Viel Komplexität kommt insbesondere erst durch eine schlecht strukturierte Codebasis, technische Schulden und organisatorische Altlasten zustande. Wichtiger wäre es, den Hinterhof aufzuräumen. Eine skalierte Implementierung muss sich danach fragen lassen, ob sie nur den Mangel verwalten will oder tatsächlich einen tiefgreifenden Change-Prozess anstößt.
- Agilität lebt von der Veränderung auch der agilen Prozesse selbst und versteht sich als Katalysator für kontinuierliche Veränderung und Verbesserung. Vordefinierte Frameworks bergen schon durch ihre Beschreibung die Gefahr, dass sie einmal entwickelt und ausgerollt und dann als Standard festgeschrieben werden. Das wäre genau das Gegenteil einer agilen Methode.
- Für wen sind welche Schritte sinnvoll? Dieselben Ideen und Praktiken können für die eine Firma einen Durchbruch in Richtung Agilität und Produktivität bedeuten – für andere wären sie ein Schritt zurück, entweder wirkungslos oder sogar eine Verschlechterung.
- Im Fall von SAFe kommt noch eine Frage hinzu: Warum braucht man überhaupt diese Rollen und Prozeduren, wenn die agile Kultur das wichtigste Erfolgsgeheimnis ist? Ist diese Komplexität nicht generell ein Irrweg?

Die neue Version 4.5 von SAFe ist gerade erschienen und das bietet die Gelegenheit, nicht nur über die Änderungen in SAFe selbst nachzudenken, sondern auch über die Entwicklungen in der Agilität im Allgemeinen zu reflektieren.

- Neue Mitbewerber sind erkennbar: Das LeSS-Framework ist fertig – jetzt auch in deutscher Sprache dokumentiert[1] – und hat sich als klarer Zweiter im Markt für agile Skalierungsframeworks etabliert. Daraus ist so etwas wie ein Zweikampf entstanden. Interessant ist dabei auch die klare Abgrenzung durch die erheblichen konzeptionellen Unterschiede: Während SAFe darauf setzt, schnell zu starten und für die meisten Vorschläge eine initiale Empfehlung zu geben, konzentriert sich LeSS viel stärker auf den erforderlichen Kulturwandel als notwendige Voraussetzung. SAFe vertraut darauf, dass die kulturellen Änderungen im laufenden Betrieb umgesetzt werden. Es zeigt sich bei unseren Kunden, dass die beiden Frameworks für sehr verschiedene Ausgangssituationen interessant sind.
- Einige der Erfahrungen beim Einsatz sind auch in die Änderungen von Version 4.5 eingeflossen: Man sieht ein klares Bemühen, mögliche Gründe für Implementierungsfehlschläge zu identifizieren und zu adressieren. Insbesondere die neue Einführungsstrategie und die wesentlich erweiterte und überarbeitete Lieferpipeline sind hier zu nennen.
- Neue Diskussionen erzeugen auch neue Missverständnisse: So wie man SAFe als Blaupause verwenden kann (es sei nochmals betont: Man wird ohne ein tiefes Verständnis der systemischen Zusammenhänge keine erfolgreiche Implementierung stemmen), so werden auch Erfahrungsberichte wie die der schwedischen Firma Spotify als Blaupause angewendet, wenn man über agile Transformation nach dem Spotify-Framework spricht: Spotify hat aber kein Framework veröffentlicht, sondern eine Momentaufnahme auf dem spezifischen Weg einer Firma. Der Beitrag zur Agilität ist nicht die Umbenennung von Teams zu Squads, sondern der Beitrag ist substanzieller: Wie kann man Vertrauen und Alignment skalieren und dafür nutzbar machen, die Software-Codebasis radikal zu entkoppeln.
- Das Verständnis für agile Prinzipien zu vertiefen wird in der nächsten Zeit eher noch stärker als bisher die Agenda bestimmen. In den Unternehmen ist ein umfassender und nachhaltiger Kultur- und Strategiewandel zu beobachten. Agilität ist nicht mehr auf die da unten im »Maschinenraum« begrenzt, es umfasst agile Geschäftsentwicklung und damit den Arbeits- und Aufgabenbereich des Topmanagements: Agilität steht dafür, auf allen Ebenen neue Fähigkeiten für die Firmen zu erschließen. Dazu brauchen wir nicht nur die Frameworks als Werkzeuge, sondern auch ein umfassendes Verständnis aller Beteiligten auf jeder Ebene.

---

1. [Larman & Vodde 2017]

Arbeiten wir gemeinsam daran weiter: Führungs- und Rollenbilder auf eine agile Grundlage zu stellen. Agilität mit Lean-Prinzipien zu kombinieren und zu einer langfristig tragfähigen Grundlage für unsere Wissensgesellschaft zu machen. Agile Transformationen durchzuführen und sie in eine kontinuierliche, agile Evolution zu verwandeln. Das Versprechen der Agilität als Win-win-Situation einzulösen: mehr Effektivität und eine angenehmere, befriedigendere Arbeitssituation zu schaffen.

Was will dieses Buch

Dieses Buch beschreibt die Probleme und Möglichkeiten der Skalierung agiler Softwareprojekte und die Konsequenzen, die sich für die Kultur und Führung von Unternehmen ergeben, die agile Vorgehensweisen in großem Maßstab nutzen. Es richtet sich an Entscheider und Verantwortliche in solchen Unternehmen.

Das Buch konzentriert sich auf das Scaled Agile Framework (SAFe). Dieses Verfahren bietet einen integrierten Werkzeugkasten für die Skalierung sehr großer Projekte und ist damit ein geeigneter Startpunkt für die agile Transformation von reifen mittleren und großen Organisationen. Das Buch beschreibt die Prinzipien von SAFe und will zudem folgende Fragen beantworten:

- Welche Optionen habe ich bei der Gestaltung einer agilen oder Lean-Entwicklung. Welche Transformation ergibt sich für meine Organisation? Welche Ziele verfolge ich und welche Frameworks, Werkzeuge und Erfahrungen gibt es?
- Was sind die Ansprüche von SAFe und wie löst es diese ein? Wie agil ist SAFe? Sind die beschriebenen Strukturen und Prinzipien eine Umsetzung der ursprünglichen agilen Ideen?
- Warum sind die Strukturen, die SAFe zusätzlich zu agilen Methoden entwickelt, notwendig bzw. sinnvoll?
- Für wen ist SAFe nützlich und für wen nicht? Welche Erwartungen, Strukturen und Ziele passen zur Einführung von SAFe? Welche Fallen gibt es, welche praktischen Erfahrungen sollte man beachten?

Wie ist dieses Buch strukturiert

Das Buch startet in Kapitel 1 mit der Frage, warum man überhaupt eine Entwicklung skalieren muss oder ob man diese Komplexität vermeiden kann.

Die Kapitel 2 bis 8 beschreiben SAFe. Kapitel 2 gibt einen Überblick, die folgenden Kapitel beschreiben die Ebenen von Team, Programm, Solution und Portfolio.

Kapitel 9 hat die Lieferpipeline zum Gegenstand, die in der Version 4.5 einen wesentlich breiteren Raum einnimmt als bei den bisherigen SAFe-Versionen.

Kapitel 10 beschreibt Metriken für die einzelnen Ebenen und diskutiert Probleme, die bei Metriken auftreten.

Kapitel 11 beschreibt das Rollenbild von Führungskräften, die eine agile und Lean-Transformation nachhaltig einführen wollen, und Kapitel 12 enthält Überlegungen zur Vorbereitung und Planung einer konkreten SAFe-Einführung.

Kapitel 13 liefert mehr Details zur Entwicklung einer Architektur und gibt einen Überblick über die softwaretechnischen Grundlagen, auf denen SAFe aufbaut.

Kapitel 14 beschreibt den Kontext von SAFe, stellt alternative Frameworks vor und diskutiert die Grenzen von SAFe.

Für den schnellen Überblick

Wenn Sie sich schnell einen Überblick über SAFe verschaffen wollen, starten Sie mit Kapitel 2 »Überblick über SAFe«. Sie kennen danach die allgemeine Struktur und die Motivation von SAFe und können beurteilen, welche Teile für Ihre Organisation relevant sind.

Wenn Sie mit agilen und Lean-Konzepten noch nicht vertraut sind, helfen Ihnen die entsprechenden Abschnitte in Kapitel 14, einen Einblick in die Grundlagen zu bekommen.

SAFe einführen und umsetzen

Wenn Sie sich überlegen, ob Sie SAFe einsetzen wollen, starten Sie mit Kapitel 12.

Zum Kennenlernen von SAFe im Detail sind die Kapitel 3 bis 9 gedacht.

Wenn Sie SAFe einführen wollen und an einer Übersicht aus Leitungssicht interessiert sind, sollten Sie die Kapitel 11 und 12 durchlesen, um zu erfahren, welche Herausforderungen und Planungsschritte auf Sie zukommen werden.

Wenn zu Ihren Aufgaben die Entwicklung der Softwarearchitektur gehört, erhalten Sie dazu mehr Informationen in Kapitel 13.

Hintergründe und Kontext

Wenn Sie sich vor allem für die Hintergründe von SAFe interessieren, starten Sie mit dem Überblick in Kapitel 2 und springen direkt zur Betrachtung des Kontexts und der Alternativen von SAFe in Kapitel 14.

SAFe-Versionen

Dieses Buch basiert auf der aktuellen Version 4.5 des Frameworks. Die erste Auflage war ursprünglich für die Version 3.0 konzipiert, parallel zum Schreiben des Buches entwickelte sich jedoch auch SAFe weiter und wurde dafür fit gemacht, auch sehr große Systeme zu managen, die nicht notwendigerweise reine Softwaresysteme sein müssen, sondern die oft Hardwarekomponenten oder weitere externe Systeme integrieren.

Version SAFe 4.0 wurde erweitert, um dieser Intention Rechnung zu tragen:

- Kanban erhält eine prominentere Rolle. Bisher wurde Kanban im Portfolioprozess genutzt, um den globalen WIP (Work-in-Progress) zu begrenzen. Jetzt werden Kanban-Systeme auf allen Ebenen integriert und bieten eine konsistente Sicht auf das Managen der aktiven Arbeitspakete.
- Kanban-Teams stehen gleichberechtigt neben Scrum-Teams. Sie nehmen allerdings genauso wie Scrum-Teams am Planungstakt der Programme teil und übernehmen die Rollen des Scrum Masters und Product Owners.
- Die Value-Stream-Ebene (in Version 4.5 in Solution-Ebene umbenannt) ist wesentlich leistungsfähiger geworden und als optionale Ebene zwischen Portfolio- und Programmebene eingebettet. Sie kann in sehr großen SAFe-Installationen Systeme, Suiten und Applikationen hoher Komplexität meistern.
- Die optionale Value-Stream-Ebene ist auch ein Einstieg in eine Modularisierung des Frameworks, um es leichter nutzbar zu machen und einen breiteren Anwendungsbereich zu erschließen. Diese Modularisierung wurde in Version 4.5 weitergetrieben.
- Einige Begriffe sind für eine bessere Verständlichkeit umbenannt worden. Der wichtigste hierbei ist der Begriff eines »Enabler«. Enablers sind technische Initiativen, um notwendige Fähigkeiten des Systems bereitzustellen. Enablers kommen in allen vier Ebenen vor und wurden vorher als Architektur-Epics, -Features und User Stories bezeichnet. Dies gilt in Version 4.5 auch für Capabilities.
- Die Verwendung des Begriffs »Architektur« hatte teilweise auch Vorteile – an manchen Stellen in diesem Buch werden daher beide Begrifflichkeiten verwendet.
- Die grundlegenden Prinzipien von SAFe sind überarbeitet und somit klarer geworden.

Die wichtigsten Änderungen für SAFe 4.5

SAFe 4.5 ist im Juni 2017 freigegeben worden und bringt wiederum einiges Neues mit sich. Manche der Änderungen sind kosmetischer Art, aber es gibt auch wichtige Erweiterungen und Klarstellungen.

Neue Liefer- oder Delivery Pipeline

Die wohl wichtigste Erweiterung ist die Liefer- oder Delivery Pipeline. Sie baut nach wie vor auf dem Mantra »Develop on Cadence, Release on Demand« auf, mit dem sichergestellt werden soll, dass das System jederzeit lieferfähig ist. Offenbar wurde das aber bisher nicht in jeder Implementierung erfolgreich umgesetzt, sodass jetzt sehr viel Sorgfalt in die detaillierte Beschreibung fließt, wie eine erfolgreiche Pipeline aussehen muss. Die Beschreibungselemente sind:

- **Continuous Exploration**, wo sichergestellt werden soll, dass regelmäßig neue Anforderungen des Marktes und der Kunden betrachtet werden und in Kooperation mit Kunden und anderen Stakeholdern neue Epics bzw. Features gefunden werden.
- **Continuous Deployment**, die Infrastruktur, die sicherstellt, dass neue Features auch zuverlässig, in hoher Qualität und in kleinen Inkrementen bis in eine Staging-Umgebung geliefert werden können.
- **Continuous Delivery** beschreibt, was nötig ist, um die Features in die Staging- und Produktionsumgebungen liefern zu können, damit man jederzeit lieferfähig ist. Dies wird jetzt deutlicher als bisher von den Releasezyklen getrennt, die von externen Marktanforderungen, von strategischen Entscheidungen, Compliance-Freigaben und von vielem mehr beeinflusst werden können.

Integration von Lean-Startup-Strategien

Nicht weniger wichtig ist die Integration von Ideen aus dem Lean Startup, mit der das Problem angegangen wird, dass der Fluss von Epics durch das Gesamtsystem sehr linear aussah. Vor allem in der Explorationsphase wird deutlich, dass die Beschreibung jetzt wesentlich iterativer als bisher ist. SAFe bezieht sich auf Lean-Startup-Strategien und das Lean-UX-Modell. Das heißt, dass ein Epic keinen Business Case mehr bekommt, sondern eine Hypothese. Diese wird in einer ersten Version bis zur Marktreife entwickelt (als MMF, minimal marketable feature), dann wird entschieden, ob und wie oft weitere Versionen/Erweiterungen entwickelt werden.

Dadurch kann der endgültige Umfang deutlich von der ursprünglichen Planung abweichen und es wird ein expliziter Lernzyklus in die Entwicklung eines Epics eingebaut – manche Epics werden dadurch auch nie fertig, sondern werden kontinuierlich weiterentwickelt.

Scalable DevOps als Kultur-, Organisations- und technische Aufgabe

DevOps wird primär als organisatorische und kulturelle Aufgabe beschrieben: Der wichtigste Punkt ist das Aufbrechen traditioneller Silos (Entwickler, Tester etc.) in cross-funktionale Teams, die gemeinsam eine häufige Lieferung neuer Funktionalität sicherstellen können. Erst auf dieser Grundlage können die Werkzeugketten (die dann aber auch nötig sind) Wirksamkeit entfalten.

Die Einführungsstrategie ist konkreter geworden

Bei der Einführung werden wesentlich deutlicher die Erfolgsbedingungen und die Rollen bei einer SAFe-Implementierung genannt als bisher.

Viele kleine Änderungen

- **Das Big Picture ist weniger komplex.** Das Big Picture wurde bereinigt und ist dadurch übersichtlicher geworden: Zu viele Details drohten die Übersichtlichkeit zu gefährden, vor allem, da im Laufe der Zeit immer mehr Informationen dazugekommen sind. Dazu gehört auch das Herauslösen der verschiedenen optionalen Rollen in die Randleiste, die Spanning Palette – dadurch wird klarer, dass z.B. das Systemteam je nach Bedarf auf verschiedenen Ebenen angesiedelt werden kann. Pro Konfiguration werden auch verschiedene Rollen angeboten, was Erfahrungen aus verschiedenen Anwendungen repräsentiert.
- **Neue Konfigurationen.** Die SAFe-Konfigurationen sind überarbeitet worden, um den Aufwand zur Anpassung zu reduzieren und sie zielgerichteter auf Anwendergruppen zuzuschneiden. Die vier neuen Konfigurationen sind Essential SAFe, Portfolio SAFe, Large Solution SAFe und Full SAFe und blenden nur die Aspekte des Big Picture und der unterstützenden Rollen ein, die für eine typische Implementierung des jeweiligen Zuschnitts benötigt werden.
- **Umbenennungen.** Verschiedene Umbenennungen sollen Quellen für Missverständnisse beseitigen. Die wichtigsten sind:
  - Die Value-Stream-Ebene heißt jetzt **Solution-Ebene**, insbesondere gibt es jetzt den Solution Train, der die Agile Release Trains zusammenfasst.
  - Das Budget-Verfahren heißt jetzt **Lean Budgeting.**
  - SAFe bekommt einen neuen Namen – es heißt jetzt »**SAFe for Lean Enterprises**« – damit soll auch ein erweiterter Anspruch für die Entwicklung komplexer »Systeme von Systemen«, etwa aus Hardware- und Softwarekomponenten, formuliert werden.

Danksagung

Ich möchte mich an dieser Stelle herzlich bei folgenden Personen für ihre Unterstützung bei der Erstellung dieses Buches bedanken: Hedi Buchner, Stuart Fish, Conny Grieshaber, Pia Grund-Ludwig, Wolfgang Keller, Holger Neumann, Horst Peterjohann, Michael Stump, Eva Maria Wennmacher haben mir fantastischen Input zum Inhalt und zur Sprache gegeben.

Hedi Buchner, Stuart Fish und Wolfgang Keller haben meine frühen Versuche zurechtgestutzt und mir sehr dabei geholfen, den Fokus des Buches zu schärfen und die richtige Richtung zu finden.

Conny Grieshaber, Pia Grund-Ludwig, Horst Peterjohann und Eva Maria Wennmacher haben unglaublich viel Zeit investiert, um meine Formulierungen geradezubiegen. Conny hat zusätzlich noch viele Zeichnungen überarbeitet.

Michael Stump, Managing Director EMEA von Scaled Agile Inc. hat – last not least – an vielen Stellen geholfen, Zusammenhänge klarer darzustellen.

Viel Erfolg beim Umsetzen

Auf jeden Fall wünsche ich Ihnen viel Erfolg beim Umsetzen der Konzepte und insgesamt auf Ihrer Reise zu einer effektiven Nutzung von agilen und Lean-Konzepten. Möge das Buch Ihnen dabei behilflich sein.

Ich freue mich auch über Feedback zu meinem Buch.

Christoph Mathis
München, im September 2017

Geleitwort[1]

Der Karatekämpfer Bruce Lee starb, lange bevor es »SAFe« gab, aber er hat die Essenz von SAFe auf den Punkt gebracht, als er sagte: »Benutze nur, was funktioniert, und nimm es von überall, wo du es findest.«

Um den Abstand zwischen IT und Business zu überbrücken, integriert SAFe das, was funktioniert – Lean Systems Thinking, Agile-Development-Methoden, Product Development Flow und grundlegende Konzepte, wie man menschliche Potenziale weckt –, in ein skalierbares Framework. SAFe baut auf diesen Wissenspool auf und hilft, die wachsende Komplexität von Systemen und die Anpassung von Unternehmen zu meistern. Es wurde in der realen Welt in Unternehmen entwickelt wie John Deere ISG, BMC Software, Navteq und Nokia Siemens Networks – Orten, an denen 300 bis 1.000 Menschen an einem Produkt zusammenarbeiten – und wurde seit seiner Entstehung 2011 in drei großen Iterationen stetig verbessert.

Heute beschäftigen mehr als 60 % aller »U.S. Fortune 100«-Unternehmen und 10 % der »Global 500«-Unternehmen SAFe-trainierte Fachleute, die in mehr als 80 Ländern arbeiten, und der Anteil der SAFe-Anwender nimmt stetig zu. Weltweit führen Organisationen SAFe in großem Maßstab ein und generieren messbare Ergebnisse (siehe *scaledagileframework.com/case-studies*).

Es besteht kein Zweifel, dass die Erfahrungen der »Early Adopters« den schnell wachsenden Trend hin zu SAFe in Gang gesetzt haben, aber wie Edward Deming sagte: »There is no such thing as instant pudding.« SAFe erfordert ein starkes Engagement, große Leidenschaft und Überzeugung. Wer die Umsetzung ohne ein grundlegendes Verständnis der Methode und Praxis startet, wird nicht in vollem Umfang profitieren.

Dieses Buch in deutscher Sprache ist ein großer Schritt in Richtung eines solchen grundlegenden Verständnisses. Als gestandener Agilist mit vielen Jahren an Praxiserfahrung bietet Christoph Mathis, SAFe Program Consultant, einen tiefen Einblick in SAFe aus der Perspektive von jemandem, der den organisatorischen Wandel mit viel Ausdauer ermöglicht hat. Er führt Sie durch die Grundlagen, beleuchtet das Gleichgewicht zwischen Prinzip und Praxis und beschreibt die

1. Übersetzung von Christoph Mathis. Das Original finden Sie auf der Website zum Buch unter *www.dpunkt.de/safe*.

Bausteine einer Lean- und agilen Organisation wie gute Teams, effektive Führung und solide technische Praktiken.

Er liefert wertvolle Analysen zu den Herausforderungen agiler Praktiken aus erster Hand und beschreibt, wie SAFe diese Praktiken integriert, um Sichtbarkeit und gemeinsame Ziele über alle Unternehmensebenen hinweg zu etablieren.

Ungeachtet der Herausforderungen, die vor Ihnen liegen, oder der Stellung, die Sie im Unternehmen innehaben, dieses Buch sollte jeder lesen, der Werte schaffen und schneller, in höherer Qualität und mit zufriedeneren Teams liefern möchte.

Die gute Nachricht ist, dass Sie kein Lean- und agiler Jedi sein müssen, bevor Sie SAFe anwenden können. In echter agiler Manier kann man den Nutzen von SAFe in Inkrementen realisieren.

»Man muss nicht perfekt sein, um mit SAFe zu starten, man lernt, während man es einsetzt – Lernen ist eingebaut. Bevor ich mit SAFe startete, wusste ich nicht, wie ich meinen Teams helfen sollte, aber nun habe ich viele Werkzeuge, um die Fähigkeiten von Teams zu fördern. Mir macht meine Arbeit wirklich Spaß und das Wichtigste ist, mir hat mein Job noch nie so gut gefallen.« – ein »Fortune 500«-Kunde, Oktober 2014

Wir sind sicher: Eine erfolgreiche SAFe-Einführung erfordert die Unterstützung der Führungsebene, die Ausbildung und Mitarbeit auf allen Ebenen der Organisation und die Fähigkeit, mutige strategische Initiativen zu wagen.

Wir danken Christoph Mathis, dass er von diesen Erfordernissen die Ausbildungskomponente unterstützt und das SAFe-Wissen mit seinen Einsichten und Erfahrungen erweitert.

Bleiben Sie SAFe!

– Dean Leffingwell
SAFe Creator, Chief Methodologist
Scaled Agile, Inc.
scaledagileframework.com, scaledagile.com

Inhaltsübersicht

Inhaltsverzeichnis

1 Einleitung

Viele Darstellungen von Agile wecken die Assoziation an kleine IT-Entwicklungsteams, wenig Disziplin und das Ausrollen einer einfachen Methode.

Stabile selbstorganisierte kleine Teams sind tatsächlich die Grundlage für die Erfolgsgeschichte der Agilität, und in den ersten Jahren haben sich die Agilisten auch auf überschaubare Entwicklungen beschränkt. Mit der Nutzung in großen Organisationen entsteht die Notwendigkeit, das Selbstbild zu erweitern, und es wächst die Dringlichkeit, Missverständnisse auszuräumen.

Agile Entwicklung im Großen braucht eine solide Implementierung der einzelnen Teams, und alle relevanten Ansätze basieren auf einer Skalierung über Strukturen auf Basis von »Team von Teams«. Sie benötigt auch eine genauere Betrachtung der übergreifenden Prozesse. Daraus ergibt sich die Integration von Lean-Prozessen und Lean Thinking, der wichtigsten geistigen Grundlage der Agilität.

Eine erfolgreiche agile und Lean-Transformation muss auf dem Verständnis gründen, dass Agilität eine geistige Haltung meint und einen Kulturwandel für die ganze Firma darstellt. Sie beeinflusst die Führung und die Entscheidungsbefugnisse ebenso wie die Gestaltung der Wertströme.

Sie ist ein Startpunkt für einen kontinuierlichen Change-Prozess und bedeutet damit einen tiefen Einschnitt in das Selbstverständnis eines Unternehmens.

1.1 Was macht Agilität erfolgreich

Das formulierte Ziel agiler Entwicklung ist die zuverlässige und effektive Lieferung in kurzen Zyklen. Das bedeutet, dass Anforderungen in Features oder »vertikalen Inkrementen« bearbeitet und fertiggestellt werden. Im Fall von Software heißt fertiggestellt, dass die Software durch automatisierte, wiederholbare Tests überprüft ist.

Damit erreicht man eine im Vergleich zu herkömmlicher Softwareentwicklung unvergleichlich bessere Möglichkeit zu priorisieren, d.h. die wichtigsten Features zuerst auszuliefern.

Dieser schnelle Zyklus erfordert eine Autonomie des Bearbeitungsteams über Detailentscheidungen, Arbeitseinteilung im Team und Ähnliches, um die nötige Geschwindigkeit der Kommunikation und Entscheidungsfindung zu erreichen. Dies wiederum erfordert ein stabiles, kleines, engagiertes Team, das in einer transparenten und vertrauensvollen Umgebung arbeitet.

Zentrale Elemente der Effektivität von Agilität hängen also an diesen überschaubaren Teams. Auf der anderen Seite sind manche Vorhaben zu umfangreich oder komplex für ein einzelnes Team. Daher stellt sich die Frage, wie man diese Effektivität in einer Entwicklung in größerem Maßstab erhalten kann.

1.2 Warum skalieren

Komplexe Vorhaben brauchen viele Mitwirkende und erfordern eine verstärkte Arbeitsteilung. Das scheint zunächst ein Widerspruch zu den beschriebenen Erfolgsbedingungen von Agilität zu sein.

Wenn man sich diesen Widerspruch genauer ansieht, bemerkt man, dass vor 15 Jahren vor allem kleinere Projekte bevorzugt mit agilen Methoden angegangen wurden. Langsam hat sich mehr Wissen darüber angesammelt, wie Agilität funktioniert, und die Vorteile haben sich auch außerhalb dieses Bereichs herumgesprochen.

Agile Methoden haben im Verlauf dieser Zeit viel im Kern der Softwareentwicklung geändert und werden jetzt an umfassenderen Herausforderungen gemessen:

- Große, komplexe Entwicklungsvorhaben realisieren
- Den gesamten Entwicklungszyklus betrachten
- Die Organisation als Ganzes einbeziehen
- Große und etablierte Organisationen unterstützen
- Den Produktentwicklungszyklus insgesamt zu agilisieren und die schnelle Anpassung von Produkten in Interaktionen mit dem Markt einbeziehen

Muss man wirklich skalieren?

Komplexität ist die Ursache für eine skalierte Umsetzung und die Beteiligung vieler Personen an einer Lösung.

Komplexität hat mehrere Aspekte, die gleichzeitig vorhanden und unterschiedlich ausgeprägt sein können:

- **Essenzielle Komplexität:**
  Das zu lösende Problem ist tatsächlich so umfangreich und benötigt die Betrachtung vieler Einzelaspekte.

- **Zufällige Komplexität (accidental complexity):**
  Die Komplexität entsteht durch eine suboptimale Herangehensweise und ein unzureichendes Verständnis der Problemstellung.

Vor einer Skalierung der Entwicklungsmannschaft steht daher die Frage, welcher Anteil der Komplexität wirklich essenziell ist. Wenn der Großteil der Komplexität zufällig ist, ist unter Umständen eine Skalierung vermeidbar.

Teamgrößen

Teams funktionieren am besten in einer Größe von vier bis zu ca. zehn Mitgliedern.[1] Bei dieser Größe hat jedes Mitglied die »mentale Bandbreite«, um mit jedem anderen Teammitglied zu kommunizieren und ein Gesamtbild zu überblicken. Noch kleinere Gruppen tendieren dazu, nicht die nötigen Rollen in der Interaktion abzudecken und weniger kreativ zu sein.

Wenn das Team weiter wächst, wird die gleichzeitige Kommunikation zunehmend schwierig und das Team strukturiert sich in Untergruppen oder tendiert dazu, Konflikte zu entwickeln.

Das führt bei größeren Vorhaben allerdings zu neuen Anforderungen und Fragen:

- Nach welchen Kriterien teilt man die Teams ein (Komponententeams versus Feature-Teams)?
- Wie kommunizieren die Teams untereinander?
- Wie behandelt man Abhängigkeiten?
- Wie kooperieren die Teams bei gemeinsamen Lieferungen?

Die Dunbar-Zahl

Eine zweite Grenze definiert der Kognitionswissenschaftler Robin Dunbar mit der »Dunbar-Zahl«.[2] Er nennt 150 als die Zahl der Menschen, mit denen ein Einzelner soziale Beziehungen unterhalten kann. Das wird als sinnvolles Limit für größere Arbeitsgruppen gesehen. Bis zu dieser Grenze lassen sich agile Praktiken wie Face-to-Face-Kommunikation übertragen bzw. anpassen.

Bei noch wesentlich größeren Mannschaften versagen auch diese Methoden.

Im Scaled Agile Framework (SAFe) werden spezifische Organisationsformen, Planungsverfahren und Artefakte entwickelt, die diesen Erkenntnissen Rechnung tragen:

---

1. Das ist bewährte Praxis in Scrum-Projekten und so in der Scrum-Referenzliteratur beschrieben.
2. Siehe *http://en.wikipedia.org/wiki/Dunbar's_number.*

- Die **Teamebene** sind (möglichst) Feature-Teams, die mit Scrum und XP als zugrunde liegende Methoden arbeiten. Alternativ zu Scrum kann auch Kanban verwendet werden, dann nehmen die Teams aber ebenso am Planungstakt der Programmebene teil und haben ebenso wie Scrum-Teams einen Product Owner und einen Scrum Master.
- Die **Programmebene** ist eine Gruppe solcher Teams, die zusammen 50–125 Personen umfassen. Dazu kommen einige zusätzliche Rollen bzw. Funktionen zur Unterstützung der größeren Struktur.

1.3 Die neuen Herausforderungen an Agilität

Große Vorhaben unterstützen

> *»Scaling Agile methods is the last thing you should do.«*
>
> *Martin Fowler, 2003*

In der Anfangszeit der agilen Softwareentwicklung haben sich die Pioniere vornehmlich kleinere Entwicklungen vorgenommen. Es gab wenig Erfahrung mit Agilität insgesamt und kaum Expertise in komplexen (und teuren) Projekten. Erst allmählich und mit mehr Erfahrung versuchte man sich an größeren Projekten und traf damit auch auf deren spezifische Probleme.

In letzter Zeit ist das Interesse an großen Entwicklungen erheblich gestiegen und damit werden auch die neuen Herausforderungen deutlich.

Der ganze Wertstrom

Wenn man die gesamte Lieferkette betrachtet, wirkt sich auf die Zykluszeit von Produkten – und damit auf die Reaktionsmöglichkeit der Organisation – nicht nur die reine Softwareentwicklung aus. Auch die vorgelagerten Bereiche wie Produktentwicklung, Spezifikation und die nachgelagerten Bereiche wie Abnahme, Systemtest und Auslieferung, also die Agilität einer Organisation, wird durch den gesamten Wertstrom bestimmt.

Nachdem also der Kernbereich der Softwareentwicklung »agilisiert« worden ist, rücken diese vor- und nachgelagerten Bereiche als Flaschenhälse in den Fokus.

Zur Integration von Betrieb und der Auslieferung mit der Entwicklung gibt es eine lebhafte Debatte und auch schon viele Ergebnisse unter dem Stichwort »DevOps«.

Die ganze Organisation und Hierarchie

Die Bereiche Produktentwicklung, Marketing und Vertrieb haben eine solche Veränderung oft noch gar nicht auf dem Radar, obwohl ein agiles Umfeld tiefgreifende Veränderungen für sie bedeutet.

Das Gleiche gilt für das Management. Die Produktteams und Produktentwicklungsmannschaften haben eine neue Perspektive und neue Erwartungen an ihr Management. Sie erwarten andere Führungsprinzipien und benötigen andere Unterstützung.

Große und etablierte Entwicklungen

Doch nicht nur die Unternehmen müssen ihre Strukturen anpassen, auch bei den Methoden der Agilisten sind Anpassungen notwendig. In der agilen Welt hat sich das Prinzip bewährt, im Kleinen anzufangen, Wissen aufzubauen, mit einem Team an die Arbeit zu gehen und erst dann organisch zu wachsen. Das hat den Vorteil, dass sich eine agile Kultur sehr wirkungsvoll verankern kann und sich das Alignment quasi im Selbstlauf ergibt.

Leider steht dieser Weg einer großen bestehenden Organisation, die agil werden will, in der Regel nicht offen. Sie kann nicht einfach den Betrieb einstellen und auf der grünen Wiese neu starten.

Daraus ergibt sich die Frage, wie agile Prinzipien so aufbereitet werden können, dass sie für die Transformation einer solchen reifen, gewachsenen Organisation nutzbar gemacht werden können.

Wenn man allgemeine Erfahrungen aus Change-Prozessen auswertet, ergibt sich der starke Hinweis, dass Organisationen der »early majority« ein höheres Sicherheitsbedürfnis haben und mehr Führung und detailliertere Startvorgaben wollen oder brauchen als die Innovatoren, die zu Agilisten der ersten Zeit wurden.

Die Herausforderung besteht darin, die damit verbundenen Fallen zu vermeiden. Außerdem gilt es zu verhindern, dass Agile und Lean nur als marginal neue Vorgehensweisen wahrgenommen und ohne wirklich substanzielle Veränderungen aufgesogen werden.

Agile und Lean sind fundamental anders als die vorherrschende tayloristische Organisation, die Einführung von agilen Methoden ist daher ein disruptives Element, das die Firma und ihre Kultur tiefgreifend verändert.

Der Zyklus von Produkt und Markt

Nach der Veränderung der internen Struktur und Kultur einer agil arbeitenden Firma wandelt sich die Herangehensweise an Veränderungen stark: Diese werden als Möglichkeiten und Chancen wahrgenommen statt als zu bewältigende Probleme.

Das hat auch Folgen für die Leichtigkeit, mit der Veränderung integriert wird: Änderungen der gesamten Wertschöpfungskette werden einfacher, billiger, schneller.

Damit ist der Weg offen für den nächsten Schritt: Kunden extrem frühzeitig einzubeziehen und ihr Feedback zum integrierten Teil der Produkt- und Strategieentwicklung zu machen. Eric Ries hat in seinem Buch »Lean Startup« [Ries 2011] den Code dafür geknackt, wie dies effektiv umgesetzt wird. Mittlere und große Firmen beginnen, dies zu erkennen und verwenden zunehmend diese Methoden, um ihre Geschäftsprozesse weiterzuentwickeln.

Kultur oder wie Agile aus dem Radarschatten kam

»The only thing that scales is values.«

Ray Arrell, Intel

Die »Agilisierung« einzelner Teams kann mancherorts noch unbemerkt unter dem Radarschatten einer Organisation vorgehen: Ein agiler Coach schult die Entwickler und hilft dem Team bei den Anfangsproblemen mit der Vorgehensweise. Das Team wird produktiver, und der Vorgesetzte lässt es gewähren.

Diese Einführung über einen Regelverstoß kann ein erster Schritt sein – allerdings ist er immer gefährdet und er skaliert nicht auf größere Gruppen oder gar die Gesamtorganisation.

In den Beziehungen eines Teams mit seiner Umgebung müssen irgendwann die Erwartungen abgestimmt werden, etwa die Rollenbilder und Karrierewege der Entwickler, Scrum Master und Product Owner.

Es ist ebenfalls nicht realistisch, dass Vorgesetzte eine größere Gruppe ihrer Mitarbeiter autonom agil arbeiten lassen – sie würden ihre Führungsverantwortung vernachlässigen. Im Gegenteil: Vorgesetzte müssen einen wesentlichen Beitrag zur Entwicklung der Mitarbeiter leisten und aktiv die Grenzen der Autonomie und Initiative verteidigen helfen. Die Erwartungen der Organisation und ihre Kultur bilden eine der wesentlichen Rahmenbedingungen für erfolgreiche agile Teams. Mit einem Wort: Eine skalierte agile Einführung als »Untergrundprojekt«, d.h. ohne Beteiligung des Managements, funktioniert nicht. Den Stand dieser sich entwickelnden Diskussion zu Führungsrollen und Führungsstilen beschreibt Kapitel 11.

2 Überblick über SAFe

Das Scaled Agile Framework (SAFe) hat den Anspruch, Agilität im Unternehmensumfeld zu realisieren. Es adressiert die Herausforderungen, die sich bei der Skalierung aus dem ursprünglichen Anwendungsfeld des einzelnen Teams ergeben, während sich die ursprünglichen agilen Implementierungen auf das Team konzentrieren.

In diesem skalierten Maßstab müssen die agilen Methoden erweitert werden. SAFe greift hier auf die ursprünglichen Lean-Prinzipien zurück und integriert deren Fokus auf die Gestaltung der Prozesse.

SAFe basiert auf Lean und Agile

Lean ist eine Vorgehensweise und ein Wertesystem für eine komplizierte[1], aber im Wesentlichen vorhersehbare Umgebung. Die Methode hat ihren Ursprung im »Toyota Production System«, also einer Fertigungsumgebung, und wurde dann für andere Bereiche, insbesondere die Entwicklung, erweitert. Der Begriff »Lean« wurde zum ersten Mal von Womack und Jones verwendet, die aus US-amerikanischer Sicht das Rätsel des japanischen Erfolgs untersuchten [Womack et al. 1990]. Das Ziel von Lean ist eine effektive, planbare Organisation mit kontinuierlicher Verbesserung und einem Minimum an Verschwendung.

Agile portiert diese Denkweise in die Softwareentwicklung – eine komplexe Umgebung, in der die Mehrzahl der Entscheidungen nicht im Voraus getroffen werden kann, in der die Fähigkeit, sich schnell anzupassen (»embrace change«) und zu lernen, ein wesentlicher Erfolgsfaktor ist.

Die Gemeinsamkeiten sind die Orientierung auf die Menschen in diesen Systemen und die Erkenntnis, dass Transparenz, Vertrauen und Eigeninitiative wesentliche Produktivitätsfaktoren sind.

---

1. Ich verwende hier die Unterscheidung kompliziert versus komplex nach dem Cynefin-Framework von Dave Snowden, *https://de.wikipedia.org/wiki/Cynefin-Framework*.

Alignment, Zusammenarbeit, Lieferung

SAFe baut auf agilen Teams auf und nutzt die prozessorientierte Lean-Denkweise, insbesondere den Begriff des Wertstroms, bei der Koordination in der nächsten Ebene.

Die Teams richten sich an einem gemeinsamen Ziel (Alignment) aus. Sie nutzen einen gemeinsamen Takt und kooperieren, um regelmäßig und zuverlässig in kurzen Zyklen liefern zu können.

SAFe ist ein definierter Startpunkt für eine agile und Lean-Transformation

Das SAFe-Framework ist als Startpunkt für größere, etablierte Unternehmen gedacht. Diese benötigen mehr Unterstützung für eine strukturierte Vorgehensweise, sie können nicht unbegrenzt experimentieren und haben oft auch wenig oder keine Erfahrung im Umgang mit experimentellem Vorgehen sowie dem Planen unter Unsicherheit.

Einen wesentlichen Gesichtspunkt muss man allerdings hier betonen: SAFe ist nicht als Blaupause oder Kochrezept gedacht, das man unverändert im Unternehmen verwenden kann, sondern es soll die Erfahrungen und lokalen Notwendigkeiten kontinuierlich einbeziehen. Die konkrete Implementierung kann sich dabei stark verändern.

SAFe skaliert für große Organisationen

Nicht alle Organisationen benötigen alle Ebenen von SAFe. Die oberen Ebenen sind vorgesehen, um auch für sehr große Unternehmen zu skalieren. Gegebenenfalls können auch mehrere SAFe-Implementierungen parallel aufgesetzt werden.

2.1 Woher kommt SAFe

SAFe wurde von Dean Leffingwell entwickelt. Dean Leffingwell war 1993–1997 Gründer und CEO von Requisite Pro, einem Anbieter eines Anforderungsmanagement-Werkzeugs, das von Rational und dann von IBM übernommen wurde. Bei Rational war Dean für die Entwicklung des »Rational Unified Process« und verschiedener Werkzeuge verantwortlich. Er wechselte dann als Chief Technologist zu Rally Software, einem der führenden Hersteller eines agilen Projektmanagementwerkzeugs. Heute unterstützt er mit SAFe und seiner Firma Unternehmen bei der agilen und Lean-Transformation.

Das SAFe-Framework baut auf folgenden Erfahrungen und Wurzeln auf:

- Iterative Entwicklung
- Lean Thinking und Systems Thinking, Produktentwicklungsfluss
- Agile Entwicklung
- Praktische Erfahrung in der Entwicklung großer Systeme

2.2 Die Struktur von SAFe

Bei der Skalierung unterscheidet SAFe bis zu vier Ebenen:

- Die **Teamebene**
  Hier wird auf Scrum, alternativ Kanban und Extreme Programming als wesentliche Methoden zurückgegriffen. Die Teams sind möglichst als Feature-Teams organisiert und können weitgehend selbstständig neue Funktionalität fertigstellen.
- Die **Programmebene**
  Mehrere Teams bilden zusammen einen »Agile Release Train«. Ein Release Train besteht aus 50–125 Personen und entwickelt in Programminkrementen. Das sind längere Zyklen als die Sprints der einzelnen Teams. Ein oder mehrere Agile Release Trains repräsentieren einen Wertstrom, also typischerweise eine Produktentwicklung.
- Die **Solution-Ebene**
  Bei großen Implementierungen bilden mehrere Agile Release Trains eine Lösung (Solution). Bei solch großen Vorhaben müssen oft zusätzliche Gesichtspunkte wie Compliance oder die Integration verschiedener Subsysteme explizit betrachtet werden.
- Die **Portfolioebene**
  Auf der Portfolioebene werden Vorhaben analysiert, priorisiert und an die verschiedenen Wertströme delegiert. Die Portfolioebene benutzt u.a. Kanban, um die Zahl der Vorhaben unter Kontrolle zu halten und den Durchsatz zu erhöhen. Bei sehr großen Vorhaben könnte sogar ein Unternehmen mehrere Portfolios haben, die nach unterschiedlichen Gesichtspunkten – agil oder nicht agil – betrieben werden.

Das Gesamtbild (Big Picture)

Eine der großen Stärken von SAFe ist das »Big Picture«, das Gesamtbild, in dem die verschiedenen Ebenen mit den Rollen, Artefakten und Abhängigkeiten dargestellt werden.

Gleichzeitig ist das auch ein großes Problem für SAFe: Wenn man nur das Bild kennt, entsteht oft der Eindruck einer festgelegten Blaupause für eine festgelegte Struktur.

Letzteres ist definitiv nicht die Intention: Das Big Picture (und die Strukturen von SAFe insgesamt) ist eine Art Starter-Kit. Eine Organisation, die noch wenig eigene Erfahrungen mit agilen Methoden und Strukturen hat, kann damit schnell einen ersten Prozess aufsetzen und hat dadurch einen Bezugspunkt, um weitere Erfahrungen zu sammeln und über kontinuierliche Verbesserung diesen Prozess an die eigenen Ziele und Randbedingungen anzupassen.

2.2.1 Teamebene

Auf der Teamebene verwendet SAFe bewährte agile Methoden, insbesondere aus Scrum und dem Extreme Programming, und baut auf selbstorganisierten, crossfunktionalen Teams auf. Diese Teams sind die Erfolgsgeschichte der agilen Softwareentwicklung an sich.

Die Teams richten sich an der gemeinsamen Programmvision, Systemstruktur, Oberflächenvorgaben und Architektur aus und liefern alle zwei Wochen wertvolle Systemfunktionalitäten, die vorzugsweise über User Stories formuliert werden.

2.2.2 Programmebene (Agile Release Train)

Die »Agile Release Trains«, d.h. das »Team von Teams« der Programmebene, bilden das eigentliche Rückgrat von SAFe. Sie bauen auf agilen Teams auf und bilden selbst eine selbstorganisierte übergreifende Teamstruktur.

Ihr Ziel ist eine kontinuierliche Wertschöpfung, die über Features und Nutzen definiert wird, und sie sind auf eine gemeinsame Aufgabe durch ein einzelnes Backlog, eine priorisierte Liste neuer Funktionalität, synchronisiert.[2] Die Teams in einem Release Train arbeiten mit gemeinsamen, synchronisierten Sprint-Längen und Schätzungen.

Ein **Agile Release Train** (ART) organisiert mit dem Programminkrement einen Super-Sprint, einen gemeinsamen Planungszyklus von ca. 8 bis 12 Wochen, und realisiert in diesem Zeitraum ein vollständig auf Systemebene getestetes Inkrement, das in Features und Nutzen beschrieben wird. Diese Planung erfolgt in einem Face-to-Face-Meeting aller Beteiligten, in dem die reibungslose Kooperation, Ausrichtung auf ein gemeinsames Ziel, Synchronisation und gemeinsame Schätzung sichergestellt werden.

---

2. Die Features im Backlog der Programmebene werden in feingranulare Funktionalitäten (bevorzugt in Form von User Stories) heruntergebrochen, die den Inhalt der einzelnen Team-Backlogs bilden. Für beides wird in SAFe der Begriff Backlog verwendet, wie er aus Scrum entlehnt wurde.

Ein oder mehrere Release Trains implementieren einen **Wertstrom** für das Unternehmen, in SAFe entspricht das der **Solution**-Ebene.

Das Programminkrement

Ein **Programminkrement (PI)** ist eine Timebox, d.h. ein fester vordefinierter Zeittakt. Es bildet auf Programmebene das Äquivalent zu einem Sprint (der Timebox für einzelne Scrum-Teams) und fasst eine feste Anzahl von Sprints, z.B. fünf Sprints, zusammen. Durch den regelmäßigen Takt wird die Wertschöpfung stabilisiert und besser planbar und messbar.

Im Rhythmus von PIs stimmen die Teams eines Release Train ihre Arbeit auf die gemeinsame Mission ab. Insofern kann man die Beschreibung der Prozeduren für den Sprint-Ablauf in einem einzelnen Team direkt übertragen: Alle Beteiligten planen zu Beginn eines PI, welche Features sie im aktuellen PI ausliefern wollen. In diesem Planungstreffen erstellen die Teams eine vorläufige Grobplanung für sich. Während des PI synchronisieren sich die Teams regelmäßig mit mindestens einer integrierten Systemdemonstration pro Zwei-Wochen-Sprint. Am Ende erfolgt ein gemeinsames Review-Meeting und ein allgemeines Inspect & Adapt-Meeting. Das gemeinsame Review-Meeting dient dazu, die vorhersagbaren Fortschritte des gesamten Release Train zu bewerten. Das Inspect & Adapt-Meeting mit einer Lösungsdemonstration ist eine halbformalisierte Art, Verbesserungspotenziale auf Programmebene zu adressieren.

Diese Meetings ersetzen nicht die Scrum-Meetings der einzelnen Teams, sondern sind zusätzliche Meetings des gesamten Agile Release Train. So dient das gemeinsame Review-Meeting dazu, die vorhersagbaren Fortschritte des gesamten Release Train zu bewerten.

Arbeiten im Takt – Liefern auf Nachfrage[3]

Die Bezeichnung »Release Train« könnte suggerieren, dass nur einmal pro Zyklus geliefert wird. In Wahrheit werden Features im PI-Takt übernommen und geplant und der Nutzen, d.h. die geschaffenen Werte, ebenfalls im PI-Takt abgerechnet. Die Teams und der Release Train integrieren die Ergebnisse kontinuierlich, d.h. nicht nur am Ende eines PI. Damit kann der Train jederzeit liefern.

Diese Möglichkeit, jederzeit zu liefern, wird durch Testautomatisierung und kontinuierliche Integration erreicht[4].

---

3. Im Original: Develop on Cadence – Release on Demand.
4. Dies entspricht einer Praxis, die in letzter Zeit auch in vielen Scrum-Teams realisiert wird, dem »single-piece flow« oder Arbeiten im »Scrum-Ban«-Modus.

Wertströme

Ein oder mehrere Release Trains realisieren einen Wertstrom und tragen dann zu einer Lösung (Solution) bei. Die Begrenzung von 125 Personen pro Agile Release Train und damit die Notwendigkeit, Solutions aus mehreren Agile Release Trains zu bilden, folgt der These von Dunbar, nach der mehr als ca. 150 Personen nicht mehr effektiv in Face-to-Face-Meetings arbeiten können (siehe Abschnitt 1.2 zur Dunbar-Zahl).

Architectural Runway oder Landebahn

In SAFe geht man von der Voraussetzung aus, dass es bei großen Entwicklungsvorhaben nicht ausreicht, sich auf eine rein emergente Architektur zu verlassen, die sich als Resultat von Detailentscheidungen herausbildet. Schnittstellen und grundlegende Strukturen müssen in einem gewissen Maß vorgeplant werden, damit die Teams eine stabile Arbeitsumgebung vorfinden. Für diese Vorarbeiten wird die Metapher einer Landebahn verwendet, der **Architectural Runway**.

Ein Systemarchitekt hat die Aufgabe, die Kommunikation über diesen Runway sicherzustellen und dafür zu sorgen, dass die erforderlichen Vorarbeiten geleistet werden. Dazu gehören auch der ständige Abgleich mit der Vision und die Beratung bzw. Unterstützung beim Definieren von Spikes und anderen Experimenten. Der kommunikative Fokus dieser Rollenbeschreibung steht in Kontrast zu einer traditionellen Sicht des Architekten, in der dieser eigenständig Strukturen entwirft und vorgibt.

2.2.3 Solution-Ebene

Die Solution-Ebene wird dann verwendet, wenn die Zahl der beteiligten Personen zu groß für einen einzelnen Release Train wird. Ein Solution Train dient dann als eine zusätzliche Koordinationsebene für mehrere ARTs innerhalb eines Portfolios.

Der **Solution Train** richtet ARTs auf eine gemeinsame Business- und Technologie-Mission aus, die auf einer gemeinsamen Vision basieren. Er definiert ein gemeinsames Backlog sowie eine gleichlaufende Programminkrement-(PI-)Kadenz der beteiligten ARTs.

Der Solution Train ist für große und komplexe Lösungen, auch bekannt als »System von Systemen«, geeignet. Er hat als Richtung und Ziel einen Solution Intent. Der Solution Intent umfasst die gesamte Menge an Entscheidungen und eine Beschreibung der Solution, soweit sie zu einem gegebenen Zeitpunkt bekannt sind.

Einige neue Konstrukte werden in vielen Solution Trains vorgeschlagen:

- **Set-Based Design** – um explizit Entscheidungsspielräume offenzuhalten
- **Compliance** – um eine hohe Qualität zu erreichen und Regulierungs- und Industriestandardanforderungen zu erfüllen
- **Modellbasierte Systemtechnik** (MBSE)

2.2.4 Portfolioebene

Auf der obersten Ebene implementiert das Portfoliomanagement eine Strategie mit einem Lean-Ansatz und Governance. Dabei wird eine ganze Reihe von Begriffen genutzt, die hier zunächst nur aufgeführt werden sollen. Für eine detaillierte Darstellung wird auf Kapitel 7 verwiesen.

Eine **Portfoliovision** gibt dem System ein Ziel, eine zentralisierte Strategie wird dezentral auf der Ebene der Wertströme umgesetzt.

Strategische Themen der Firma stellen einen Treiber für Entscheidungen über **Epics**, d.h. Vorhaben auf der Portfolioebene, dar. Ein Beispiel für ein strategisches Thema wäre etwa, jüngere Kundenkreise anzusprechen. Epics werden nach Bedarf konkretisiert und validiert, bis sie an einen Release Train delegiert werden.

Epics werden in den **Portfolio-Kanban**-Systemen gehalten und nach Bedarf so weit verfeinert, dass man sie in das **Portfolio-Backlog** aufnehmen kann. Portfolio-Kanban-Systeme helfen, die aktiven Vorhaben auf einer strategischen Ebene sichtbar zu machen und ihre Anzahl zu begrenzen.

Budgets stehen nicht für einzelne Epics, sondern für Wertströme bzw. deren Release Trains zur Verfügung. Die Wertschöpfung der Wertströme erfolgt durch die Umsetzung der einzelnen Business- und Architektur-Epics und -Features.

Epics erfordern in der Regel keinen traditionellen »scope completion«-Endzustand. Stattdessen geht die Arbeit weiter, bis der optimale wirtschaftliche Nutzen erreicht wird (siehe kontinuierliche Lieferpipeline, Kap. 9).

Business-Epics sind endbenutzerorientiert, Architektur-Epics oder Enablers sind große, technische Vorhaben, z.B. in Bezug auf die Infrastruktur, und zahlen auf den Architectural Runway ein. Epics können in Features und Nutzen für mehrere Wertströme enden (»crosscutting«).

Auf der strategischen Ebene gibt es eine explizite **Enterprise-Architektur**, die gemeinsame Ziele und Richtlinien für die Release Trains vorgibt.

2.3 Strukturierung von Anforderungen

Eine SAFe-Organisation denkt in einem oder mehreren langlebigen Wertströmen, in denen kontinuierlich neue Anforderungen in erweiterte Funktionalitäten umgesetzt werden. In SAFe gibt es daher keine übergreifenden Phasen. Anforderungen sind dagegen ein kontinuierlicher Strom neuer Funktionalitäten, die möglichst kontinuierlich eingeplant und umgesetzt werden.

SAFe verwendet dafür eine Begrifflichkeit auf der Basis von User Stories, die in der agilen Welt weit verbreitet sind. Zur Darstellung der verschiedenen Granularitäten werden pro Ebene spezifische Begriffe verwendet.

Die Anforderungen werden in Form von **Epics** auf der Portfolioebene formuliert. Epics sind große Vorhaben auf Unternehmensebene, für die sich eine genauere Betrachtung der Rentabilität lohnt. Epics werden nach Bedarf verfeinert.

Gegebenenfalls werden sie noch aufgeteilt in Programm-Epics, die an verschiedene Release Trains delegiert werden.

Die Release Trains planen auf der Ebene von Features – sie zerlegen die Epics ebenfalls in **Features** – eine Granularität, die für die Programmebene handhabbar ist.

Bei der Planung eines Programminkrements (PI) werden die Features in **User Stories** zerlegt und von einzelnen Teams zur Umsetzung in Software übernommen.

2.4 Rollen

Auf Teamebene werden die Rollen Scrum Master und Product Owner aus Scrum verwendet. Allerdings sind sie gegenüber den Original-Scrum-Rollen leicht modifiziert. Die Scrum Master haben als zusätzliche Verpflichtung, an der Synchronisation des Programms einschließlich der Scrum-of-Scrum-Meetings teilzunehmen und Verantwortung für die Koordination der Teams zu übernehmen. Die Team-Product-Owner haben nicht die vollständige Autorität über das Team-Backlog, sondern müssen dieses mit dem Produktmanager auf der Programmebene abstimmen.

Auf Programmebene kommen einige neue Rollen hinzu. Als Erstes ist der **Release Train Engineer** zu nennen, er bildet ein Äquivalent zum Scrum Master auf Teamebene. Das Äquivalent zum Product Owner auf Teamebene bildet der **Produktmanager**.

Diese Rollen gibt es ähnlich wieder auf der Solution-Ebene, insbesondere den **Solution Train Engineer** (STE).

Auf der Portfolioebene sind die Rollen des **Lean Portfolio Management** zu nennen, das die gesamte Implementierung von SAFe steuert.

Wie oben beschrieben, gibt es auf der Programm- und auf der Portfolioebene die Rollen eines **System- bzw. Enterprise-Architekten**.

2.5 Schlüsselwerte

SAFe stützt sich durchgehend auf Schlüsselwerte, die einen erfolgreichen Einsatz sicherstellen.

Das Agile Manifest

SAFe bezieht sich explizit auf die Werte des Agilen Manifests, also Kooperation im Team und mit den Kunden und die Adaption in einer sich verändernden Umgebung.

Codequalität

Hochwertiger Code und insgesamt hochwertige Qualität aller Aspekte der Software ist die Basis für zuverlässige Lieferung. Nur durchgängig getesteter Code kann eine Grundlage für eine vorhersagbare Lieferung eines großen Softwaresystems bieten.

Umgekehrt kann man nicht durch weniger Qualität Zeit kaufen: Sparen an der Qualität führt in kurzer Zeit zu technischen Schulden, weniger Produktivität, gesunkener Motivation im Team und Unzuverlässigkeit in der Lieferung.

Lieferzuverlässigkeit

In vielen Umgebungen ist man auf eine Vorhersagbarkeit von Lieferungen und Zuverlässigkeit angewiesen. Insbesondere in sehr großen Entwicklungsvorhaben können sich Schwankungen in einzelnen Teams aufschaukeln.

Da man Unsicherheit in der Softwareentwicklung nicht vermeiden kann, muss man auf den verschiedenen Ebenen, insbesondere auf der Programmebene, Puffer einplanen.

Alignment

Teams richten sich an einem gemeinsamen Ziel für das Entwicklungsvorhaben aus. Auf diese Weise kann sichergestellt werden, dass alle Beteiligten an einem globalen Optimierungsziel arbeiten und die Kräfte optimal fokussieren.

Transparenz

SAFe legt großen Wert darauf, dass die gemeinsamen Ziele und der Stand der Entwicklung auf jeder Ebene und für alle Beteiligten transparent sind.

Auf Programmebene gibt es die gemeinsame Planung im PI-Planungsmeeting, regelmäßige Systemdemonstrationen des integrierten Systems, gemeinsame Reviews und Inspect & Adapt-Meetings, um diese Transparenz sicherzustellen und kontinuierlich Vertrauen aufzubauen.

2.6 Agile Architektur und Software Engineering

Agile Entwicklung bietet die notwendige Basis, auf der man

- ein System in kleinen Inkrementen erweitern kann,
- den geschaffenen Wert messen kann,
- den bisher geschriebenen Code an geänderte Anforderungen, neue Erkenntnisse und geforderte Erweiterungen anpassen kann sowie
- kontinuierlich die gesammelten Erfahrungen für die Verbesserung der Arbeit nutzbar machen kann.

Die wesentlichen agilen Softwaretechniken sind:

- Emergentes Design und Architektur – dazu kommt auf Release-Train-Ebene je nach Größe eine intentionale Komponente der Architektur
- Automatisiertes Testen und testgetriebene bzw. Test-First-Entwicklung
- Refaktorisierung
- Versionsverwaltung und kontinuierliche Integration
- Pair Programming/Pair Work
- Clean Code

Die einzelnen Praktiken werden weiter unten näher beschrieben.

2.7 Integrierte Qualitätskultur

»You can't scale crappy code.«[5]

Mit weniger Qualität kann man nicht die Geschwindigkeit erhöhen – im Gegenteil. Fehler und andere Mängel haben einen fatalen Nebeneffekt: Wenn man sie in der Entwicklung toleriert, machen sie die weitere Entwicklung langsamer und weniger vorhersehbar. Bei der Entwicklung von neuem Code kann man jederzeit über ein altes Problem stolpern und muss den verschleppten Bug beheben. Das führt zu Unvorhersehbarkeit in der Lieferung. Fatal wird dies, wenn sich andere Teams auf den Code verlassen – dann multipliziert sich die Auswirkung der Unsicherheit für andere Teams.

Qualität einbauen

Die Techniken des »Agile Engineering« bilden einen Prozess, mit dem qualitativ hochwertige Software konstruiert werden kann: Testgetriebene Entwicklung und Refaktorisierung sorgen dafür, dass der Code getestet ist (und per Definition testbar ist). Pair Programming produziert Code, der schon bei der Entstehung einem laufenden Reviewprozess unterzogen wird.

Bugs sind keine Flüchtigkeitsfehler mehr, sondern ein Indiz dafür, dass unser Prozess noch lückenhaft oder nicht in Ordnung ist. Man muss nicht nur den einzelnen Fehler beheben, sondern auch den Prozess auf den Prüfstand stellen.

Mit »Agile Engineering« erhält man bessere Vorhersehbarkeit und Lieferfähigkeit des Unternehmens, die Möglichkeit zum Skalieren und eine zuverlässige Basis, auf der Innovationen eingeführt werden können.

5. Zitat von Dean Leffingwell aus den SAFe-Trainingsunterlagen.

Fehler beheben, nicht verwalten

Fehlerbehebung ist keine Wertschöpfung – sie hält von der eigentlichen Aufgabe ab, neue Funktionalität zu liefern. Schlimmer noch: Sie zwingt uns ständig zur Unterbrechung unserer Arbeit und zu Multitasking.

Fehler sollten sofort behoben werden. Insbesondere heißt das, dass der Build immer »grün« sein muss, d.h., alle automatisierten Tests in der auszuliefernden Software laufen korrekt. Ansonsten muss das Team sofort die weitere Entwicklung einstellen und das Problem beheben.

Für diese Vorgehensweise gibt es einen technischen und einen psychologischen Grund. Technisch führt ein gebrochener Build dazu, dass sich neue Fehler unerkannt einschleichen und die Behebung überproportional aufwendiger wird. Man verliert den Vorteil eines stabilen Prozesses und einer zuverlässigen Aussage über den Stand der Entwicklung. Psychologisch führt es zu einem Bedeutungsverlust möglichst fehlerfreier Software – neue Fehler werden nicht als ernstes Problem wahrgenommen.

Die »Green Build Policy« führt zu einem erwünschten Nebeneffekt: Entwickler synchronisieren sich wesentlich intensiver mit den anderen Teammitgliedern, sie arbeiten nicht mehr über längere Zeit allein an einer Funktionalität.

Äußere und innere Softwarequalität

Die »äußere Qualität« eines Softwareprodukts ist der Aspekt, der bei der Nutzung direkt wahrnehmbar wird, wie die Konsistenz der Anforderungen oder konzeptionelle Integrität, User Experience, Abdeckung der Bedürfnisse der Benutzer durch die Features und mehr. Diese äußere Qualität kann man im Nachhinein prüfen und beurteilen.

Es gibt darüber hinaus Aspekte, die man als Außenstehender kaum beurteilen kann, die sogenannte »innere Qualität«, wie die Qualität der Unit Tests, die lose Kopplung von Komponenten und die Erweiterbarkeit des Systems. Diese liegt in der Verantwortung des Teams und muss begleitend in die Software hineinkonstruiert werden.

Ein ganzheitlicher Prozess muss die innere und äußere Qualität der Software herstellen.

Bei einer skalierten Entwicklung ist diese Unterscheidung nicht mehr so leicht möglich, die einzelnen Teams müssen in engem Austausch mit den anderen Teams stehen, um eine konsistente Gesamtlösung zu erstellen. Hier ist auch der Systemarchitekt des Programms gefordert, der einen solchen Austausch treibt und moderiert.

2.8 SAFe-Prinzipien für einen effektiven Entwicklungsfluss

Im Zentrum eines effektiven Produktentwicklungsflusses stehen einige wenige zentrale Prinzipien, die ein wichtiger Hinweis auf die Art und Weise sind, in der SAFe konzipiert wurde. Sie erleichtern auch eine Bewertung, wie das ursprüngliche Framework auf spezifische Ziele, die Kultur und die Umgebung der Firma angepasst werden muss.

SAFe nutzt leicht erweitert die Prinzipien von Don Reinertsen [Reinertsen 2009]. Diese neun Thesen stellen eine erprobte ökonomische, quantitative Vision und mathematische Basis für das Framework zur Verfügung.

#1: Nimm einen ökonomischen Standpunkt ein

Baue ein explizites Entscheidungsframework für den spezifischen Kontext auf. Das muss auf den verschiedenen Ebenen separat erledigt werden: auf Teamebene, auf Programmebene oder auf Unternehmensebene.

Dieses Entscheidungsframework muss auf einem Verständnis der gesamten Wertschöpfungskette beruhen und sich auf die Optimierung des zukünftigen Flusses[6] konzentrieren. Es bildet die Grundlage dafür, dass Entscheidungen lokal getroffen werden können, denn es sichert ein konsistentes Zielsystem.

Reinertsen beschreibt fünf typische Elemente eines solchen Frameworks:

- *Entwicklungskosten*
  Die Kosten, eine Entscheidung zu entwickeln oder eine Fähigkeit zu erwerben
- *Zykluszeit*
  Die Zeit zur Umsetzung der Entscheidung
- *Kosten*
  Die Kosten für Herstellung, Auslieferung und Betrieb
- *Wert*
  Der Wert der Entscheidung für die Firma und für die Kunden
- *Risiko*
  Die Erhöhung oder Reduzierung von Unsicherheit oder der technischen Tragfähigkeit der Lösung

6. Fluss im Sinne von kontinuierlicher Wertschöpfung – »flow of value creation«.

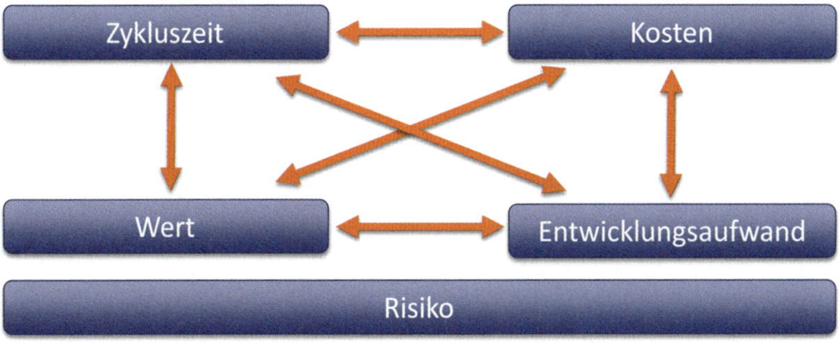

Abb. 2–1 *Fünf typische Elemente eines Frameworks (nach Reinertsen)*

Wenn eine Maximierung der Wertschöpfung erreicht werden soll, muss man spezifisch darauf achten, die wichtigsten Tätigkeiten zuerst zu erledigen. Insbesondere bedeutet das, Aktivitäten mit hohem Risiko und geringen Kosten vorrangig zu erledigen.

Einen besonderen Platz nehmen dabei Opportunitätskosten ein (cost of delay). Reinertsen empfiehlt, diesen Gesichtspunkt als ersten zu betrachten.

#2: Denke in Systemen

Einen besonderen Platz nimmt die Integration des Systemdenkens ein, wie es William Edwards Deming formuliert hat [Deming 2000]. Deming fordert immer wieder, eine Gesamtsicht auf ein System zu entwickeln und eine längerfristige Perspektive einzunehmen. Die wichtigsten Thesen aus dieser Sicht sind:

- Ein System muss eine Intention haben, um zielgerichtet zu funktionieren.
- Eine Optimierung eines Teils muss nicht das Gesamtsystem optimieren.
- Ein System kann sich nicht schneller als sein langsamster Integrationspunkt bewegen.
- Wende einen kontinuierlichen Verbesserungsprozess an.

Diese Sichten werden auf das entwickelte System angewendet, d.h. auf das Produkt und ebenfalls auf die Firma als System.

Eine weitere These Demings wird in SAFe ebenfalls an grundlegender Stelle eingebaut: Nur das Management kann ein System verändern [Deming 1993]. Daher wird das Management bei SAFe für die Entwicklung und für die Strukturierung von Leadership (Führung) und Firmenkultur explizit in die Pflicht genommen.

#3: Erwarte Variabilität – bewahre Optionen

In der Fertigung versucht man Variabilität so weit wie möglich zu reduzieren, um vorhersehbare Resultate, Effizienz und Qualität zu erreichen. Dies kann in der Softwareentwicklung nicht das Ziel sein, denn wir haben keine Serienproduktion, sondern »Einzelfertigung« und starke innovative und kreative Elemente. Variabilität ist also unvermeidlich und zum Teil notwendig.

Stattdessen sollte man Systeme konstruieren, die mit Variabilität umgehen können, und sie, wenn möglich, nutzen. Das hilft dabei, Entscheidungen später zu treffen und Optionen offenzuhalten, bis mehr Informationen zur Entscheidungsfindung vorliegen.

In der agilen Entwicklung kennt man die verwandte Forderung »embrace change« und die zentrale Aktivität der regelmäßigen Priorisierung im Entwicklungsverlauf, die diesen Gegebenheiten Rechnung tragen.

#4: Entwickle inkrementell mit schnellen integrierten Lernzyklen

Schnelles Feedback erreicht man durch kurze Planungszyklen. Mit »Spikes«, also gezielten prototypischen Implementierungen, kann man zu große Unsicherheit vermeiden und mehr Wissen generieren. Sie sind ein Teil der Bemühungen, ungewünschte Unsicherheit durch gezieltes schnelles Feedback zu reduzieren.

In der agilen Entwicklung sind solche Feedbackzyklen auf den verschiedensten Ebenen eingebaut:

- Agiles Testen, Testautomation, kontinuierliche Integration
- Daily Scrum
- Sprint-Review, kurze Iterationen und regelmäßige Releases
- Lernen auf Team- und Programmebene durch die Retrospektiven und Inspect & Adapt-Meetings

Bei einer skalierten agilen Entwicklung muss man explizit solche Feedback- oder Integrationspunkte für das Gesamtsystem einplanen (siehe auch #5).

#5: Lege Meilensteine basierend auf einer objektiven Bewertung laufender Systeme fest

Phasenbasierte Meilensteine erlauben nur begrenzt eine objektive Messung des tatsächlichen Entwicklungsfortschritts. Die Spielräume bei einer Bewertung sind zu subjektiv und zu groß. Im negativen Fall spielt Wunschdenken eine zu große Rolle bei der Auswertung.

Mit Meilensteinen, die auf lauffähiger Funktionalität eines Systems aufbauen, werden viele dieser Unwägbarkeiten ausgeschlossen und durch objektiv messbare Fortschritte ersetzt (d.h. durch die Fertigstellung von Epics, Features und User Stories). Das macht es auch leichter, Alternativen offenzuhalten, Experimente zur Erweiterung des Wissens aufzusetzen und ggf. Funktionalitäten zu ersetzen.

#6: Visualisiere und begrenze WIP-Limits, reduziere Losgrößen und manage die Länge von Warteschlangen

Lange Warteschlangen sind verantwortlich für längere Zykluszeiten, höhere Risiken, schlechtere Qualität und weniger Motivation. Warteschlangen müssen aktiv gesteuert werden, um vorhersehbare kurze Wartezeiten zu erreichen.

Die wichtigsten Werkzeuge zur Kontrolle von Warteschlangen sind kleine Losgrößen und die Begrenzung der gleichzeitig bearbeiteten Themen (Work-in-Progress oder WIP-Limit).

Die Warteschlangen auf den verschiedenen Ebenen von SAFe sind die Backlogs der Teams, der Release Trains und des gesamten Portfolios.

#7: Nutze Kadenzen und synchronisiere über Bereichsgrenzen hinweg

Die Werkzeuge, um den Entwicklungsfluss unter Unsicherheit zu kontrollieren, sind Kadenz und Synchronisation.

Kadenz bedeutet, in einem vorhersehbaren, regelmäßigen Rhythmus (wie dem Sprint) zu entwickeln, der hilft, unvorhersehbare Ereignisse in vorhersehbare Entwicklungen zu transformieren. Durch Kadenzen werden Wartezeiten vorhersehbar, Transaktionskosten niedriger und die Zuverlässigkeit der Produktentwicklung steigt.

Regelmäßige Synchronisation erlaubt es, die Varianz und Abstimmungsprobleme in ein einzelnes Intervall zu kapseln. Regelmäßige systemweite Integration hilft dabei, zuverlässige Systemtests und eine objektive Bewertung des Projektstatus zu erreichen. Regelmäßige Synchronisation unterstützt die Abstimmung konkurrierender Ziele und den Informationstransfer mit hoher Bandbreite und damit die Fokussierung auf ein globales Optimum.

Bei SAFe wird dies in der Planung auf Programmebene berücksichtigt.

#8: Entwickle die intrinsische Motivation von Wissensarbeitern

Wissensarbeiter sind Individuen, die oft mehr über ihre Arbeit wissen als ihre Vorgesetzten. Eine sinnvolle Kontrolle der Resultate ist im Allgemeinen ohne ihre aktive Mitwirkung nicht möglich.

Das hat tiefgreifende Konsequenzen für die Art – und die Notwendigkeit – der Motivation: Sie muss von innen kommen, intrinsisch sein. Wissensarbeiter funktionieren in der Regel am besten, wenn sie eine herausfordernde Aufgabenstellung und weitgehende Freiheiten bei der Umsetzung haben. Gleichzeitig hat das eine weitere Notwendigkeit zur Folge: Sie müssen mehr über die Ziele und die globale Optimierung des Systems wissen, um zielführende Entscheidungen fällen zu können. Daraus ergeben sich erheblich andere Anforderungen an den Stil und das Agieren des Managements (siehe dazu Kap. 11).

#9: Dezentralisiere Entscheidungsfindung

Während einer Entwicklung müssen kontinuierlich Entscheidungen getroffen werden. Verzögerungen in der Entscheidungsfindung verschlechtern die Qualität der Entscheidung durch neue Erkenntnisse in der Zwischenzeit oder Veränderungen in den Rahmenbedingungen.

Teams müssen die Kompetenz erhalten, Entscheidungen zu treffen sowie schnell und effektiv zu handeln. Dazu müssen sie aber auch bereit sein. Hier gibt es enge Querbeziehungen mit den Prinzipien #2 (Systemdenken) und #8 (intrinsische Motivation).

In der agilen Entwicklung gehören zu den Entscheidungsfindungen z.B. die Sprint-Planung und das Daily Scrum, bei SAFe werden viele Entscheidungen aus dem Portfoliomanagement an die Wertströme delegiert.

2.9 Leadership

Führung kommt in den Fokus

Bei den am häufigsten eingesetzten agilen Methoden wie Scrum und Extreme Programming steht im Mittelpunkt der Betrachtung das einzelne Team. Das Management sollte dem Team den Freiraum geben, seine Arbeit gut zu erledigen. Darüber hinaus kommt eine aktive Rolle des Managements zumindest in der Beschreibung der Methoden nicht vor.

Bei SAFe dagegen hat das Management eine grundlegende aktive Aufgabe als wesentlicher Träger des Prozesses.

Der Unterschied erklärt sich aus der Skalierung: Während ein einzelnes Team »unter dem Radar« bleiben kann, gilt das für einen kompletten Prozess nicht. Das Management muss die ultimative Verantwortung für die Gestaltung und den Erfolg übernehmen.

Führungsbild und Rolle der Führung

Wie muss eine aktive Rolle des Managements in einem skalierten agilen und Lean-Prozess aussehen?

Die erste offensichtliche Konsequenz ist, dass sich Manager und Vorgesetzte intensiv mit Agile und Lean sowie SAFe beschäftigt haben und die Einführung im Unternehmen verantworten. SAFe redet daher als Konsequenz nicht von »Servant Leader«, sondern von »Lean Thinking Manager Teacher«, eine Verantwortung, die nicht an einen außenstehenden agilen Champion abgegeben werden kann.

Die Eigenschaften eines solchen »Manager-Lehrers« bei einem SAFe-Projekt sind die folgenden:

- Er versteht seine Rolle vorrangig darin, seine Mitarbeiter zu fördern, und nicht darin, als »Superheld« oder Mikromanager im Alleingang Entscheidungen zu treffen.
- Er kennt die Praktiken, Rollen, Aktivitäten und Artefakte von SAFe.
- Er versteht Lean und agile Prinzipien und gründet seine täglichen Entscheidungen auf dieser Philosophie, versteht die Verhaltensweisen und gibt sie weiter.
- Er kennt die Praktiken und Werkzeuge der kontinuierlichen Verbesserung und fördert seine Mitarbeiter in der Anwendung und in der Problemlösung.
- Er beteiligt sich selbst an der Gestaltung des Prozesses, bei der Beseitigung von Problemen und beim Treiben der Veränderung der Organisation.

3 Agile Teams in SAFe

Um zu verstehen, wie die Errungenschaften agiler Entwicklung zustande kommen, muss man bei den Wurzeln anfangen und sich gründlicher ansehen, wie die Ergebnisse in einem guten, kleinen agilen Team aussehen. Teams sind die Erfolgsgeschichte der agilen Softwareentwicklung an sich. Dann kann man diese Erkenntnisse mitnehmen, um zu betrachten, wie eine Skalierung, eine Umsetzung in einer realen Organisation und eine nachhaltige Implementierung aussehen müssen.

3.1 Zwei Wurzeln agiler Entwicklung

Agile Entwicklung hat zwei wesentliche Grundlagen:

- **Software-Engineering-Techniken** wie testgetriebene Entwicklung und Refaktorisierung sowie damit verbundene Werkzeuge wie JUnit. Diese Techniken wurden Ende der 1990er-Jahre von Kent Beck, Ward Cunningham und Ron Jeffries entwickelt und unter dem Namen »Extreme Programming« (XP) bekannt gemacht.
- **Teamverantwortung**, d.h. die Selbststeuerung von Teams, bei der Aufgaben an das Team insgesamt gegeben werden und die Feinsteuerung autonom vom Team geregelt wird. Diese Art der Organisation wurde von Jeff Sutherland in seiner Zeit als CTO bei Easel entwickelt[1] und dann zusammen mit Ken Schwaber bei der OOPSLA-Konferenz 1995 [Beedle et al. 1999] als Scrum veröffentlicht.

Tatsächlich gibt es einen hohen Grad an Überlappung in diesen beiden Ansätzen: In Extreme Programming wird viel über Programmiertechniken geredet, aber die Teamorganisation ist sehr ähnlich der eines Scrum-Teams. Umgekehrt wurden in den frühen Scrum-Teams schon vergleichbare Techniken eingesetzt – die Konzentration auf die reine Teamorganisation von Scrum ist eher eine Frage der Darstellung.

---

1. Siehe *http://en.wikipedia.org/wiki/Jeff_Sutherland.*

Kleine stabile Teams haben erstaunliche Ergebnisse erbracht. Mit ihnen wurde der Code geknackt, wie man effektiv, zuverlässig und kreativ Software entwickeln kann. Diese Vorteile will man auch in große skalierte Umgebungen und in andere Bereiche mitnehmen.

3.2 Vier Vorteile agiler Teams

Agile Teams haben sich in mindestens vier Bereichen als überlegen erwiesen:

- Vorhersagbare Entwicklung
- Schnelles Feedback und belastbare Fortschrittsberichte
- Mehr Spaß und Motivation bei der Entwicklung
- Beschleunigtes Lernen

Vorhersagbare Entwicklung

Mit den agilen Softwaretechniken wurde eine wichtige Anforderung an die Softwareentwicklung insgesamt eingelöst: eine belastbare Aussage über den Entwicklungsstand. Die Haupttechnik dafür ist wiederum Testautomatisierung, testgetriebene Entwicklung und Entwicklung in kleinen vertikalen Schnitten. Diese Vorgehensweise deckt auch Defizite, Unklarheiten und Widersprüche in den Vorgaben auf.

Vorhersagbarkeit wird in einer skalierten Umgebung noch wesentlich wichtiger: Die Varianzen aus den einzelnen Teams summieren sich zu noch größeren Instabilitäten der gesamten Entwicklung auf und können diese insgesamt unbeherrschbar machen. Wir sehen diese Auswirkungen in der Konzeption der Agile Release Trains in SAFe.

Schnelles Feedback und belastbare Fortschrittsberichte

Eng damit zusammen hängt die Fähigkeit, in kurzen Abständen Ergebnisse vorzulegen. Damit wurde eine weitere weitverbreitete »Krankheit« in der Softwareentwicklung kuriert: die lange Zeit bis zur Vorführung der ersten Ergebnisse und der Zwang, viele Details extrem früh festzulegen.

Das schnelle Feedback beruht auf beiden Wurzeln der Agilität: der Fähigkeit, durch automatisierte Tests belastbare Aussagen über den Entwicklungsfortschritt zu treffen, und der hohen Kommunikationsbandbreite in einem Team.

Mehr Spaß und Motivation in der Entwicklung

Bei Wissensarbeit ist einer der entscheidenden Produktivitätsfaktoren die innere Motivation der Akteure selbst. Während man die Motivation bei einfachen Tätigkeiten durch Kontrolle, Druck und direkte Anreize ersetzen kann, ist das bei allen Tätigkeiten, die auch nur rudimentär kreativ sind, nicht mehr zielführend.

Agile Teams können dies nachhaltig ändern – viele haben schon die Erfahrung gemacht, wie produktiv die Arbeit in einem eingeschworenen Team sein kann und wie intensiv wir die Euphorie wahrnehmen und in Erinnerung behalten.

Die Konsequenzen für eine agile Führung betrachten wir ebenfalls in einem eigenen Kapitel (siehe Kap. 11).

Beschleunigtes Lernen

Lernen in Teams – und verallgemeinert Organisationslernen – wird in seiner Bedeutung grob unterschätzt. Teams und jedes ihrer Mitglieder lernen ununterbrochen im Verlauf eines Entwicklungsprozesses: neue Techniken, Zusammenhänge mit anderen Komponenten, Auswirkungen von Rahmenbedingungen und Anforderungen – wenn man einmal anfängt, genauer hinzusehen, wird die Liste endlos.

Die Intensität, mit der Lernen betrieben wird, bestimmt nach kurzer Zeit die Entwicklungsgeschwindigkeit eines Teams mit, und diese Erkenntnisse bilden die Basis für das Wissen der Organisation.

Agile Teams sind nach diesen Erkenntnissen aufgestellt: Lernen funktioniert in Teams am effektivsten, auf Dauer werden ihre Organisationen adaptiver, intelligenter und schneller sein. Diesen Aspekt wollen wir uns genauer ansehen.

3.3 Beschleunigtes Lernen ist Team-Lernen

Einer der bekanntesten Texte über »Lean« ist das »New New Product Development Game« von 1986 [Takeuchi & Nonaka 1986]. Interessanterweise ist das der Text, aus dem die Scrum-Methode ihren Namen bezogen hat – auch wenn der Text gar keine Softwareentwicklung adressiert, es geht vielmehr um Lean Development.

> *»Stattdessen nutzen Firmen in Japan und den Vereinigten Staaten eine holistische Methode – wie in Rugby wird der Ball im Team weitergegeben, während es sich als Einheit auf dem Feld vorwärtsbewegt.*
>
> *Dieser holistische Ansatz hat sechs charakteristische Eigenschaften: eingebaute Instabilität, selbstorganisierte Projektteams, überlappende Entwicklungsphasen, ›Multi-Lernen‹, subtile Kontrolle und organisatorischer Transfer von Gelerntem. Diese sechs Teile passen wie ein Puzzle ineinander und bilden einen schnellen flexiblen Prozess für Projektentwicklung. Genauso wichtig: Der neue Prozess kann als Agens zur Veränderung wirken. Es ist ein Katalysator zur Einführung von kreativen, marktgetriebenen Ideen und Prozessen in eine alte, strikte Organisation. Unter dem alten Ansatz bewegte sich der Produktentwicklungsprozess wie ein Stafettenlauf, in dem eine Gruppe von Spezialisten den Staffelstab an die nächste Gruppe weitergibt ... Unter dem Rugby-Ansatz entsteht*

der Entwicklungsprozess aus einer konstanten Interaktion eines ausgewählten, multidisziplinären Teams, dessen Mitglieder von Anfang bis Ende zusammenarbeiten.«[2]

Interessant sind die Schwerpunkte, die darin gesetzt werden. Der erste ist die Vermeidung von Übergaben, aber noch interessanter sind die Konsequenzen für das Lernen:

»Der Übergang von einem linearen zu einem integrierten Ansatz fördert Versuch und Irrtum und fordert den Status quo heraus. Er stimuliert neue Arten von Lernen und Denken an verschiedenen Ebenen und Funktionen in der Organisation. Genauso wichtig: Diese Strategie zur Produktentwicklung kann ein Auslöser dafür sein, die gesamte Organisation zu verändern.«[3]

Spannend – aber das erklärt noch nicht viel darüber, wie das Ganze genau funktionieren soll. Tatsächlich hat Nonaka mit Noburo Konno und anderen daran gearbeitet, wie dieses beschleunigte Lernen funktionieren könnte, und hat einen dynamischen Prozess dafür beschrieben: das SECI-Modell für Wissensentwicklung. Der Prozess beruht auf einem Zusammenspiel von implizitem (»tacit«) und explizitem Wissen und beschreibt zyklische oder spiralartige Phasen:

- **S – Socialization**
  In diesem Schritt wird Wissen durch implizite Erfahrung erworben, z.B. indem man nebeneinander arbeitet oder durch eine andere Form von physischer Nähe und direkter Erfahrung.
- **E – Externalization**
  Im nächsten Schritt wird das Wissen explizit ausgedrückt, d.h., es wird in eine verständliche Form gebracht, in der Dritte es verstehen können. Hier wird das Wissen auch für andere Teammitglieder zugänglich und es wechselt von einer rein impliziten in eine explizite Form.
- **C – Combination**
  Damit ist die Voraussetzung gegeben, das neue Wissen in einen breiteren und komplexeren Zusammenhang zu stellen. Das ist eine Kernvoraussetzung für eine Systematisierung und Verallgemeinerung.
- **I – Internalization**
  Im vierten Schritt des Zyklus werden die neuen Erkenntnisse in die tägliche Arbeit integriert und werden wieder Teil des persönlichen Skill-Sets.

---

2. Übersetzung vom Autor
3. Übersetzung vom Autor

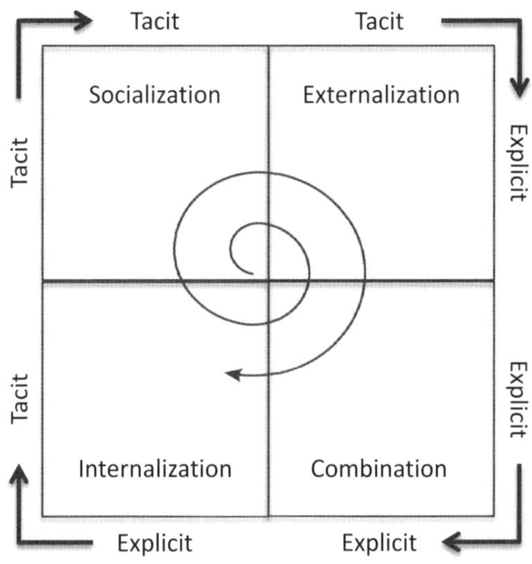

Abb. 3–1 *Das SECI-Modell*

Team-»Ba« als Voraussetzung

Der zitierte Aufsatz nennt »Ba« als eine Grundlage für diesen Prozess [Nonaka & Konno 1998]. Ba ist ein Konzept, das einen gemeinsamen Bereich beschreibt, wie einen Arbeitsplatz oder Teamraum, gemeinsame Erfahrungen oder Einstellungen, in dem sich die Art von Beziehungen entwickeln kann, die so ein gemeinsames Lernen ermöglichen.

Darum sind Teams so wichtig

Das beantwortet einige Fragen darüber, warum stabile selbstorganisierte Teams mit einem gemeinsamen Arbeitsplatz so wichtig sind:

- Sie bieten einen stabilen Rahmen für einen stetigen Austausch und eine hohe Bandbreite für gemeinsames Lernen.
- Teams in einem gemeinsamen Arbeitsraum können die Beziehungen und das Vertrauen aufbauen, das für die Entwicklung des Ba nötig ist.
- Selbstorganisation schafft den Grad von Autonomie, die für diese Art von Austausch unverzichtbar ist.

Diese Vorteile muss man unbedingt mitnehmen, wenn man agile Methoden im Großen einsetzen will.

3.4 Vier Vorteile agiler Softwaretechniken

Agile Softwaretechniken haben für Teams ebenfalls enorme Vorteile. Sie tragen aber auch dazu bei, eine bessere Qualität zu liefern. Dies ist die Kunden- oder Außensicht, die auch für die restliche Firma wesentlich ist:

- Technische Schulden beherrschen
- Stabilisierung des Prozesses und der Entwicklungsgeschwindigkeit
- Regelmäßige Lieferung in kleinen Inkrementen
- Valide Fortschrittskontrolle

Technische Schulden beherrschen

Der Grund für die Betonung der XP-Techniken in allen agilen Teams liegt in den dramatischen Folgen schlechter Codequalität. Die XP-Techniken bauen auf Testautomatisierung, Test-First und testgetriebene Entwicklung, Refaktorisierung und kontinuierliche Integration auf.

Sparen an der Codequalität bedeutet in der Softwareentwicklung keine Zeitersparnis – im Gegenteil. Es führt fast unmittelbar dazu, dass abhängige Komponenten ebenfalls instabil werden, dass die Testaufwände explodieren und die Lieferzuverlässigkeit erodiert. Genauer gesagt: Die Auswirkungen des Sparens hängen davon ab, wie lange der schlechte Code genutzt werden soll. Wichtig ist eine solide Qualität vor allem bei länger genutztem Code. Bei der Planung von Qualität kann man durchaus anders vorgehen, wenn sich ein Produkt dem Ende des Lebenszyklus nähert oder nur wenige Wochen genutzt werden soll.

Der Normalfall in vielen Firmen ist aber anders: Man ist in die Misere hineingeschlittert, weil man das Problem unterschätzt hat, unter Druck stand oder unrealistischen Erwartungen nachgegeben hat. Jetzt ist es enorm teuer, aus dieser Falle wieder herauszukommen. Dies hat nicht nur Folgen für die Qualität des Produkts, sondern auf alle anderen der folgenden Aspekte.

Stabilisierung des Prozesses und der Entwicklungsgeschwindigkeit

Scrum erwartet ein Sprint-Review-Meeting, in dem eine Vorführung eines potenziell auslieferbaren Inkrements durchgeführt wird. Wenn diese Praxis ernstgenommen wird, bewirkt sie eine regelmäßige Stabilisierung des Systems. Der Entwicklungsprozess bekommt einen regelmäßigen Takt, wird stabiler und vorhersehbarer.

Nicht zu unterschätzen ist die Wirkung auf die Arbeit des Teams: Es erhält ein regelmäßiges Feedback über den Arbeitsfortschritt. Wenn Abhängigkeiten bestehen, erfolgen die Zulieferungen anderer Teams in kürzeren Abständen und sind wesentlich leichter einzuplanen.

In der Scrum-Praxis der letzten Jahre sind diese Takte konstant kürzer geworden. Von ursprünglich 30-Tage-Sprints sind fast alle Scrum-Implementierungen auf zwei oder drei Wochen Sprint-Dauer übergegangen. Viele Teams benutzen darüber hinaus die Praxis des »one piece flow«, in der im Sprint eine User Story nach der anderen abgeschlossen wird – und sofort geliefert werden kann.

Kanban ist in dieser Hinsicht übrigens sehr ähnlich. Es erzielt vergleichbare Resultate und vertraut wesentlich auf die Wirkung von Visualisierung und der Begrenzung der Zahl der Features bzw. User Stories, an denen gleichzeitig gearbeitet wird (WIP-Limit).

Regelmäßige Lieferung in kleinen Inkrementen

Das Schneiden der Anforderungen in vertikale, auslieferbare und getestete Inkremente oder Scheiben erhöht auch dramatisch die Fähigkeit, auf neue Anforderungen schnell zu reagieren.

Dies bildet eine Grundlage für Business-Agilität, schnelle Anpassung an neue Marktbedingungen, Experimente am Markt mit überschaubarem Risiko und Kosten durchzuführen und die Erkenntnisse schnell zu verwerten.

Valide Fortschrittskontrolle

Auf der anderen Seite ergeben sich auch handfeste Vorteile im Controlling: Laufende getestete Software ist ein valider Messpunkt für erreichte Wertschöpfung. Zum ersten Mal kann man in einem Softwareprojekt den »earned value« belastbar belegen, während im Balkenplan eines konventionell aufgesetzten Softwareprojekts lediglich die getätigten Ausgaben widergespiegelt werden. Der Beleg für die erfolgte Wertschöpfung erfolgt erst mit dem Integrationstest am Ende.

Dies gilt auch für die Entwicklung im Großen. Statt User Stories betrachtet man größere vertikale Scheiben wie Features und Epics, die schrittweise in User Stories aufgeteilt und implementiert werden, und kann so den tatsächlichen Entwicklungsstand verfolgen.

3.5 Herausforderungen in skalierten Umgebungen

In einer skalierten Umgebung ändern sich die betrachteten Zeiträume, die Dynamik einer größeren Gruppe von Menschen ist anders und es werden an einer Vielzahl von Stellen die Wurzeln der agilen Techniken im Lean Management sichtbar: die Ausrichtung an Wertströmen, am effektiven Fluss (flow) und die Sicht auf Bewertung bzw. Verschwendung.

Bei der Zusammenarbeit von mehreren Teams ist das Ergebnis nicht die Summe der Einzelergebnisse dieser Teams, sondern das Produkt der effektiven

Zusammenarbeit.[4] Das wirklich Wichtige ist das globale Optimum. Dadurch müssen sich auch die Zielstellung, die Rahmenbedingungen und die Arbeitsweise der Teams an diese größere Umgebung anpassen.

Wertströme und Fluss

Hier greifen wir auf die Lean-Wurzeln von Scrum zurück: Das globale Optimum, der maximale Output von nachhaltig werthaltigen Produkten, ergibt sich aus einem stetigen Fluss durch einen Prozess, den Wertstrom.

Die Optimierung kommt durch stetige Beobachtung und Verbesserung des Wertstroms zustande. Das bedeutet, dass alles darauf ausgerichtet ist, unnötige Tätigkeiten und Produktelemente zu eliminieren und die übrig gebliebenen Elemente in regelmäßigen, kontrollierbaren und kleinen Schritten herzustellen.

In einem Produktionsprozess wird sehr viel Arbeit in eine weitere Verstetigung dieses Prozesses investiert. Bei Entwicklungsarbeiten, ob Produktentwicklung für eine Massenproduktion, Software- oder Systementwicklung, baut man Unikate und hat andere Restriktionen: Man weiß nicht alles über die Lösung, stößt immer wieder auf Überraschungen und muss ständig lernen und neue Lösungen erfinden. Das heißt, ein gewisses Maß an Instabilität ist unvermeidlich und sogar erwünscht – sonst kommt es zu keinen Innovationen.

Diesen ständigen Widerstreit zwischen Innovation bzw. Instabilität und Beherrschbarkeit bzw. Stabilisierung muss man regelmäßig ausgleichen, und hier kommt ein weiteres Grundelement von Lean ins Spiel: der Takt.

Takt

Takt in einem Scrum-Team wird durch den Sprint repräsentiert. Am Ende eines Sprints sollten Tätigkeiten abgeschlossen sein, und es bietet sich die Gelegenheit, Zwischenergebnisse, Effektivität und den Prozess zu reflektieren und zu verbessern. Der Sprint bildet auch einen Anreiz, Aufgaben in kleine vertikale Scheiben wie User Stories zu schneiden und den Fortschritt vorhersehbar zu machen. Nebenbei werden die Kohäsion der Arbeit im Sprint und die Autonomie der Arbeit eines Teams gestärkt, d.h. die Kopplung mit der Umgebung begrenzt.

Der Entkopplungsaspekt wird immer wichtiger, je größer eine Entwicklung skaliert. Ansonsten explodiert der Kommunikations- und Koordinierungsaufwand und die Planungszyklen wachsen ins Unermessliche.

Die verschiedenen Skalierungsframeworks gehen mit dieser Herausforderung verschieden um. LeSS (Large Scale Scrum, siehe Abschnitt 14.3.1) übernimmt den Sprint-Takt auch für skalierte Umgebungen, die wesentliche Klammer zwischen den Teams bildet der gemeinsame Product Owner. SAFe geht differenzierter heran: Der Sprint-Takt von in der Regel zwei Wochen gilt für die einzelnen

4. Beispielsweise kann eine spekulative Verallgemeinerung einer Lösung die anderen Teams, die diese Verallgemeinerung gar nicht brauchen, nur mit mehr Komplexität belasten.

Teams, es wird auch normalerweise mindestens nach jedem Sprint eine integrierte Systemdemo durchgeführt, die ebenfalls eine regelmäßige Stabilisierung bezweckt. Auf der Planungsebene gibt es einen Takt von normalerweise fünf Sprints für eine Synchronisierung der Teams und damit eine übergreifende Stabilisierung für deren lokalen Planungs- und Entscheidungsprozess alle zehn Wochen.

Wie wir sehen werden, legen beide Frameworks großen Wert darauf, in der Zwischenzeit das Auseinanderlaufen und damit verbunden große, schwer beherrschbare Instabilitäten zu vermeiden. Das umfasst technische Maßnahmen wie die kontinuierliche Integration, intensive Kommunikation zwischen Teamvertretern und die Planung und Stabilisierung von Schnittstellen.

Content Ownership

Neben technischen Abhängigkeiten, dem »Wie« der Entwicklung, ist der Content, also das »Was« der Entwicklung, eine wesentliche Quelle enger Kopplung der Teamarbeit mit der Außenwelt. Deshalb ist der Product Owner in Scrum Teil des Scrum-Teams und der »Besitzer« des Content, der kooperativ mit dem übrigen Team an einem »Team-Optimum« arbeitet. Hier müssen auch oft alte Missverständnisse aufgelöst werden: Der Product Owner ist kein Backlog-Verwalter und das Team-Optimum ist nicht identisch mit der Auslastung der einzelnen Entwickler und Tester.

Wenn man die Entwicklung skaliert, dann ist das globale Optimum die gesamte Entwicklung – das beeinflusst die Priorisierung der einzelnen Teams, ihre Arbeit, die »Definition of Done«, die Kooperation der Teams etc. Die reine Teamsicht reicht daher nicht mehr aus.

Der tatsächliche Product Owner in einer skalierten Umgebung muss diese Gesamtübersicht haben. In SAFe ist es der Produktmanager, der »Owner« des Release Train, allerdings mit einem erweiterten Fokus.

Selbstorganisation und Führung

Wenn sich jedes Team isoliert für seine Zwecke optimal organisiert, dann bleiben die übergeordneten Aspekte auf der Strecke: das gemeinsame Produkt, eine einheitliche technische Umgebung, aber auch eine Vielzahl weiterer Aspekte, die eine Firma ausmachen.

Neben die Selbstorganisation muss daher auch die systematische Gestaltung der Rahmenbedingungen treten. Dies erfordert eine explizite Festlegung, welche Entscheidungen auf der Teamebene bleiben, und eine kontinuierliche Weiterentwicklung der Formen der Zusammenarbeit. Entscheidungen müssen auf dem richtigen Level angesiedelt werden.

Auf Teamebene ist die Gestaltung der Führung weniger brisant, aber der Begriff »Servant Leader« als Rollenattribut für den Scrum Master beinhaltet schon »Leader«, d.h., der Scrum Master führt das Team mit einem bestimmten Verständnis.

In größerem Maßstab fällt den Führungskräften eine entscheidende Rolle zu: Sie haben die Führungsaufgabe, globale Rahmenbedingungen zu schaffen, und daneben auch noch weitere originäre Führungsaufgaben, insbesondere die, den Teams, Personen und der Organisation als Ganzes bei ihrer langfristigen Weiterentwicklung zu helfen.

Um diesen Aspekt vom allgemeinen Management abzugrenzen, verwende ich für diese Rolle die englische Vokabel »Leadership« – mehr dazu weiter unten in Kapitel 11.

Abhängigkeiten und Übergaben zwischen Teams

Wenn die Kooperation mehrerer Teams nötig wird, führt das zur Frage, nach welchen Gesichtspunkten die Teams eingeteilt werden. Es gibt hier zwei Grundkonzepte: Komponenten- bzw. Technologieteams, also Teams, die aus Mitgliedern mit ähnlicher Qualifikation bzw. Spezialisierung bestehen, und Feature-Teams, die bei der Herstellung ganzer Features zusammenarbeiten und die ganze Bandbreite der benötigten Technologien abdecken.

Diese Diskussion wird seit 15 Jahren in der agilen Community geführt, und es hat sich herausgestellt, dass Feature-Teams fast immer besser funktionieren.

Komponenten- oder Technologieteams führen zu vielen eingebauten Übergaben (»handovers«), einer engen Kopplung zwischen den Teams und damit zu einem hohen Koordinationsaufwand und wenig Chancen für Teamautonomie. Hinsichtlich der Planung und Lieferfähigkeit entstehen lange, inflexible Lieferketten und lange Lieferzeiten.

Feature-Teams benötigen weniger ausgelagerte Planung – oder anders gesagt, weniger Management, und da sie nicht Teil einer längeren Lieferkette von anderen Teams (oder eines Wasserfalls) sind, kann die übergeordnete Organisation schneller und flexibler liefern und schneller Feedback verarbeiten.

Liefern in kurzen Zyklen

Die häufige Lieferung kleiner Inkremente ist schwer und jede Organisation hat Umstellungsschwierigkeiten bei der Einführung dieses Prinzips. Dazu kommen zusätzlich noch Missverständnisse: Weil bestimmte Schritte wie die Erstellung einer Endanwenderdokumentation oder von Release Notes teuer sind, wird das als Entschuldigung genommen, um gar nicht zu integrieren.

Dabei wird eine Gelegenheit verpasst: Kontinuierliche Integration kleiner Inkremente stellt kontinuierlich Feedback bereit und ist die Grundlage für eine valide Fortschrittsmessung.

Instabilität im Entwicklungsstand kommt in aller Regel durch zu enge Kopplung und schlechte Codequalität zustande, also durch technische Schulden, was dazu führt, dass die Kosten und der Aufwand für die Fertigstellung einer Lieferung noch weiter steigen.

Auf der anderen Seite ist es auch eine große Chance. Die Lieferung in kurzen Zyklen hat die größte Auswirkung auf das Produkt und den Prozess, sie hat eine verständliche »Mechanik« – in vielen Organisationen eignet sie sich als zentraler Hebel zur Veränderung.

3.6 Teams bei SAFe

Cross-funktionale stabile Teams

SAFe nutzt die Erkenntnisse über effektive Teams und ist dementsprechend als eine Struktur von »Team von Teams« konstruiert. SAFe baut auf cross-funktionalen stabilen Teams auf, die die Entscheidungsbefugnis haben, ihre Arbeit selbst zu organisieren, und die möglichst an einem Platz zusammenarbeiten. Sie umfassen Entwickler, Tester und alle anderen benötigten Rollen und sie verwenden bewährte agile Methoden, insbesondere Scrum und die agilen Softwareentwicklungsmethoden aus Extreme Programming.

Die Größe von selbstorganisierten Teams ist begrenzt, erfahrungsgemäß funktionieren sie bis zu einer Größe von ca. 10 Personen. In größeren Teams bilden sich Untergruppen, die tägliche Kommunikation leidet. Diese Grenze ist durch die Zahl der Menschen, die wir gleichzeitig im Blickfeld haben können, festgelegt und durch langjährige Erfahrung abgesichert.

Teams in SAFe ersetzen die funktionalen Silos einer traditionellen Organisation. Sie bauen, testen und liefern in kurzen Intervallen und ermöglichen damit einen transparenten Projektfortschritt.

Feature-Teams

SAFe empfiehlt Feature-Teams innerhalb eines Release Train, um in kurzen Zyklen besser lieferfähig zu bleiben. Falls dies gar nicht möglich ist, sollten die Teams thematisch strukturiert sein, z.B. zu Produkten, Interfaces oder Subsystemen.

Was SAFe weniger adressiert, ist die Problematik, die durch die Aufteilung in Portfolioebene – oder Entscheidung über das Gesamtprodukt – und Implementierungsebene, also die Release Trains, entsteht. Genau betrachtet ist die Übergabe von der Portfolioebene an den Agile Release Train ebenfalls eine Übergabe mit allen damit verbundenen Nachteilen. In einer realen Organisation ist dies eine mögliche und kurzfristig auch realistische Grenze für Agilität. Radikalere Ansätze wie LeSS akzeptieren einen solchen »Zwischenschritt« nicht: LeSS kennt nur einen übergeordneten Product Owner, der für das Produkt und die Entwicklung ganzheitlich verantwortlich ist.

Der Agile Release Train als Team von Teams

Der Release Train folgt ähnlichen Strukturen wie das einzelne Team.

Der Release Train ist ebenfalls selbstorganisiert – wegen der größeren Zahl von beteiligten Personen müssen notwendigerweise neue Strukturen eingeführt werden. Dazu gehören Strukturen, um den Kommunikationsaufwand zu begrenzen – insbesondere finden Meetings mit allen Beteiligten in größeren Intervallen statt und es werden neue Rollen zur Koordination eingeführt.

Der Release Train wird durch eine gemeinsame Vision und Planung getrieben und hat

- eine Vision und Roadmap,
- durch Geschäftswert gesteuerte Priorisierung,
- häufige, werthaltige Lieferungen,
- eine feste Entwicklungskadenz und
- regelmäßige Inspect & Adapt-Meetings zur kontinuierlichen Verbesserung.

Scrum/Kanban und XP als Grundlage

Teams nutzen eine solide Implementierung von Scrum oder Kanban als Hauptgrundlage und liefern wertvolle Software nach jedem Sprint, also in der Regel alle zwei Wochen.

Sie verwenden die Rollen, die in Scrum definiert sind. Der Product Owner repräsentiert die Autorität über die umzusetzenden User Stories. Der Scrum Master treibt den kontinuierlichen Verbesserungsprozess auf Teamebene und arbeitet an der Beseitigung von Hindernissen. Die Teammitglieder arbeiten gemeinsam an der Realisierung der Software. Sie sind Spezialisten und gleichzeitig Generalisten, die bei Bedarf auch außerhalb ihres Spezialgebiets aushelfen können.

Scrum-Teams (und analog Kanban-Teams) haben es schwer, wenn sie keine adäquaten agilen Softwaretechniken verwenden, und können das Versprechen, flexibel änderbare Software im Sprint-Takt zu liefern, kaum einlösen. Diese agilen Softwaretechniken kommen aus Extreme Programming und sind normalerweise ein fester Bestandteil einer soliden agilen Implementierung.

Codequalität und Architektur

In einer größeren Entwicklung wird der Effekt schlechter Codequalität viel stärker wirksam. Die Teams verlassen sich nicht mehr auf Zulieferungen, können keine realistischen Vorhersagen machen oder Commitments abgeben.

Eine skalierte Umgebung produziert in aller Regel langlebigen Code, die Effekte schlechter Qualität summieren sich auf und behindern die Lieferfähigkeit nachhaltig. Deshalb ist Codequalität ein zentraler Baustein für ein effektives agiles Team und einen effektiven Release Train.

SAFe zieht daraus die Konsequenzen:

- **Kontinuierliche Integration beibehalten**
  Erfolgreiche Integration ist der wichtigste Indikator für Codequalität und stellt die agile Qualität der gesamten Organisation infrage.
- **So viel Vorausschau wie nötig**
  Mit dem »Architectural Runway« werden auf kooperative Weise notwendige zentrale Festlegungen getroffen.
- **Im Takt stabilisieren**
  Auf Teamebene und auf Train-Ebene gibt es regelmäßig diese Stabilisierungspunkte mit dem Sprint-Review und der Inkrement-Demo alle zwei Wochen und dem Release-Review-Meeting am Ende des PI.

Alignment – Unterschiede zu einzelnen Teams

Damit ein SAFe-Team sinnvoll mit den anderen Teams zusammenarbeiten kann, muss das Backlog für das Team mit dem übergreifenden Backlog abgestimmt und kritische übergreifende Entscheidungen zu Schnittstellen und zur Architektur koordiniert werden.

Der Product Owner, Scrum Master und die übrigen Teammitglieder haben zusätzliche Aufgaben, an der übergreifenden Planung, Koordination und dem Lernprozess des gesamten Release Train mitzuarbeiten. Auf der anderen Seite kann der Product Owner eines Teams nicht mehr autonom über den Inhalt des Backlogs bestimmen.

Transparenz

Agile Teams benötigen umfassende Transparenz, um gut funktionieren zu können. Verschiedene Maßnahmen tragen zu dieser Transparenz bei:

- Alle Backlogs und der Arbeitsstand aller Teams sind kontinuierlich sichtbar.
- Die Teams stellen für sich und/oder nach außen sinnvolle Kennzahlen bereit, die auf funktionierendem, getestetem und abgenommenem Code beruhen.
- Alle Beteiligten verstehen die Konzepte von Backlogs, Velocity und Work-in-Progress[5].

Diese Transparenz muss übergreifend sichergestellt und die dazu notwendige offene Umgebung durch das Management gewährleistet und unterstützt werden.

5. Bei SAFe »Work-in-Process«.

Planung und Schätzung

Das einzelne Team leistet auf allen Ebenen einen Beitrag zur Planung:

- Das Team schätzt in seiner Scrum-Rolle seine User Stories und liefert damit für seinen Product Owner eine Schätzung für die nächsten Sprints.
- Das Team übernimmt als Ergebnis der Sprint-Planung die Verantwortung für User Stories.
- Die Teammitglieder nehmen zuvor am Planungsmeeting der Programmebenen-Iteration, dem Programminkrement (PI), teil und erstellen dort eine gröbere Vorausschau für die Sprints während des PI.

Der Planungsprozess auf Programmebene wird in Kapitel 4 genauer vorgestellt.

Teams im Kanban-Modus

Manche Teams finden es einfacher, sich selbst als Kanban-Team zu verstehen, wenn ein Großteil ihrer Arbeit Event-getrieben definiert ist. Das können Teams mit einem hohen Anteil an Wartungsarbeiten sein, vor allem haben aber Systemteams und DevOps einen Aufgabenmix, der die Nutzung von Kanban nahelegt.

Der Vorteil von Kanban gegenüber Scrum kann in einer schnelleren Reaktionszeit für neue Anforderungen und in einem geringeren Planungsoverhead liegen. Kanban nutzt auch stärker Metriken, um die Arbeit des Teams zu verbessern und zu beurteilen. Insbesondere das kumulative Flussdiagramm (Cumulative Flow Diagram, CFD) zeigt sehr schnell die Entwicklung der Wertschöpfung eines Teams und ggf. ein zu hohes WIP-Limit.

Auf der anderen Seite unterliegen Kanban-Teams ähnlichen Restriktionen wie Scrum-Teams, damit sie effektiv in einem Release Train arbeiten können:

- Kanban-Teams haben dieselben Anforderungen an Codequalität.
- Sie brauchen ein Äquivalent zum Product Owner, um schnelle, dezentralisierte Entscheidungen herbeizuführen.
- Sie übernehmen dasselbe Commitment zu Releasezielen und managen Abhängigkeiten zu anderen Teams.
- Sie nehmen an der PI-Planung, den anderen Meetings und der dazugehörigen Planung und Schätzung teil und arbeiten im selben Releaserhythmus.

In einem Release Train können mit diesen Randbedingungen Scrum- und Kanban-basierte Teams koexistieren und jeweils die für sie beste Arbeitsform nutzen.

4 Die Programmebene

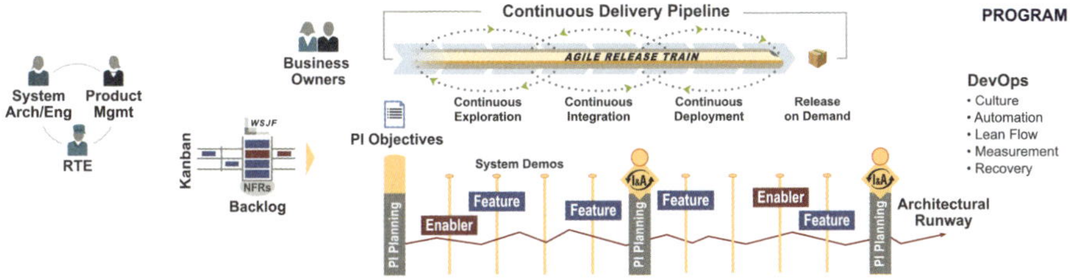

Abb. 4–1 *Die Programmebene in SAFe*[1]

4.1 Einführung

Skalieren in verschiedenen Dimensionen

Im vorigen Kapitel haben wir herausgearbeitet, wie einzelne Teams in kurzen Abständen funktionsfähige Software liefern können und welche Bedingungen notwendig sind, um dies möglich zu machen. Jetzt wollen wir untersuchen, wie die Vorschläge von SAFe für die Herausforderungen der Skalierung aussehen.

In einer großen Entwicklung mit vielen Abhängigkeiten müssen die Teams auf ein gemeinsames Ziel hinarbeiten, das erfordert neue Mechanismen zur Koordination. Gleichzeitig muss ein größeres Gebiet betrachtet werden, damit werden neue Aktivitäten, Begriffe und Rollen notwendig.

SAFe führt auf der Programmebene geeignete Begriffe und Konzepte ein:

- **Anforderungen und Wertschöpfung**
  Das Programm hat eine Vision, diese unterscheidet sich in ihrer Funktion nicht von der Produktvision eines Scrum-Teams. Dazu kommt eine Roadmap, die typischerweise die zukünftige Entwicklung über die nächsten ein bis drei Programminkremente in abnehmender Detaillierung beschreibt. Das Backlog des Programms setzt sich aus Features zusammen.

1. Reproduced with permission from © 2008–2017 Scaled Agile, Inc. All rights reserved.

- **Teams**
  Auf der Programmebene arbeiten 50–125 Menschen in einem Team von 8–12 Scrum/XP- bzw. Kanban/XP-Teams, dem Agile Release Train (ART), zusammen. Ein ART liefert entweder den gesamten Wertstrom oder bildet gemeinsam mit anderen ARTs einen Solution Train.
- **Rollen**
  Auf der Programmebene werden pro Release Train neue Rollen definiert – zum Teil analog den Rollen auf der Teamebene, zum Teil sind es neue Rollen für zentrale Aufgaben im Programm, wie das Releasemanagement oder Teams für zentrale Aufgaben. Diese Personen sind dem Release Train fest zugeordnet.
- **Zeittakt**
  Ein Rhythmus von zwei Wochen, in dem viele Teams arbeiten, ist zu kurz, als dass eine Organisation von mehr als 50 Personen sinnvoll neue Ziele und Arbeitsschritte definieren könnte. Auf der Programmebene schlägt SAFe daher einen längeren Zeittakt für die Planung vor, das Programminkrement, das sich aus mehreren (meist ca. 4–6) Sprints der Teams zusammensetzt. Releases können ebenfalls diesem Zeittakt folgen, können aber jederzeit durchgeführt werden, wenn das Programm eine stabile Produktversion erstellt hat.

Die Metapher des Agile Release Train

Der Agile Release Train (ART) ist ein langlebiges und funktionsübergreifendes Team von agilen Teams, in einer Größe von 50–125 Personen, das zusammen mit anderen Stakeholdern in einer Sequenz von Timeboxen, den Programminkrementen (PI), Wert liefert. Der ART richtet die Teams auf eine gemeinsame Business- und Technologie-Mission aus.

Der ART bildet das primäre Konstrukt der Wertschöpfung in SAFe und ist um einen Wertstrom des Unternehmens herum organisiert. Er existiert ausschließlich, um das Versprechen dieses Wertes zu realisieren und Lösungen zu entwickeln, die dem Endbenutzer einen Nutzen bringen.

ARTs sind funktionsübergreifend und verfügen über alle notwendigen Fähigkeiten – Software, Hardware, Firmware und andere –, um neue Systemfunktionalität zu definieren und zu liefern. Ein ART arbeitet mit dem Ziel, einen kontinuierlichen Flow von Wert sicherzustellen.

Der Release Train ist auch die Planungskadenz auf Programmebene, er startet pünktlich und kommt pünktlich bei der nächsten Station an, er arbeitet in Iterationen fester Länge. Alle Artefakte wie Code und Dokumentation werden an den Release Train geliefert.

Dies muss nicht bedeuten, dass neue Releases nur am Ende eines PI (Programminkrement) möglich sind, im Gegenteil: SAFe ermutigt die Implementierung agiler Softwarepraktiken wie kontinuierliche Integration, die Releases in kurzen Abständen erlauben.

Um einen Release Train »auf der Spur« zu halten und die Gesamtlösung zu integrieren, zu verfeinern und zu validieren, sind spezifische Qualifikationen, Rollen und Aufgaben vorgesehen.

4.2 Der Agile Release Train

Die wesentlichen Wertströme eines Unternehmens werden jeweils durch einen oder mehrere Agile Release Trains realisiert. Dadurch ist klar, dass diese über einen längeren Zeitraum bestehen, auch wenn sie möglicherweise pro Programminkrement mit zusätzlichen Personen und Ressourcen ausgestattet werden.

4.2.1 Arbeitsprinzipien

Ein Agile Release Train hilft den Teams, regelmäßig gemeinsame Werte zu schaffen, und baut auf einigen wesentlichen agilen Prinzipien auf:

- Die Länge einer Iteration und damit die Daten für Planung und Abnahme sind fix.
- Bei festen Zeitpunkten und definierter Qualität ist der Lieferumfang notwendigerweise variabel.
- Der Lieferumfang wird von den Teams in einer dezentralisierten Planung ausgearbeitet.
- Die Teams bestehen aus fest zugeordneten Mitgliedern, sie arbeiten in einem gemeinsamen Zeittakt und mit gleichen Sprint-Längen.
- Alle Mitglieder eines ART nehmen an den Planungsmeetings (PI-Planung) teil. Die PI-Planung ist ein Präsenzmeeting (»face-to-face«) und stellt ein unverzichtbares Element von SAFe dar.
- Alle Teams nutzen kontinuierliche Integration und tragen zu einem gemeinsamen Produktinkrement bei. Nach jedem Sprint wird eine vollständig integrierte Software für die wichtigsten Stakeholder in einer Systemdemo vorgeführt.
- Im letzten Sprint eines PI, dem IP-Sprint (IP steht für Innovation und Planung), reservieren die Teams Zeit für die Vorbereitung der nächsten Iteration, insbesondere für ihren Beitrag zur PI-Planung sowie für Experimente, Innovation, Weiterbildung und Arbeiten an der Infrastruktur.
- Einige Elemente der Infrastruktur und gemeinsame Grundlagen für die weitere Arbeit wie die Gestaltung der Benutzeroberfläche, Interfaces, gemeinsam genutzte Komponenten, einer Art Landebahn (»Architectural Runway«) für eine effektive Arbeit, müssen rechtzeitig entwickelt werden, um den Teams eine stabile Grundlage ihrer Arbeit zu bieten.

4.2.2 ARTs sind multifunktional

Ein ART umfasst alle Personen, die notwendig sind, um Wert zu liefern. Dies stellt einen Bruch mit einer traditionell funktionalen Organisation dar, die typischerweise »Silos« mit Personen mit gleichen Aufgaben bildet.

In einer solchen funktionalen Organisation arbeiten Entwickler mit Entwicklern, Tester mit anderen Testern, und Architekten und Systemingenieure arbeiten miteinander. Dies mag zwar vordergründig effizient erscheinen, in einer Umgebung mit schnellem Wandel von Anforderungen ist aber die Anpassung zu langsam, Flow wird durch Übergaben (»handoffs«) stark verzögert.

Stattdessen bauen ARTs eine funktionsübergreifende Organisation auf, die optimiert ist, um den Wertstrom von der Idee bis zur Implementierung zu fördern, und die alle notwendigen Funktionen umfasst. Sie organisieren ihre Arbeit selbst und liefern in schnelleren Zyklen mit weit weniger Overhead als eine traditionelle Organisation.

4.2.3 Rollen

In einem Release Train ist eine Reihe von zusätzlichen Rollen definiert, hier ein Überblick:

- Der **Release Train Engineer (RTE)** fungiert als eine Art von Scrum Master für den Release Train.
- Das **Releasemanagement** verantwortet die Grundsätze für Releases. Es kann helfen, harte Entscheidungen zu fällen und deren Auswirkungen auf die Releases abzuschätzen.
- Das **Produktmanagement** nimmt die Rolle eines Product Owners ein, es verantwortet also die Vision und das Backlog des Agile Release Train und damit die Auswahl der zu implementierenden Features.
- Drei bis fünf maßgebende Stakeholder fungieren als **Business Owner** und repräsentieren die letztendliche Verantwortung für die geschäftlichen Ergebnisse.
- Ein **Systemteam** kann bei der Infrastruktur und bei der Integration der Lösung helfen. Es kann auch spezifische globale Tests wie End-to-End-Tests durchführen, die Erfüllung der nicht funktionierenden Anforderungen bewerten und die Systemdemo vorbereiten.
- **Systemarchitekten** und weitere spezialisierte Rollen wie Designer für die Benutzeroberfläche (**UX-Designer**) helfen, die Landebahn, den »Architectural Runway«, aufzubauen, sodass die Teams effektiv neue Features entwickeln (»landen«) können und das Systemverhalten sowie gemeinsame Komponenten konsistent bleiben. Damit soll sichergestellt werden, dass die Entwicklung neuer Features mit einer Weiterentwicklung der Architektur einhergeht.

- **Shared Resources**, gemeinsame Dienste, unterstützen den Release Train bei Aufgaben, die nicht einem einzelnen Train zugeordnet werden können.
- **DevOps**, die Integration von Entwicklung (»Dev«) und Betrieb (»Ops«, operations), ist im Release Train integriert, und die einzelnen Teams nutzen DevOps-Praktiken, um eine stetige Folge von neuen Releases bereitzustellen und früh auf die Entwicklung Einfluss zu nehmen.

4.2.4 Release Trains aufsetzen

Ein Release Train hat das Potenzial, die Energie der einzelnen Teams zu bündeln und damit eine sehr effektive Entwicklungsorganisation aufzubauen. Das Konzept zieht dabei in Betracht, dass die einzelnen Teams eine natürliche Tendenz dazu haben, zunächst ihre eigene Arbeit optimal zu gestalten. Aus einer Gesamtsicht resultiert dies nicht unbedingt in der besten Lösung.

Die Mechanismen eines Release Train haben daher auch die Aufgabe, die einzelnen Teams regelmäßig an einem globalen Optimum auszurichten (»Alignment«).

Wertströme identifizieren und Trains etablieren

Die erste Aktivität vor dem Aufsetzen eines Release Train ist die Identifikation der wichtigen Wertströme in einem Unternehmen. Diese Wertströme werden durch einen oder mehrere Release Trains realisiert. Falls mehrere Release Trains an einem gemeinsamen Wertstrom arbeiten, ist ggf. eine zusätzliche Koordination zwischen den Trains notwendig. In diesem Fall wird eine Solution-Ebene implementiert (siehe Kap. 6).

In größeren Unternehmen kann es durchaus vorkommen, dass nicht alle Wertströme mit der gleichen Methodik arbeiten oder zur gleichen Zeit SAFe einführen.

Programminkrement: PI-Planung und Arbeitsweise festlegen

Zum Aufsetzen eines neuen Release Train müssen grundlegende Parameter wie die Länge eines Programminkrements und die Ausstattung des Release Train festgelegt werden. Die übrigen Vorarbeiten wie initiale Planung, d.h. Vorbereitung eines Backlogs, Besetzung der Rollen und Schulungsmaßnahmen sollten schon in der Verantwortung des Release Train liegen.

4.2.5 Arbeiten im Programminkrement

Die Arbeiten des Release Train werden im Takt dieses PIs organisiert: Am Anfang steht ein Meeting zur PI-Planung, am Ende eine Demonstration des Systems und ein Inspect & Adapt-Meeting.

PI-Planung

In der PI-Planung splitten die einzelnen Teams Features in User Stories, schätzen grob ab, wie viele User Stories sie in den nächsten Sprints umsetzen können, und koordinieren ihre Arbeit mit den anderen Teams und dem gesamten Train. Am Ende haben die Teams ihre Ziele für das PI festgelegt (siehe Abschnitt 4.7.1 – Ergebnisse des Meetings) und verfügen über ein Bild von den Abhängigkeiten mit den anderen Teams.

Reporting

Das Reporting eines Release Train basiert wesentlich auf den Fortschritten der einzelnen Teams, d.h., es erfolgt am Ende jedes Sprints der Teams. Das wichtigste Element dabei ist die Systemdemo, ein weiteres Element ist der Grad der Fertigstellung der einzelnen Features, die in der Iteration, im Programminkrement, eingeplant sind.

Scrum of Scrums[2]

In SAFe führt der Release Train Engineer (RTE) zur Synchronisation der Teams zweimal wöchentlich oder nach Bedarf ein »Scrum of Scrums«-Meeting mit den Scrum Mastern durch, in dem folgende Fragen besprochen werden:

- Was hat jedes Team erreicht?
- Was plant das Team bis zum nächsten Meeting?
- Was blockiert das Team, welche Hindernisse bestehen?
- Welche Änderungen plant das Team, die ein anderes Team blockieren könnten?

Danach besprechen die Betroffenen Maßnahmen zur Behebung der Hindernisse.

Inspect & Adapt

Ein Programminkrement hat eine feste Länge, ist also eine Timebox. Am Ende des PI gibt es eine Vorführung der Ergebnisse analog zum Sprint-Review der einzelnen Teams, eine Auswertung der Messgrößen und ein Inspect & Adapt-Meeting. In einem Workshop zur strukturierten Retrospektive werden außerdem Probleme identifiziert und Maßnahmen geplant, um diese zu beheben.

Dieses Meeting ist kein Ersatz für die Retrospektiven in den einzelnen Teams. Es fokussiert auf Verbesserungen auf der Programmebene und ist damit eine Ergänzung, um Verbesserungen im Agile Release Train adressieren zu können.

---

2. Die Bezeichnung »Scrum of Scrums« für solche Meetings wurde aus Scrum übernommen. Die Beschreibung in SAFe weicht aber deutlich von der üblichen Scrum-Praxis ab.

4.3 Das Programminkrement

Ein Programminkrement (PI) nimmt für einen Release Train die analoge Rolle ein, die ein Sprint für ein Team darstellt: Ein Programminkrement ist eine Timebox, in deren Verlauf wertvolle Software produziert wird.

Ein PI ist eine Planungseinheit für die Entwicklung sowie ein regelmäßiges Zeitraster für externe Rückmeldungen und für die Durchführung von Retrospektiven auf der Ebene des Release Train.

Aus Sicht der Portfolioplanung bietet das PI eine sinnvolle Abstraktionsebene zur Evaluierung und Planung einer Roadmap.

Ein PI fasst mehrere Sprints der Teams im Release Train zu einem »Super-Sprint« zusammen. Innerhalb eines PI entsteht in kurzen Abständen releasefähige Software. Dies bedeutet, dass nicht nur am Ende eines PI Software ausgeliefert werden kann. Release Trains können sich auch dazu entscheiden, häufiger oder seltener Releases bereitzustellen. Bei SAFe gilt die Regel: entwickeln im Takt, liefern nach Bedarf (»develop on cadence, release on demand«). Für häufigere oder gar kundenspezifische Releases spielen die agilen Softwaretechniken, insbesondere Testautomatisierung und kontinuierliche Integration, eine Schlüsselrolle, um mit niedrigem Aufwand neue Releases ausliefern zu können.

4.3.1 Das PI als Super-Sprint

Der Sprint-Zyklus eines Scrum-Teams ist einfach, übersichtlich, repetitiv. Er liefert regelmäßig wertvolle neue Software, bietet einen Rahmen für Feedback und reduziert die Planungskomplexität für ein Team.

Aus Sicht eines Lean-Prozesses stellt der Sprint eine Timebox bereit, durch die die Menge der gleichzeitigen Arbeiten (WIP) begrenzt wird. Er fixiert den Umfang der Arbeiten auf kurze Sicht, koordiniert die Teammitglieder auf ein gemeinsames Ziel hin und trägt allgemein dazu bei, den Prozess zu stabilisieren.[3]

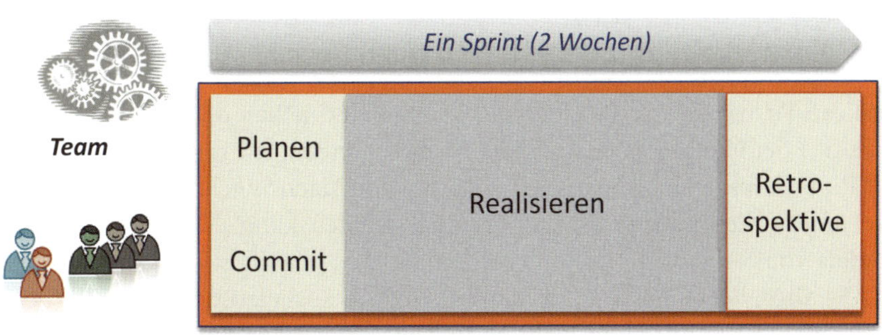

Abb. 4–2 Der Team-Sprint

3. Abbildung 4–2 zeigt ein Scrum-Team im ursprünglichen Sinn. Wenn dieses Team als Teil eines Agile Release Train arbeitet, entfällt das Review-Meeting (siehe Abb. 4–3).

Auf der Programmebene bestehen die gleichen Herausforderungen, die sogar noch ausgeprägter sind. In der Idee des Release Train werden analog die Konzepte des Sprints skaliert:

- Im ART-Backlog (Agile Release Train, ART) und den anderen Artefakten wie Vision und nicht funktionale Anforderungen, stehen gröber granulare Anforderungen, die es erlauben, auf einer wirtschaftlich sinnvollen Ebene Priorisierung zu betreiben.
- Der Release Train wird als ein Team von Teams betrachtet, in dem gegenüber den Scrum-Teams einige neue Rollen definiert sind.
- Das PI dient als eine Timebox von 8–12 Wochen, die es erlaubt, für das Unternehmen relevante Inkremente herzustellen und dazu Feedback zu organisieren.
- Statt eines Review-Meetings auf Teamebene trägt das Team zu regelmäßigen Inkrementdemos bei.

Das Ergebnis ist ein Programminkrement als Analogie zu einem Sprint auf der Ebene des Programms.

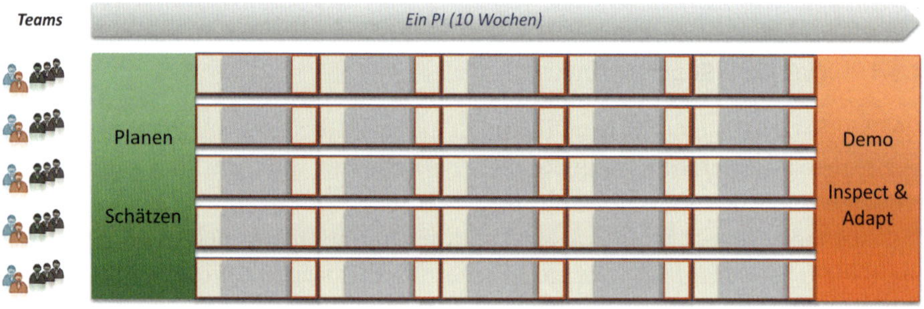

Abb. 4–3 *Das Programminkrement*

4.4 Entwickeln im Takt – liefern nach Bedarf

Die Lean-Prinzipien der Produktentwicklung sind neben der agilen Vorgehensweise eine der Hauptquellen für SAFe. Sie beschreiben, wie mit einer Entwicklung im Takt (»develop on cadence«) und der regelmäßigen Synchronisation ein effektiver und vorhersagbarer Prozess gestaltet werden kann. Sie sind für das Verständnis von SAFe wichtig. Wir beschreiben hier, wie die wichtigsten Prinzipien in SAFe abgebildet sind. SAFe trennt hiervon die Auslieferung nach Anforderung (»deliver on demand«) und zieht zusätzlich Nutzen aus modernen agilen Softwaretechniken, um schnell auf Anforderungen zu reagieren.

4.4.1 Entwickeln im Takt

Die SAFe-Aussagen zur Organisation der Entwicklung kann man direkt auf Erfahrungen von Extreme Programming (XP) für die Softwarepraktiken und auf die Ideen von Don Reinertsen [Reinertsen 2009] für die Prozessgestaltung zurückführen.

Man kann nicht auf Kosten der Qualität Zeit sparen

Eine der zentralen Aussagen in XP ist die Erkenntnis, dass man mit weniger Qualität keine Zeit sparen kann. Im Gegenteil, technische Schulden führen dazu, dass die weitere Entwicklung nicht nur ineffizienter wird, sondern dass schon nach kurzer Zeit die Lieferzuverlässigkeit leidet, unvorhersehbare Aufwände für Fehlerbehebung entstehen und dass ein größeres Softwaresystem nur noch mit zum Teil unverhältnismäßigem Aufwand überarbeitet werden kann.

Bei einer skalierten Entwicklung steigen die Folgen dramatisch an. Die Zahl der Betroffenen in anderen Teams wird höher und die Unzuverlässigkeit und Ineffizienz, die durch diese technischen Schulden verursacht wurden, verbreiten sich in Wellen über das gesamte System.

Der Entwicklungsfluss in SAFe

Wir stellen im Folgenden einige der Aussagen von Don Reinertsen den entsprechenden Praktiken in SAFe gegenüber.

- **Nutze eine regelmäßige Kadenz, um die Akkumulation von Varianz zu begrenzen.**
  Diese Begrenzung ist sinnvoll, um die Stabilität und Vorhersagbarkeit des Prozesses sicherzustellen. In SAFe wird dies durch die Planung in Programminkrementen hergestellt.
- **Stelle genügend Kapazitätsreserven bereit.**
  Die Teams in SAFe bestimmen bei der PI-Planung neben ihren festen Zielen (objectives) auch nicht committete »stretch objectives«. Dies ermöglicht Sicherheitsmargen und eine erhöhte Zuverlässigkeit der Planung.
- **Nutze die Kadenz, um Wartezeiten vorhersehbar zu machen.**
  Ein Feature, das nicht in ein Release oder in das Ergebnis eines PI aufgenommen werden kann, behält eine hohe Priorität und kann im nächsten Release ausgeliefert werden.
- **Nutze die Kadenz, um kleine Losgrößen zu ermöglichen.**
  Kurze Sprints und PIs begrenzen die Größe und Menge an Features, die gleichzeitig in Bearbeitung sind und damit auch ausgeliefert werden. Sie ermöglichen auch eine kurze Reaktionszeit auf neue Anforderungen.

- **Plane häufige Meetings in einer vorhersehbaren Frequenz.**
  Die Planungsmeetings für PI und Sprint, Backlog Refinement, Inspect & Adapt-Meetings sind spezialisierte Arbeits- und Alignmentmeetings, bei denen jeweils nur wenig neue Informationen in Betracht gezogen werden müssen und die daher kürzer und effektiver gestaltet werden können.

Die Lieferpipeline

Jeder Agile Release Train pflegt (oder nutzt) eine Pipeline mit den Assets und Technologien, die benötigt werden, um so unabhängig wie möglich zu liefern. Die Elemente der Pipeline ermöglichen zusammen die Lieferung von kleinen Chargen neuer Funktionalität:

- **Continuous Exploration** ist der Prozess der ständigen Erforschung von Markt- und Benutzeranforderungen und die Definition einer Vision, einer Roadmap und einer Menge von Features, die diese Bedürfnisse adressieren.
- **Continuous Integration** ist der Prozess der Realisierung von Features aus dem Programm-Backlog und die Entwicklung, Prüfung, Integration und Validierung in einer Staging-Umgebung.
- **Continuous Deployment** ist der Prozess, der validierte Features aus der Continuous Integration in die Produktionsumgebung bringt, wo sie für ein Release bereitstehen.
- **DevOps** steuert Entwicklung und Management in der kontinuierlichen Lieferpipeline. DevOps ist eine Fähigkeit jedes ART. Der Ansatz von SAFe für DevOps nutzt das Akronym CALMeR, um die Aspekte Kultur, Automatisierung, Lean Flow, Measurement und Recovery zu reflektieren.
- Durch das **Programm-Kanban** wird der Durchfluss durch das System visualisiert, verwaltet und gemessen.

Synchronisation

Synchronisation erlaubt es, viele parallele Aktivitäten vorzunehmen, ohne dass dabei die Planbarkeit des Gesamtsystems verloren geht. In SAFe sind die Aktivitäten der einzelnen Teams naturgemäß parallel und müssen daher wieder regelmäßig synchronisiert werden.

Auch hier zitieren wir die relevanten Flow-Prinzipien und ihre Umsetzung in SAFe:

- **Nutze die Vorteile der Skalierung durch Synchronisation der Arbeit von mehreren Projekten.**
  Die einzelnen Teams arbeiten mit derselben Sprint-Länge und synchronisieren ihre Arbeit in regelmäßigen Systemdemos. Dadurch werden auch die Arbeiten an der gemeinsamen Infrastruktur abgestimmt.

- **Kapazitätsreserven ermöglichen eine synchrone Auslieferung.**
Die Teams planen jeweils Ziele (objectives) sowie optionale Ziele (stretch objectives), die nicht mit Sicherheit realisiert werden können.
- **Nutze synchronisierte Events, um cross-funktionale Kompromisse zu entwickeln.**
Die PI-Meetings synchronisieren Kundenfeedback, Anpassungen der Kapazität, gefundene Verbesserungen in der Arbeit und fördern die Kooperation und den Zusammenhalt der Teams.
- **Synchronisiere die Losgrößen und die Zeitplanung benachbarter Prozesse, um Warteschlangen zu minimieren.**
Die Teams arbeiten mit gleichen Timeboxen und ähnlichen Losgrößen, ihren Team-Backlogs. Das Systemteam unterstützt die regelmäßige Integration. Die Backlogs werden möglichst kurz gehalten, und die Festlegung (commitment) erfolgt erst zu Beginn einer Iteration.
- **Nutze kleinere Kadenzen mit gleichen Teillängen[4], um die Arbeit zu synchronisieren.**
Die Teams integrieren ihre Arbeit mindestens nach jedem Sprint. Mehrere Release Trains in einem Wertstrom integrieren ihre Arbeiten mindestens nach jedem PI.

4.4.2 Liefern nach Bedarf

Releases und potenziell auslieferbare Software

SAFe hat das Ziel, die gesamte Wertschöpfungskette abzudecken. Das bedeutet insbesondere, dass nicht nur die Entwicklung betrachtet wird. Vielmehr geht es darum, kontinuierlich neue Features zu definieren, zu entwickeln und zu prüfen und dann auch auszuliefern. Erst dann realisiert sich der potenzielle Nutzen auch beim Kunden.

Häufigkeit von Releases

Wie häufig Releases ausgeliefert und installiert werden, hängt von verschiedenen Faktoren ab:

- Der wichtigste Faktor ist die Anforderung des Kunden und seine Fähigkeit, neue Releases nutzbringend einzusetzen.
- Entwicklungsfaktoren betreffen den erforderlichen Aufwand, um neue Versionen herzustellen. Insbesondere eine mangelhafte Qualitätssicherung wie manuelles Testen machen es aufwendig, häufige Releases bereitzustellen.

---

4. Harmonische Längen, d.h., die längeren Kadenzen sollten eine vielfache Länge der Sprints haben.

- Dazu kommt ggf. noch eine Reihe von Aufgaben, die zum Ende eines Release anfallen. Beispiele hierfür sind externe Audits und Reviews, Dokumentation auf der Systemebene und Integrationstests bei einer komplexen Umgebung.

SAFe schlägt daher vor, die Entwicklungszyklen unabhängig von Releases zu organisieren, sodass die Organisation flexibel auf Kundenbedürfnisse reagieren kann, ohne die Stabilität des Entwicklungsprozesses dafür zu opfern.

Features tragen Kundennutzen

In SAFe wird Kundennutzen auf der Programmebene vornehmlich über Features abgebildet. Diese Features sind priorisiert und werden gemäß ihrer Priorität und der aktuellen Kapazität der Release Trains in einem Wertstrom umgesetzt. Features haben eine definierte Qualität dadurch, dass sie einer gemeinsamen Definition von Fertigstellung (»Definition of Done«) unterliegen und dass für jedes Feature klare Abnahmekriterien definiert werden. Damit wird die Wertschöpfung, d.h. das Schaffen von Kundennutzen, direkt auf die Fertigstellung von Features abbildbar.

Features werden zur Implementierung in kleinere vertikale Scheiben, die User Stories, zerlegt. Diese User Stories haben wiederum eigene detailliertere Akzeptanzkriterien und werden unter Umständen von verschiedenen Teams implementiert. Deshalb ist es notwendig, nach Fertigstellung aller User Stories eines Features eine (möglichst automatisierte) Validierung auf Ebene des gesamten Features durchzuführen und die Qualität sicherzustellen.

Laufende Software: potenziell auslieferbares Inkrement

Ein Ziel der agilen Softwareentwicklung ist es, zu jedem Zeitpunkt ein lauffähiges System bereitstellen zu können. Die Teams müssen sicherstellen, dass durch ihre Arbeiten zu keiner Zeit die Lauffähigkeit des Systems beeinträchtigt wird. Das System zur kontinuierlichen Integration überprüft diese Grundvoraussetzung in der laufenden Entwicklung.

Das System soll nicht nur lauffähig, sondern auch konzeptionell integer sein, d.h., es soll keine halb fertigen oder unbenutzbaren Features enthalten. Da Features als einzelne User Stories implementiert werden und von den Teams erwartet wird, dass sie diese kontinuierlich in einer gemeinsamen Codebasis bereitstellen, müssen spezifische Maßnahmen getroffen werden, damit das System jederzeit potenziell auslieferbar ist.

Eine Grundvoraussetzung ist die Definition der Features als logisch möglichst unabhängige Einheiten. Daraus leitet sich eine zweite Notwendigkeit ab, unfertige Features von einem Release auszuschließen. Um die zusätzliche Komplexität paralleler Branches[5] in der Entwicklungsumgebung zu vermeiden, empfiehlt sich das Konzept von »Feature Toggles«, d.h. von logischen Schaltern, mit denen diese unfertigen Features stillgelegt werden können.

Das Konzept der unabhängigen Einheiten ist bei größeren Systemen gar nicht so einfach zu realisieren. Die notwendige lose Kopplung in der Architektur lässt sich normalerweise nur mit einiger Erfahrung herstellen und in der kontinuierlichen Entwicklung beibehalten. Nach einer Umstellung auf agile Entwicklung muss ein Release Train erfahrungsgemäß einiges kontinuierlich in eine solche robuste Architektur investieren.

Von potenziell auslieferbar bis zum Release

Um aus einer potenziell auslieferbaren Lösung ein Release zu machen, sind normalerweise noch zwei Schritte nötig: eine gesamte Validierung des Systems und verschiedene abschließende Arbeiten.

Es ist sinnvoll, diese Schritte durch eine »Definition of Done« auf Releaseebene explizit fassbar zu machen.

Auf Teamebene gelten dann Definitionen von »fertig« für User Stories (und ggf. lokal für Tasks), während auf der Ebene des Programms Definitionen von »potenziell auslieferbar« und »releasefähig« jeweils für Features gelten. Letztere enthalten nur die Aspekte eines Features, die notwendigerweise auf das Releaseende geschoben werden müssen.

Systemvalidierung

Die Validierung des Gesamtsystems kann zusätzliche manuelle Prozessschritte erfordern; sie kann nicht die Automatisierung der Unit Tests und der Akzeptanztests durch die Teams ersetzen, sie baut im Gegenteil auf diesen auf.

Zu einer vollständigen Qualitätssicherung bzw. Validierung gehört z.B. exploratives Testen der Gesamtlösung, automatisiertes End-to-End-Testen, die Integration von Fremdsystemen und weitere Prüfungen, die wirtschaftlich nicht sinnvoll prozessbegleitend durchgeführt werden können. Es kann auch bedeuten, die Einhaltung von regulatorischen und anderen standardbasierten Rahmenbedingungen sicherzustellen und zu demonstrieren.

Fertigstellen des Release

Zum Fertigstellen eines Release gehören am Ende noch einige Aktivitäten wie beispielsweise:

- Release Notes und andere Nachrichten für die Benutzer
- Interne und externe Kommunikation über das Release
- Finalisieren der Benutzerdokumentation
- Release-Paketierung, Verzeichnisse, Hinweise zur Konfiguration

---

5. Ein Branch in einer Versionsverwaltung ist ein paralleler Entwicklungsstrang, der später oder periodisch mit der Hauptlinie der Entwicklung zusammengeführt wird.

- Dokumentation zur Installation und Inbetriebnahme
- Training und Dokumentation für Servicemitarbeiter
- Auswertung der Informationen aus dem QS-System
- Unterschriften und Genehmigungen zur Auslieferung

Nach Abschluss dieser Arbeiten kann die Software endgültig ausgeliefert werden.

4.5 Artefakte des Release Train

4.5.1 Die Programmvision

Die Vision eines Release Train bzw. Programms beschreibt die übergreifenden Ziele für die Entwickler. Sie stellt die Ziele, die Intentionen der Stakeholder und Anforderungen des Marktes dar, die bei der Implementierung neuer User Stories beachtet werden müssen.

Die Vision bildet also ein wesentliches Element der Ausrichtung aller Teams auf ein gemeinsames Ziel und stellt sicher, dass alle Teams daran mitarbeiten. Die Verantwortung für die Vision liegt beim Produktmanagement.

Inhalt

Neben den nicht funktionalen Anforderungen und den wesentlichen Features beschreibt die Vision auch zu beachtende Standards und Designanforderungen. Das Thema der Vision ist also der Kontext und das Ziel des Programms und dessen Einschränkungen.

Quellen der Vision

Das Produktmanagement als der Verantwortliche für die Vision integriert die relevanten Sichten und nutzt sie zur richtigen Formulierung und Priorisierung der Features im ART-Backlog. Diese Quellen umfassen:

- Strategische Themen als Grundlage der Portfoliovision – sie sind gleichermaßen relevant für die Vision des Programms
- Portfolio-Backlog und Programm-Epics
- Rückmeldungen von Kunden
- Die kontinuierliche Entwicklung des Architectural Runway, die für die Unterstützung der zu entwickelnden Features notwendig wird
- Anforderungen und Ideen, die aus den Diskussionen der einzelnen Teams und ihrer Product Owner erwachsen

Repräsentation der Vision

Die Vision sollte ein leichtgewichtiges Dokument sein, sodass es immer wieder konsultiert werden kann. Neben diesem Dokument empfiehlt es sich, regelmäßige Meetings durchzuführen, in denen die Visionsziele präsentiert und die Weiterentwicklung der Vision besprochen wird.

4.5.2 Die Roadmap

Die Roadmap konkretisiert die mittelfristigen Ziele und Meilensteine der Vision, meist für die PIs der nächsten 6–9 Monate.

Typischerweise enthält sie konkrete Ziele für das nächste PI und eine allgemeinere Zielrichtung für die folgenden PIs. Die Roadmap wird kontinuierlich als Teil des Planungsprozesses weiterentwickelt. Der richtige Planungshorizont ist kritisch für die Nützlichkeit der Roadmap. Ist er zu kurz, verfehlt die Roadmap ihr Ziel. Ein zu langer Planungshorizont limitiert die notwendigen Anpassungen an veränderte Anforderungen und Rahmenbedingungen.

Die Roadmap enthält auch geplante Releases und ihre Zeiträume, Ziele, geplante Umfänge, spezifische Anforderungen, Stakeholder und Gründe für diese Releases.

Ein typisches Muster für eine Roadmap ist folgende rollierende Entwicklung:

- **Für das aktuelle PI**
  Die Roadmap ist schon so konkret wie die Planung für das aktuelle PI, sie enthält also auch die zehn wichtigsten Features für dieses PI. Außerdem enthält sie zusätzlich Daten für Releases während dieses Zeitraums, wenn diese nicht mit dem jeweiligen Ende des PI zusammenfallen.
- **Für das nächste PI**
  Für neue Trains kann eine Vorplanung für das nächste PI die Unsicherheiten und Schwankungen in der aktuellen Entwicklung auffangen. Allerdings plant das Produktmanagement nicht im gleichen Detailgrad wie die Teams für das aktuelle PI.
- **Für das übernächste PI**
  Diese Planung sollte definitiv weniger detailliert sein und nur eine Idee oder die wichtigsten Eckpunkte enthalten.

4.5.3 Das ART-Backlog

Das ART-Backlog ist die maßgebende Quelle für alle Arbeiten, die vom Agile Release Train (ART) übernommen werden. Es setzt sich primär aus Features zusammen, die jeweils nützliche Funktionalität für die Benutzer darstellen. Daneben stehen im ART-Backlog noch Architektur-Features, die die notwendigen Arbeiten für den Architectural Runway repräsentieren.

Das Produktmanagement ist für den Inhalt und die Priorisierung des Backlogs verantwortlich.

Quellen und Inhalt

Die wichtigste Quelle für den Inhalt des ART-Backlogs ist die ART-Vision. Dazu kommen noch die Epics von der Portfolioebene. Diese Auswahl wird durch die Vision des Portfolios und die strategischen Themen beeinflusst.

Die Portfolio-Epics erscheinen in der Regel in Form der daraus abgeleiteten Features im Backlog. Gegebenenfalls können Epics direkt vom Release Train übernommen werden und werden damit zu »Programmebene-Epics«. Analog wird mit Enablers (Architektur-Epics und Architektur-Features) verfahren.

Daneben gibt es weitere wichtige Quellen für das ART-Backlog, insbesondere Rückmeldungen von Kunden sowie Ideen und Rückmeldungen von den einzelnen Teams.

Priorisierung

Die richtige Priorisierung ist der Schlüssel für die Entwicklung des richtigen Produkts. In den meisten agilen Entwicklungen gehen die Faktoren Geschäftswert, Risiko und Opportunitätskosten (cost of delay) in die Priorisierung ein.

SAFe empfiehlt einen spezifischen Ansatz, der aus dem Geschäftswert, der Kritikalität und der Größe eine Kennzahl berechnet: Weighted Shortest Job First (WSJF, siehe Abschnitt 4.11.1). Die WSJF-Kennzahl wird vor jedem PI auf der Basis des noch verbleibenden Aufwands und der Zeitkritikalität neu berechnet.

Schätzen im ART-Backlog

Die Einträge im ART-Backlog werden als relative Aufwände, vorzugsweise in Story Points, bestimmt.

Da die Features größer sind als einzelne User Stories, ergeben sich typischerweise wesentlich größere Zahlen, als man sie in Schätzungen von Team-Backlogs gewohnt ist. Dazu kommt, dass diese Schätzungen auf einer weniger detaillierten Basis erfolgen, als dies im einzelnen Team möglich ist, und daher auch größere Spannen für Unsicherheit beinhalten.

4.5.4 Programm-Epics

Epics im Sprachgebrauch von SAFe sind Initiativen, die so groß sind, dass sie genauer analysiert werden müssen und die Zustimmung zu ihren Kosten und Konsequenzen notwendig ist. Sie können mehrere Release Trains und PIs umfassen. Portfolio-Epics entstehen im Verlauf des Portfolioprozesses durch das Lean Portfolio Management (LPM) und gehen in die ART-Backlogs eines oder mehrerer Release Trains ein.

Die meisten Epics entstehen im lokalen Programmkontext, etwa durch ein genaueres Verständnis des Marktes oder aus der Notwendigkeit, zukünftige Entwicklungen technisch abzusichern.

Programm-Epics sind typischerweise so groß, dass sie nicht direkt (in einem PI) umgesetzt werden können, sondern vorher in Einzel-Features aufgesplittet werden. Die inkrementelle Umsetzung als Features stellt auch sicher, dass das System auslieferbar bleibt und Erweiterungen in kleinen Schritten bereitstellen kann.

4.5.5 Features

Features sind Services des Systems, die explizite Anforderungen von Stakeholdern erfüllen. Sie werden im ART-Backlog verwaltet und müssen in ein PI passen, damit nach jedem PI möglichst keine unfertigen Features mehr vorhanden sind und ein konsistenter und konzeptionell integrer Zustand besteht.

Features werden in User Stories aufgeteilt, die von einem oder mehreren Teams in jeweils einem Sprint abgearbeitet werden können.

Der Begriff Feature in SAFe wurde bewusst gewählt: als Nutzung eines in der Industrie eingeführten Standardbegriffs. Das Argument dafür ist eine einfachere Kommunikation mit Produktmanagern, die es gewohnt sind, damit ihre Anforderungen zu beschreiben.

Features und Nutzen

Aus dem gleichen Grund (einfachere Kommunikation mit Produktmanagern) empfiehlt SAFe auch die Beschreibung von Features in einer Feature-Nutzen-Tabelle (Feature-and-Benefit-Matrix, FAB). Damit ist auch die Verwechslungsgefahr mit User Stories geringer.

- **Feature**
  Ein kurzer Satz, der einen Namen und einen rudimentären Kontext beschreibt.
- **Nutzen oder Benefit**
  Eine kurze Beschreibung, die den Nutzen, ggf. auch mehrere Vorteile für den Benutzer darstellt.

Akzeptanzkriterien für Features

Features erhalten Akzeptanzkriterien, durch die die Korrektheit der Umsetzung überprüft werden kann. Die Formulierung von Akzeptanzkriterien trägt auch wesentlich dazu bei, ein genaueres Verständnis für das Feature zu gewinnen und damit auch das Risiko der Umsetzung zu reduzieren.

Akzeptanzkriterien haben auch weitere nicht zu unterschätzende Vorteile. Sie können als Quelle zum Herausschneiden von User Stories genutzt werden, die die einzelnen Aspekte des Features umsetzen. Viele Akzeptanzkriterien können auch direkt für die Formulierung funktionaler Testfälle genutzt werden.

Die »Top Ten«-Features in der PI-Planung

Für die beste Größe von Features wird folgende Heuristik als Faustregel empfohlen: Features müssen in ein PI passen. Auf der anderen Seite sollten sie nicht zu klein sein, dass dadurch die Übersicht leiden würde. Als Mittelweg präsentiert das Produktmanagement im PI-Planungsmeeting die zehn wichtigsten Features. Diese werden nach Bedarf im Planungsmeeting weiter verfeinert.

4.5.6 Enablers oder Architektur-Features

Architektur-Features (in SAFe 3.0) oder Enablers (ab SAFe 4.0)[6] auf der Programmebene sind – analog zu anderen Features – für die Funktionalität notwendige Systemservices und die wesentlichen Elemente des Architectural Runway. Sie stehen auch im ART-Backlog und werden priorisiert, und sie müssen ebenfalls in kleinere Einheiten aufgeteilt werden, damit sie in ein PI passen.

Architektur-Features bzw. Enablers werden von den agilen Teams implementiert, die dabei mit dem Systemarchitekten, dem Systemteam und dem Produktmanagement kooperieren.

Architektur-Features haben drei wichtige Quellen:

- **Aufteilung von Epics auf der Portfolioebene**
  Dies sind entweder Business-Epics, aus denen sich die Notwendigkeit neuer technischer Services ergibt, oder größere Architektur-Enablers.
- **Betrachtung der Roadmap oder der Programmvision**
  Wenn absehbar ist, dass zur Implementierung der Features in der Roadmap zusätzliche technische Vorkehrungen getroffen werden müssen, werden diese als Teil des Architectural Runway in das ART-Backlog aufgenommen.
- **Probleme und Unzulänglichkeiten**
  Wenn in der gegenwärtigen Lösung Probleme identifiziert werden, dann muss eine Lösung dafür eingeplant werden. Das ist typischerweise das Refaktorisieren von bestehendem Code, es kann aber auch zu einer neuen Implementierung führen.

Bei der Implementierung von Architektur-Features entstehen oft Änderungen im bestehenden System, daher ist eine intensive Zusammenarbeit verschiedener Rollen im Programm notwendig.

6. In SAFe 4.0 wurden die Architektur-Epics, -Features und User Stories einheitlich in Enablers umbenannt. Dies gilt in Version 4.5 auch für Capabilities.

- **Die Teams** implementieren die technischen Stories aus dem Architektur-Feature, ändern Interfaces und die Zusammensetzung von Komponenten. Sie tauschen dabei intensiv das neue Wissen aus, handhaben Abhängigkeiten, reduzieren Redundanzen und führen systemweite Refaktorisierungen durch.
- **Der Systemarchitekt** fördert das gemeinsame Verständnis des Features und der Implementierung, er nimmt, wenn nötig, an Planungs-, Backlog-Refinement-Meetings und Demos der Teams als externer Experte und Stakeholder teil. Er unterstützt das Systemteam bei der Vorbereitung neuer Systemtests und die Product Owner bei der Definition neuer Akzeptanzkriterien.
- **Das Systemteam** führt die notwendigen Änderungen der Infrastruktur für die Integrationstests durch, erstellt die nötigen neuen Tests für nicht funktionale Anforderungen und stellt diese Änderungen den Teams zur Verfügung.
- **Das Produktmanagement** schließlich stellt sicher, dass die Auswirkungen der technischen Änderungen verstanden werden und dass im ART-Backlog die Kapazitäten korrekt allokiert sind, u.a. dass die richtige Mischung von Business- und Architektur-Features (Enablers) enthalten ist.

4.6 Planen für den Agile Release Train

4.6.1 Das ART-Backlog vorbereiten

Die Durchführung eines Planungsmeetings ohne Vorbereitung bedeutet ein erhöhtes Risiko, wenn sich während des Meetings unerwartete Fragen ergeben. In jedem Fall ist ein solches Meeting uneffektiv. Dies gilt schon bei einem Team von zehn Personen, umso mehr für ein Meeting, an dem alle Mitglieder eines Release Train teilnehmen.

Um eine solche unbefriedigende Situation zu vermeiden, haben das Programmmanagement und der Systemarchitekt in der Zeit vor einem Planungsmeeting einiges zu tun.

Vorbereitung eines Planungsmeetings bedeutet sicherzustellen, dass die richtigen Features und Architektur-Features im ART-Backlog enthalten sind. Damit führt die Vorbereitung des Planungsmeetings zu den Tätigkeiten, Features so weit aufzuspalten, dass sie in einem PI abgearbeitet werden können, sie zu aktualisieren und ihre Akzeptanzkriterien abzugleichen sowie ihren Umfang in Zusammenarbeit mit den Teams zu schätzen und sie zu priorisieren.

4.6.2 Features aufsplitten

Für das Aufsplitten von Features können ähnliche Muster wie für User Stories verwendet werden. Eine Sammlung solcher Ideen findet sich in [Lawrence 2010]:

- Schritte im Workflow einzeln implementieren
- Variationen in Geschäftsregeln für Unter-Features nutzen
- Den aufwendigsten Teil identifizieren und separat implementieren
- Die einfachste Variante implementieren
- Datenvariationen ausnutzen, um einfache Fälle zu identifizieren
- Vereinfachte Eingabemethoden implementieren
- Verbesserte Performance verschieben
- Unterschritte identifizieren, z.B. in CRUD-Operationen (create-read-update-delete) nur eine der Operationen implementieren
- Als letzte Möglichkeit: einen »Spike«, d.h. eine experimentelle Implementierung, wählen, um mehr über das Feature zu erfahren.

4.6.3 Features zwischen Teams aufteilen

Features sollten normalerweise vollständig von einem Team implementiert werden. Dies minimiert Abhängigkeiten und notwendige Koordinationsaufgaben. Allerdings kann es Gründe geben, von diesen Richtlinien abzuweichen. Ein Feature kann zu groß sein für ein einzelnes Team oder es sind bestimmte spezielle Kenntnisse aus verschiedenen Teams für die Umsetzung des Features nötig. In diesem Fall muss das Feature in die Anteile der einzelnen Teams aufgesplittet werden, jedes Team zerlegt seinen Anteil in User Stories und schätzt seinen Anteil an der Arbeit.

4.6.4 Schätzen von Features

Eine Priorisierung nach Geschäftswert setzt auch eine adäquate Schätzung des zugehörigen Aufwands voraus. Nur so kann sinnvoll bestimmt werden, welches Feature den höchsten Ertrag für den erbrachten Einsatz bringt.

Oft ist nur eine vorläufige, grobe Schätzung nötig, und die Schätzung ist im Kern nur ein Hilfsmittel zum Verstehen des Features. Dann reicht es aus, wenn das Produktmanagement eine »Hausnummer« für die Größe vergibt. Nur bei technisch komplexen Features werden der Systemarchitekt oder die Teams involviert. Danach können Features grob geplant werden.

Wenn mehr Genauigkeit erforderlich ist, kann man auf Feature-Ebene auch die Schätzmethoden für User Stories verwenden, d.h. Schätzen der Gesamtgröße des Features z.B. in Fibonacci-Zahlen und der historische Vergleich mit ähnlichen, bereits realisierten Features.

Noch detailliertere Schätzungen kann man anstreben – wenn das wirklich notwendig ist –, indem das Feature in User Stories zerlegt wird und die Größe des Features als Summe der User-Story-Schätzungen berechnet wird. Hier wird die besprochene Schätzung der Teams in normalisierten Story Points nutzbar, die zu einer sinnvollen Aggregation für Features und Epics beiträgt.

4.6.5 Kapazitäten allokieren

In der laufenden Entwicklung eines Systems konkurriert das Interesse, neue Features bereitzustellen, oft mit der Notwendigkeit, das bestehende System zu verbessern. In SAFe übersetzt sich das u.a. in die Frage, ob Architektur-Features oder Business-Features priorisiert werden sollen.

Während Business-Features direkt zur Wertschöpfung beitragen, also kurzfristig und direkt nützlich sind, gilt dies für Architektur-Features nicht. Diese stellen sicher, dass das System langfristig technisch konsistent bleibt und aktuelle Anforderungen erfüllen kann.

Um mit diesem Widerspruch umzugehen, reserviert das Produktmanagement einen bestimmten Anteil der Kapazität für Architektur-Features, d.h. für Arbeiten am Architectural Runway. Wie diese Kapazität am besten verwendet wird, sollte der Systemarchitekt in Zusammenarbeit mit den Teams entscheiden.

4.6.6 Die optimale Länge des Backlogs

In Lean gibt es die Betrachtung über das Verhältnis zwischen der Länge einer Warteschlange und möglichen Reaktionszeiten (»Littles Gesetz« [Wikipedia-Littles Gesetz]). Je länger die Warteschlange und je größer die Arbeiten darin, umso länger ist die Wartezeit für einen neuen Eintrag und umso schlechter werden die Voraussagen für einen genauen Lieferzeitpunkt.

Dies gilt auch für das ART-Backlog. Im schlimmsten Fall sind die Arbeiten durch direkte Absprachen mit Kunden schon für längere Zeit festgelegt, und der Release Train hat wenig Möglichkeiten, auf neue Anforderungen zu reagieren. Daraus ergibt sich direkt die Notwendigkeit, die Länge des ART-Backlogs zu managen.

Zum Ersten sollte die Menge der Features im ART-Backlog nicht größer sein, als sie in den nächsten PIs abgearbeitet werden können. Zum Zweiten ist ein Backlog nicht notwendigerweise eine Warteschlange: Features können ihre Priorität ändern und damit auch in einem früheren oder späteren PI als ursprünglich geplant abgearbeitet werden.

4.7 Meetings

4.7.1 PI-Planung – Start des Programminkrements

Das PI-Planungsmeeting ist der Herzschlag und der grundlegende Synchronisationspunkt für das Programminkrement eines Release Train und einer der unverzichtbaren Bestandteile von SAFe. Dabei wird die persönliche Teilnahme aller Beteiligten erwartet (Face-to-Face-Meeting). Ein PI-Planungsmeeting dauert in der Regel zwei Tage.

In das Meeting gehen die Vision und die zehn obersten Features aus dem ART-Backlog ein sowie der übrige Kontext des Release Train wie die Festlegungen im Portfolio, im gesamten Business-Kontext und die strategischen Themen.

Das Meeting startet mit einer Präsentation der Vision, es folgen separate Meetings der einzelnen Teams, mehrere Synchronisationspunkte und eine allgemeine Konsolidierung am Ende des Meetings. Es endet mit einem Commitment zu den Zielen des Programminkrements in Form einer Abstimmung über die Erreichbarkeit der Ziele (confidence vote).

Als Ergebnis des Meetings erhält man die Ziele (objectives und stretch objectives) der einzelnen Teams, einen Satz von konsolidierten Commitments und Zielen auf Programmebene und der im Zeitraum des Programminkrements geplanten Releases, eine Visualisierung der Abhängigkeiten in der Form eines »Programm-Bords« und die Abstimmung über die Erreichbarkeit der Ziele.

An dieser Stelle steht Folgendes fest:

- Die einzelnen Teams haben die Entscheidungen gefällt, ihre Ziele formuliert und die Abhängigkeiten ihrer Arbeit identifiziert. Sie haben durch direkte Zusammenarbeit in der Planung auch das gemeinsame Verständnis der Aufgabenstellung und das Verständnis füreinander weiterentwickelt.
- Die Erwartungen der Stakeholder, vor allem der Business Owner, sind mit der Kapazität des Release Train abgeglichen. Da die Geschwindigkeiten der einzelnen Teams und damit des Release Train bekannt sind, ergibt sich hier eine hohe Zuverlässigkeit der Vorhersage und eine Begrenzung der zu bearbeitenden Themen (WIP) auf das richtige Maß.

Nach dem Meeting wird die Roadmap des Release Train aktualisiert.

Vorbereitung des Meetings

Die PI-Planung ist ein aufwendiges Meeting und muss entsprechend intensiv vorbereitet werden. Insbesondere sind Vorbereitungen in drei Bereichen nötig:

- **Vorbereitung der Organisation und ihre Ausrichtung auf die gemeinsamen Ziele**
  Gibt es Einigkeit über die Prioritäten im Produktmanagement und mit den Business Ownern? Sind die Teams agil aufgestellt, sind ihre Rollen adäquat besetzt? Verstehen alle Beteiligten den Planungsumfang richtig? Ist klar, welche Teams intensiver zusammenarbeiten (und damit planen) müssen?
- **Vorbereitung der Dokumente durch das Management und die Entwicklungsorganisation**
  Ist die Vision aktualisiert und mit dem aktuellen Backlog konsistent? Sind die Einführungen über die zehn wichtigsten Features und das ART-Backlog vorbereitet? Ist die Einführung in neue Enablers und andere nicht funktionale Anforderungen vorbereitet?
- **Vorbereitung der Infrastruktur und der Räumlichkeiten**
  Ist genug Platz für alle Beteiligten vorgesehen? Sind die Arbeitsmittel und technische Infrastruktur vorbereitet? Stehen – insbesondere bei verteilten Teams – die Kommunikationsmittel zur Verfügung?

Das Meeting

SAFe schlägt für das PI-Planungsmeeting eine Standardagenda vor:

Abb. 4–4 *Agenda einer PI-Planung*

Tag 1

- **Business-Kontext**
  Ein ranghoher verantwortlicher Manager präsentiert einen Überblick über den geschäftlichen Kontext.
- **Produktvision**
  Der oder die Produktmanager präsentieren die aktualisierte Produktvision und die obersten zehn Features im Backlog.
- **Architekturvision und Entwicklungspraktiken**
  Ein führender technischer Manager, der Enterprise-Architekt, und/oder der Systemarchitekt präsentieren die aktuelle Architekturvision. Optional können sie noch weitere geplante Verbesserungen in den agilen Standardpraktiken wie Testautomation und kontinuierliche Integration vorstellen.
- **Anforderungen an die Planung**
  Der Release Train Engineer (RTE) präsentiert die Ideen zum Planungsprozess und den Akzeptanzkriterien für den Plan.
- **Teammeetings #1**
  Die Gruppe teilt sich in die einzelnen Teams auf, die eine erste Version ihres Plans erstellen. In diesem Schritt schätzen die Teams ihre Kapazität für jeden Sprint und entwickeln und verfeinern die Stories, die zur Realisierung der Features beitragen. Sie identifizieren Risiken und Abhängigkeiten und erstellen einen Entwurf ihrer Ziele für das Programminkrement.
- **Review der Planungsentwürfe**
  In einem ersten Review präsentieren die Teams ihre wesentlichen Ergebnisse aus der Planung in einer strikten Timebox. Insbesondere beschreiben sie ihre Ziele, potenzielle Risiken und Behinderungen sowie Abhängigkeiten. In diesem Review tragen auch die anderen Teams, Business Owner und alle Stakeholder ihre Ideen und Beobachtungen bei, die in der zweiten Runde der Teammeetings berücksichtigt werden.
- **Managementreview und Problemlösung**
  Sehr wahrscheinlich werden während dieser Präsentation Probleme wie Konflikte im geplanten Umfang, zu wenig Kapazität und Abhängigkeiten auftreten. In dieser Phase hilft das Management, den Umfang abzustimmen, notwendige Änderungen einzuplanen und die Schwierigkeiten insgesamt aufzulösen. Der RTE sorgt dafür, dass die verschiedenen Stakeholder so lange in diesem Meeting zur Verfügung stehen, bis die zur Erreichung der Ziele notwendigen Entscheidungen getroffen sind.

Tag 2

- **Anpassungen an die Planung**
  Bei der Präsentation der angepassten Planung gibt das Managementteam einen Überblick über die notwendigen Änderungen sowohl im Umfang als auch der Kapazitäten.
- **Teammeetings #2**
  Jetzt teilt sich die Gruppe erneut in die einzelnen Teams auf. Die Teams haben ihre Planung vom Vortag überschlafen und setzen sie fort und berücksichtigen dabei die Anpassungen in den Rahmenvorgaben. Sie überarbeiten ihre Ziele und optionalen Ziele für das Programminkrement.
- **Finales Planreview**
  Im finalen Planreview präsentieren alle Teams ihre Pläne der gesamten Gruppe. Am Ende der Präsentation beschreibt jedes Team seine Risiken und Behinderungen, an diesen wird aber zunächst nicht gearbeitet. Wenn diese Planung für die Business Owner akzeptabel ist, werden die Ergebnisse sichtbar aufgehängt, zum Beispiel auf einem Flipchartbogen. Die Business Owner bewerten den Geschäftswert der geplanten Ziele. Auf diese Weise entwickelt sich sichtbar die Planung für das Programminkrement.
- **Behandeln der Programmrisiken**
  Jetzt werden die Risiken insgesamt adressiert, die die einzelnen Teams während ihrer Präsentation zusammengetragen haben und die das Erreichen der Ziele des Programminkrements beeinträchtigen könnten. Die Risiken werden deutlich und sichtbar klassifiziert:
  - **gelöst** (resolved)
    Die Teams sind sich einig, dass das Risiko kein Problem mehr darstellt.
  - **verantwortet** (owned)
    Das Risiko kann im Meeting nicht gelöst werden, jemand übernimmt die Verantwortung für die Bearbeitung.
  - **akzeptiert** (accepted)
    Manche Risiken sind Fakten oder Möglichkeiten, die man einfach nur verstehen und akzeptieren muss.
  - **entschärft** (mitigated)
    Die Teams haben einen Plan, um die Auswirkungen eines Risikos zu melden.
- **Vertrauensabstimmung**
  Nach der Behandlung der Risiken stimmen die Teams darüber ab, wie sicher sie sind, ihre Ziele für das Programminkrement zu erreichen. Jedes Team führt eine »Fünf-Finger-Abstimmung« durch. Bei durchschnittlich drei oder mehr Fingern akzeptiert das Management das Commitment. Wenn mehrere Teilnehmer niedriger abstimmen, muss man die Gründe dafür verstehen. Dann ist ggf. eine Überarbeitung des Plans nötig.

- **Überarbeitung des Plans wenn nötig**
  Wenn es notwendig ist, überarbeiten die Teams ihre Pläne und nehmen sich dafür so viel Zeit wie nötig, um zu einer gemeinsamen Sicht und zu einem Commitment zu kommen. In diesem Fall ist das Erreichen einer gemeinsamen Sicht und eines Commitments wichtiger als die Einhaltung einer Timebox.
- **Retrospektive zum Planungsmeeting und nächste Schritte**
  Zum Abschluss hält der RTE eine kurze Retrospektive über das Meeting ab, um zusammenzutragen, was gut lief, was nicht und was beim nächsten Meeting verbessert werden kann. Danach werden noch die nächsten Schritte diskutiert.

Ergebnisse

Ein erfolgreiches Planungsmeeting bringt drei zentrale Ergebnisse hervor:

- Einen Satz von »SMART[7]«-Zielen (objectives) von jedem/für jedes Team. Diese enthalten auch zusätzliche Ziele (stretch objectives), die im Plan genannt werden, zu denen sich das Team aber nicht verpflichtet hat.
- Abgestimmte (aligned) Teamziele für das PI und zusätzlich einen Plan über geplante Ereignisse wie Releasedaten, Messetermine und die Meilensteine oder auch rein technische Themen. Daraus ergeben sich die verpflichtenden Ziele und wünschenswerten/optionalen Ziele des Programms für das PI. Daneben helfen sie den einzelnen Teams dabei, ihre Sprint-Ziele auf übergreifende PI-Ziele auszurichten.
- Die Vertrauensabstimmung. Alle Beteiligten stimmen (z.B. mit einer Fingerabstimmung auf einer Skala von 1–5) darüber ab, für wie wahrscheinlich sie das Erreichen der PI-Ziele halten. Das schützt davor, zu viel unrealistisches WIP in das PI einzuplanen.

Danach aktualisiert das Produktmanagement die Roadmap. Die Business Owner ordnen jedem der PI-Ziele des Programms einen Geschäftswert von 1 bis 12 zu.

PI-Planung und Sprint-Planung der Teams

Die Ergebnisse des PI-Planungsmeetings sind nicht bis ins Detail genau. Sie beinhalten auch noch keine Absicherung durch die Liste der Tasks (Tasks werden in SAFe nicht betrachtet) oder eine Untersuchung der technischen Lösung, die die meisten Teams lokal in ihrer Sprint-Planung durchführen. Sie sind vielmehr eine Grobplanung und liefern die Eingangsdaten, mit denen die Teams in ihre Sprint-Planung gehen, und dementsprechend kann es in den Sprint-Planungsmeetings noch zu Schwankungen und Anpassungen kommen (Teams können optionale Ziele erfüllen und damit mehr als 100 Prozent ihrer Ziele für das PI erreichen).

7. SMART: spezifisch, messbar, akzeptiert, realistisch, terminiert.

Die PI-Planung ist deshalb nicht die Rückkehr zu einem 10-Wochen-Wasserfall, sondern eine kooperative Umsetzung der PI-Planungstätigkeit, die in einem eigenständigen Scrum-Team im Aufgabenbereich des Product Owners angesiedelt ist (siehe Abb. 4–5).

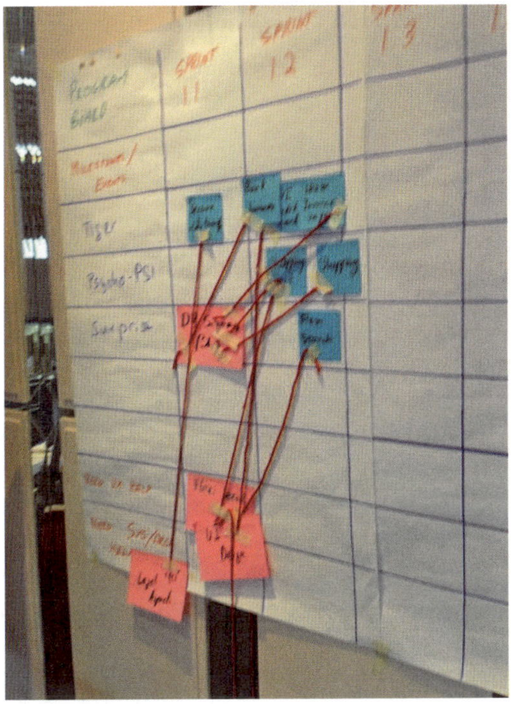

Abb. 4–5 *Abhängigkeiten der Sprint-Planungen zwischen Teams*

4.7.2 Die zweiwöchentliche Systemdemo

Agile Softwareentwicklung nutzt laufende Software als das grundlegende Maß für Fortschritt und Wertschöpfung. Dies wird bei SAFe sowohl in den Sprint-Reviews der einzelnen Scrum-Teams umgesetzt als auch auf der Ebene des Release Train. Nach jedem Zwei-Wochen-Sprint der Teams wird die integrierte Software aller Teams vorgeführt. Dadurch kann in kurzen Zyklen Feedback von den Business Ownern und anderen Stakeholdern wie Endkunden eingeholt werden.

Die Inkrementdemo dient auch als Synchronisationspunkt für die Arbeit der Teams und stellt darüber hinaus einen zuverlässigen Messpunkt für den Fortschritt der Arbeit des Release Train bereit.

Die Inkrementdemo sollte idealerweise unmittelbar nach dem Ende des Sprints durchgeführt werden. Viele, vor allem neue Release Trains haben allerdings Schwierigkeiten, die Systemdemo zeitnah vorzubereiten. Eine interne Schwierigkeit ist oft eine unvollständig umgesetzte kontinuierliche Integration. Die Zeit, die für die Vorbereitung der Systemdemo nötig ist, ist ein Indikator für noch offene technische Verbesserungen des Release Train. Weitere Herausforderungen können die Bereitstellung externer Komponenten, Tools und Interfaces darstellen. Wenn es allerdings nicht möglich ist, die Systemdemo im Verlauf des nächsten Sprints durchzuführen, ist dies ein ernstes Warnzeichen für die Stabilität und Zuverlässigkeit der Lieferung des Programminkrements.

4.7.3 Die ART-Demo

Während die Systemdemos den Fortschritt sichtbar machen, ist die ART-Demo am Ende eines PI der Hauptintegrationspunkt für den Release Train.

Die ART-Demo der Lösung folgt den gleichen Grundsätzen wie die Systemdemos am Ende der Sprints. Sie wird typischerweise in einer Timebox von zwei Stunden durchgeführt und demonstriert die neuen Features der Lösung und die Einhaltung der nicht funktionalen Anforderungen. Die Adressaten der Demo sind die Stakeholder des Systems wie Solution Manager, Sponsoren und Kunden.

Die ART-Demo wird normalerweise durch das Produktmanagement, die Produktion und das Systemteam durchgeführt. Das Feedback wird direkt im Problemlösungsworkshop und im nächsten PI-Planungsmeeting aufgenommen.

4.7.4 Das Inspect & Adapt-Meeting

Das Inspect & Adapt-Meeting nimmt auf der Ebene des Release Train eine analoge Rolle ein zu der Kombination aus Review und Retrospektive auf der Ebene des Teams. Es ersetzt nicht die genannten Meetings auf Teamebene, sondern baut im Gegenteil darauf auf und ist damit ein wesentlicher Teil des kontinuierlichen Verbesserungsprozesses des Release Train.

Im Verlauf des Meetings demonstriert das Produktmanagement den relevanten Stakeholdern den aktuellen Stand der Lösung. Da viele der Fragen und Probleme von den einzelnen Teams nicht allein gelöst werden können, ist es sehr ratsam, dass die Entscheidungsträger für den Release Train an diesem Meeting teilnehmen. Darauf folgen ein Workshop für die Retrospektive und die Entwicklung von Lösungen für die gefundenen Probleme.

Als Ergebnis des Meetings wird eine Reihe von Verbesserungsstories entwickelt, die in das ART-Backlog des nächsten Programminkrements eingehen.

Der Inspect & Adapt-Workshop besteht aus folgenden Teilen:

- Die Demo der Lösung und das Aufnehmen von Feedback der Stakeholder und Kunden
- Die Bestimmung quantitativer Messzahlen zur Bewertung des Programminkrements
- Der Problemlösungsworkshop

Demo der Lösung

Die Demo der Lösung folgt den gleichen Grundsätzen wie die Systemdemos am Ende der Sprints. Sie wird typischerweise in einer Timebox von 45–60 Minuten durchgeführt und demonstriert die neuen Features der Lösung und die Einhaltung der nicht funktionalen Anforderungen. Die Adressaten der Demo sind ebenfalls die Stakeholder.

Die Demo wird normalerweise durch das Produktmanagement, die Produktion und das Systemteam durchgeführt. Das Feedback wird direkt im Problemlösungsworkshop und im nächsten PI-Planungsmeeting aufgenommen.

Quantitative Messungen

In diesem Teil des Workshops werden quantitative Kennzahlen über den Erfolg des abgelaufenen Programminkrements bestimmt. Die wichtigste dieser Maßzahlen ist die Vorhersagbarkeit des Release, d.h. das Verhältnis des geplanten zum tatsächlich erreichten Geschäftswert im PI. Daneben werden relevante andere Kennzahlen erhoben und diskutiert.

Der Problemlösungsworkshop

Nach der quantitativen Auswertung folgt eine qualitative Betrachtung der Ergebnisse und des Problemlösungsworkshops. An diesem Workshop nehmen idealerweise alle Mitglieder und Stakeholder des Release Train teil, der RTE moderiert das Meeting.

Zunächst sammeln die Teilnehmer die Themen, die sie adressieren wollen, und teilen sich danach in Gruppen auf, die jeweils einen Plan zur Verbesserung des identifizierten Problems entwickeln. Diese Pläne werden wiederum von der Gesamtgruppe reviewt. Die konsolidierten Ergebnisse gehen anschließend in das Planungs-Backlog ein.

SAFe schlägt als Grundstruktur ein strukturiertes Format vor, das wesentlich auf einer Root-Cause-Analyse aufsetzt:

- **Einigkeit über die zu lösenden Probleme herstellen**
  Danach beginnt man mit der Bearbeitung – dies geschieht entweder in den einzelnen Teams oder die Gruppen zur Lösungsfindung setzen sich nach Themen zusammen.
- **Root-Cause-Analyse-Tools nutzen**
  Beispielsweise ein Fischgräten-(Ichikawa-)Diagramm, die 5-Warum-Fragen (five whys) oder eine Pareto-Analyse (80-/20-Regel)
- **Priorisieren**
  Den wichtigsten bzw. größten Root-Cause bestimmen
- **Aktionen entwickeln**
  Ideen zu Verbesserungsstories entwickeln, z.B. mittels Brainstorming

4.8 Architectural Runway – die Landebahn

Architektur in SAFe ist nicht die Rückkehr der großen Architekturpläne. SAFe geht vielmehr davon aus, dass sich das Design einer Anwendung schrittweise entwickelt. Allerdings zieht man Konsequenzen aus der Beobachtung, dass mit zunehmender Größe des Entwicklungsteams die Kommunikationsaufwände und die Instabilität überproportional zunehmen. Daher muss man im Vorfeld der Entwicklung so viele Festlegungen treffen, dass die einzelnen Teams eine stabile Entwicklungsumgebung vorfinden und nicht gegeneinander an Infrastruktur und Schnittstellen arbeiten.

Um während der Entwicklungszeit kontinuierlich eine adäquate Umgebung bereitzustellen und die notwendigen Aufwände für Redesigns zu begrenzen, muss das Programm kontinuierlich in Refakturierung und die Anpassung der bestehenden Infrastruktur investieren.

Diese Aufgabe wird noch komplizierter durch die Anforderung, dass möglichst kontinuierlich, mindestens aber am Ende jedes Programminkrements eine stabile und getestete neue Version zur Verfügung stehen muss. Die Enablers oder Architektur-Epics müssen inkrementell in die Codebasis integriert werden und für diesen Zweck in einzelne Enablers (Architektur-Features) für die Release Trains zerlegt sein, die durch die Release Trains implementiert werden.

Die Landebahn-Metapher

SAFe verwendet für diese Arbeiten die Metapher einer Landebahn (Architectural Runway), auf der neue Features problemlos ankommen und integriert werden können.

Wenn die wesentlichen Teile der technischen Infrastruktur (als Programmcode) schon zum Beginn eines PI implementiert sind, sinkt deutlich das Risiko für technische Schwierigkeiten oder unvorhergesehene Aufwände bei der Implementierung von Features. Eines der wesentlichen Ziele dieser Landebahn ist also die Begrenzung von Schwankungen und die Erhöhung der Lieferzuverlässigkeit des Release Train.

Eine Landebahn aufbauen

In neuen und spezifisch in innovativen Plattformen ist es sinnvoll, dass eine kleine Gruppe, zum Beispiel bestehend aus ein bis zwei Teams und den Systemarchitekten, in wenigen Sprints eine erste Definition der Landebahn entwirft und aufbaut und diese mit einigen Business-Features verifiziert. Sie produziert laufenden Code und nicht primär eine Blaupause oder ein Modell. In der agilen Entwicklung redet man auch vom »laufenden Skelett« (walking skeleton): Es läuft zwar schon, es hat aber noch nicht viel Fleisch. Sobald genügend Infrastruktur implementiert wurde, sodass man sinnvoll Features entwickeln kann, beginnt die Implementierung von Anwendungsfunktionalität: Der Release Train hat die Möglichkeit, einen stabilen Prozess zu entwickeln und regelmäßig zu liefern, die Teams arbeiten als Feature-Teams.

Systemarchitektur ändert sich

Sobald die Implementierung von Features startet, gerät diese initiale Architektur unter Druck, neue Anforderungen zu erfüllen und sich anzupassen: Features brauchen Erweiterungen zu bestehenden Schnittstellen, neue nicht funktionale Anforderungen werden aufgenommen und die zugrunde liegende Technologie ändert sich.

Dieser Prozess ist gewollt, denn die Alternative wäre gewesen, eine spekulative Verallgemeinerung der Infrastruktur zu schaffen, von der nicht klar ist, ob sie einerseits so gebraucht wird. Dafür fehlt das Detailwissen über viele in der Zukunft liegende Anforderungen, sodass diese Zeit zum Projektstart schlecht investiert wäre. Stattdessen arbeiten die Teams kontinuierlich an der Analyse und Entwicklung von Enabler- (bzw. Architektur-)Epics und tragen damit ggf. zu Architekturelementen im Kanban-System auf der Portfolioebene bei.

4.9 Der Innovations- und Planungs-Sprint

Scrum und die anderen agilen Frameworks konzentrieren sich auf die Lieferung wertvoller, getesteter Software in kurzen Zyklen. Die Notwendigkeit, kreativ, innovativ und nachhaltig zu arbeiten, ist ebenfalls in den Werten und Zielen genannt und unter Praktikern diskutiert.

Mit dem IP-Sprint – IP für Innovation und Planung – hat SAFe im Framework selbst einen Platz für Aktivitäten vorgesehen. Damit wird eine ausgewogene Umsetzung der verschiedenen Ziele unterstützt, und die einseitige Ausrichtung auf kurzfristige Effektivität, die in manchen agilen Umsetzungen zu sehen ist, wird vermieden.

Der IP-Sprint ist der letzte Sprint in einem Programminkrement, und die Teams planen für diesen Sprint keine neuen User Stories in ihr Backlog ein. Der IP-Sprint ist für Innovationen und Planung vorgesehen, insbesondere für folgende Punkte:

- Vorbereitung der Inspect & Adapt- und PI-Planungsmeetings des Programms
- Backlog Refinement und PI-Planungsvorbereitung
- Innovation und Experimente wie z. B. Spikes oder Prototypen
- Arbeiten an der Entwicklungsinfrastruktur und weitere Inspect & Adapt-Aktivitäten
- Weiterbildung
- Validierungsarbeiten für das Release des Programminkrements
- Schätzpuffer

Diese verschiedenen Aktivitäten sind leichter unterzubringen, wenn sie an einer spezifischen Stelle adressiert werden können. Insbesondere kreative Arbeiten sind schwer mit dem regelmäßigen Takt des Tagesgeschäfts in Einklang zu bringen, aber auch bei den anderen genannten Tätigkeiten kann es die Menge der gleichzeitigen Aktivitäten reduzieren.

Mit dem dedizierten Sprint vor dem Releasewechsel sind auch die anderen Sprints vergleichbarer, und es wird einfacher, deren Inhalt und Geschwindigkeit zu planen und zu vergleichen.

Inspect & Adapt- und PI-Planungsaktivitäten

Die Meetings des Release Train zur Planung sollten in den Teams gut vorbereitet sein, um das Beste aus der investierten Zeit so vieler Menschen herauszuholen. Daher wird von den Teams erwartet, dass sie im IP-Sprint Zeit für diese Aktivitäten einplanen und damit zur Effektivität dieser Meetings beitragen.

Schätzpuffer

Eine zuverlässige Lieferung ist eine wichtige Qualität einer Entwicklungsorganisation. Aufgrund der unvermeidlichen Unsicherheiten sind die tatsächlichen Resultate bzw. Lieferzeitpunkte einer zu 100 Prozent verplanten Organisation jedoch nicht vorhersehbar. Lieferzuverlässigkeit erkauft man sich mit Puffern.

Dies bedeutet nicht, dass die Teams für die ersten Sprints zusätzliche Arbeiten einplanen sollten – die Zielerreichung der Sprints sollte durchschnittlich bei 100 Prozent der Ziele liegen –, aber der IP-Sprint gibt den Teams einen Schutzbereich, eine zusätzliche Möglichkeit, auf unvorhergesehene Hindernisse, Verzögerungen und Abhängigkeiten und andere Schwierigkeiten zu reagieren und trotzdem die Team- und Programmziele zu erfüllen.

Weiterbildung und Teamentwicklung

Zusätzlich zu der schnellen Weiterentwicklung der Technologie haben agile Entwickler auch noch die effektive Nutzung der agilen Entwicklungspraktiken zu bewältigen.

Viele dieser Praktiken wie Pair Programming und Pair Work, testgetriebene Entwicklung, das kollektive Eigentum der Codebasis und kontinuierliche Integration erfordern darüber hinaus noch gute soziale Fähigkeiten und eine intensive Zusammenarbeit im Team.

Die Teammitglieder haben damit gerade bei neuen Release Trains eine steile Lernkurve vor sich. Diese kontinuierliche Weiterbildung ist eine Win-win-Situation für das Programm und für die einzelnen Mitarbeiter: Neue Fähigkeiten führen neben einer besseren Produktivität auch zu besserer Motivation und mehr Initiative sowie Übernahme von Verantwortung.

Arbeiten an der Entwicklungsinfrastruktur

Das Lernen in den Teams setzt sich direkt in einer Anpassung und Verbesserung der Werkzeuge und der Infrastruktur fort. Neue Frameworks zur Testautomation werden getestet und eingeführt, Server für kontinuierliche Integration aktualisiert, neue Kommunikationstools werden eingesetzt.

All diese Tätigkeiten können auch während der anderen Sprints durchgeführt werden, sie bieten sich aber gerade dann an, wenn sie alle Teams erwarten und wenn sie weniger mit den täglichen Entwicklungsarbeiten in Konflikt geraten.

Innovation

Gerade innovative und kreative Tätigkeiten brauchen eine gewisse zusammenhängende Zeit ohne Störungen und Ablenkungen. Es ist schwierig, diese Zeit aus einem Sprint »herauszuschneiden« – es ist einfacher, wenn man längere Zeitfenster in größeren Abständen vorsieht.

Verschiedene Firmen haben dafür adäquate Formen gefunden:

- Design-Spikes
  Experimentelle Implementierungen für neue Features oder die Nutzung neuer Werkzeuge wie z.B. Oberflächen-Frameworks
- Fedex-Tag
  Jedes Teammitglied kann arbeiten, mit wem und woran es will. Voraussetzung ist lediglich, dass es das Ergebnis den anderen am Ende der Zeitspanne vorführt.
- Hackathon
  Die Teammitglieder arbeiten an einem experimentellen Projekt oder mit einer neuen Technologie, z.B. Programmiersprache. Im Mittelpunkt stehen hier das reine Lernen und die Zusammenarbeit.

Validierung für das PI-Release

Am Ende des Programminkrements, d.h. nach dem IP-Sprint, stehen oft Releasetermine an. Wie weiter oben erläutert, gibt es dabei häufig Aufgaben, die sinnvollerweise nicht in jedem Sprint wiederholt werden, wie etwa abschließende Tests oder die Release Notes für wichtige Releases.

Der IP-Sprint bietet den Raum, auch solche Aktivitäten zu berücksichtigen, ohne dass der Sprint-Takt der übrigen Sprints dabei beeinträchtigt wird. Er sollte aber auf keinen Fall für aus den Sprints ausgelagerte Tests missbraucht werden.

Ein beispielhafter IP-Sprint-Kalender

Ein Kalender für einen IP-Sprint könnte etwa wie in Abbildung 4–6 dargestellt aussehen.

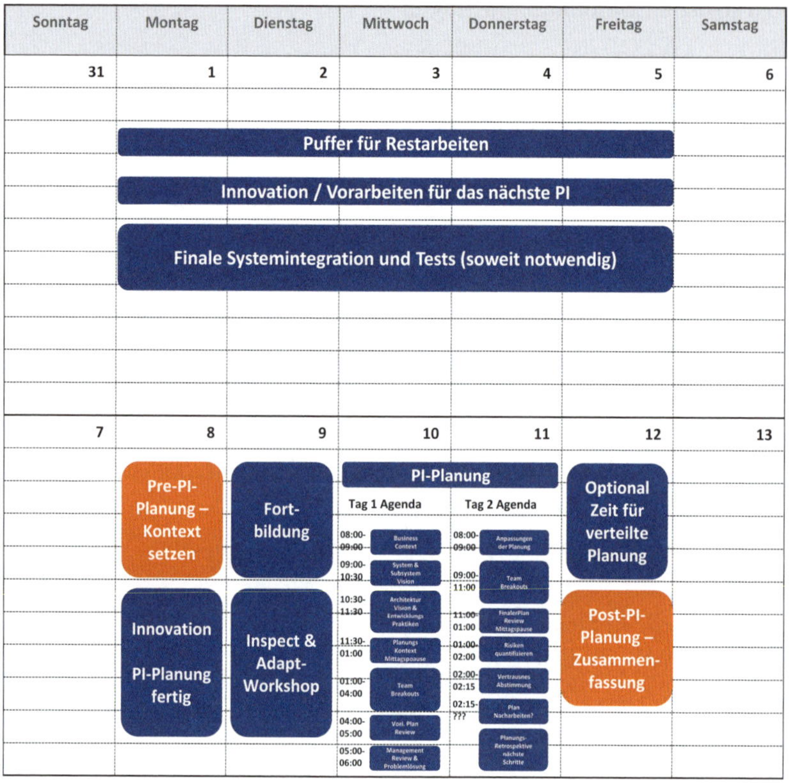

Abb. 4–6 *Ein beispielhafter IP-Kalender*

4.10 Nicht funktionale Anforderungen

Nicht funktionale Anforderungen (NFRs) beschreiben Systemeigenschaften oder Designrestriktionen wie beispielsweise:

- Verfügbarkeit, Fehler-Handling, Kompatibilität
- Nutzung bestimmter Technologien
- Dokumentation, Einhaltung von Standards, Zertifizierung
- Effizienz, Antwortzeiten
- Zuverlässigkeit, Resilienz
- Dokumentation

Diese Anforderungen sind ebenso kritisch wie Features, denn sie sind oft unverzichtbare Voraussetzungen für den produktiven Einsatz des Systems. Sie werden regelmäßig sowohl bei der Analyse und Umsetzung von Features und Stories beachtet wie auch bei der Weiterentwicklung des Architectural Runway und bei Refaktorisierungstätigkeiten.

Bei der Definition von NFR betrachtet man folgende Eigenschaften:

- **Grenzen**
  NFRs können Gültigkeitsgrenzen haben, z.B. die Zugangskontrolle des Hauptsystems darf nur über das zentrale SSO-System (single-sign-on-) möglich sein, die Administrationsfunktionen aber nur über eine Konsole im Serverraum.
- **Unabhängig**
  NFRs sollten unabhängig voneinander definiert sein und geprüft werden können.
- **Verhandelbar**
  Ein Verständnis für die geschäftlichen Hintergründe hilft dabei, teure oder schwer erreichbare Anforderungen zu hinterfragen und ggf. zu relativieren.
- **Testbar**
  NFRs müssen mit objektiven, überprüfbaren Kriterien versehen werden.

Bei der Implementierung von NFRs muss auch eine geeignete Strategie zur Implementierung entwickelt werden. Manche NFRs werden besser von Anfang an in die Features eingeplant, wie zum Beispiel die Einhaltung von regulatorischen Vorgaben. Für andere kann auch eine verzögerte Implementierung sinnvoll sein, z.B. eine nachhaltige Verbesserung der Antwortzeiten.

NFRs auf jeder Ebene

NFRs können auf jeder Ebene definiert werden:

- **Portfolio**
  Diese Anforderungen sind oft mit einer Unternehmenspolitik verknüpft, z.B. die Vorgabe, nur quelloffene Software zu verwenden. Sie können auch die Integration in die zentrale Infrastruktur betreffen, z.B. das Login in ein System auf die Nutzung des Windows-Benutzernamens abzubilden.
- **Programm**
  Die meisten Systemeigenschaften werden auf der Programmebene definiert, daher ist dies die wahrscheinlichste Quelle für NFRs. Zu den NFRs werden auch geeignete Akzeptanzkriterien und Tests definiert.
- **Team**
  Auf der Teamebene werden die meisten der NFRs aus den höheren Ebenen abgebildet und werden für das Programm zu eingebauten Qualitäten. Im Normalfall bedeutet das, dass sie in Elemente in der »Definition of Done« der einzelnen User Stories eingehen. Nur wenn das nicht praktikabel ist, werden sie ausschließlich auf der Programmebene geführt. In diesem Fall wird ihre abschließende Validierung auf das Release verlegt und erfolgt in Zusammenarbeit mit dem Systemteam.

NFRs als Backlog-Eigenschaften

Nicht funktionale Anforderungen sind persistent, d.h., sie werden im Unterschied zu einzelnen Features nicht abgearbeitet, sondern bleiben gültig. Sie sind nicht Eigenschaften einzelner Features, sondern des gesamten Backlogs.

Sie können einige oder auch alle der Epics, Features und Stories in einem Backlog betreffen und deren Eigenschaften beeinflussen und werden als Teil der »Definition of Done« des entsprechenden Release Train oder Teams betrachtet. Sie werden periodisch überprüft, z.B. in automatisierten Tests oder in der Vorbereitung des nächsten Programminkrements.

4.11 Priorisierung

Agile Methoden zielen auf die Maximierung der Wertschöpfung ab und benutzen dabei die Zerlegung in vertikale funktionale Scheiben und die Priorisierung dieser Funktionalitäten nach folgenden Kriterien:

- **Geschäftswert**
  Wertvollere Funktionen werden zuerst entwickelt, damit bei unvorhergesehenen Verzögerungen auf jeden Fall die wichtigsten Teile fertig werden.
- **Risiko**
  Bei gleichem Wert haben die riskanteren Funktionen Vorrang, damit man im Zweifelsfall noch die Zeit hat, eine Alternative zu entwickeln.
- **Kosten von Verzögerung**
  Für manche Features haben Verzögerungen unverhältnismäßig teure Konsequenzen. Wenn z.B. eine Änderung der Umsatzsteuer nicht in einem Webshop abgebildet wird, muss man diesen stilllegen.
- **Konzeptionelle Integrität**
  Ein Konglomerat halb fertiger Features hat keinerlei Wert, wenn ein Release zu einem festen Zeitpunkt ausgeliefert werden muss. Das Release muss aus einer zusammenpassenden Menge fertiger Features bestehen.

Bei SAFe arbeiten mehrere Teams zusammen und müssen einen ständigen Strom neuer Funktionalität für einen Wertstrom erzeugen. Das führt dazu, dass nicht nur einzelne Features betrachtet werden müssen, sondern dass die Reihenfolge der Bearbeitung optimiert werden muss, um das wirtschaftlich beste Resultat zu erreichen. SAFe verwendet als Hauptkriterium für die Priorisierung die von Don Reinertsen entwickelte Methode zur gewichteten Bevorzugung kurzer Aufgaben (Weighted Shortest Job First, WSJF).

4.11.1 Weighted Shortest Job First (WSJF)

Die Priorität bei WSJF wird aus den Opportunitätskosten (Kosten der Verzögerung) dividiert durch die Dauer der Aufgabe errechnet. Aufgaben, die den meisten Wert bringen – und deren Verzögerung damit am teuersten ist – und die kurz sind, werden zuerst bearbeitet.

Abbildung 4–7 zeigt ein Beispiel.

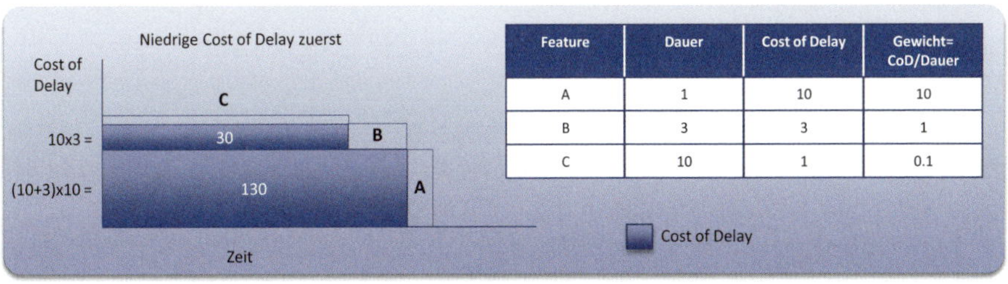

Feature	Dauer	Cost of Delay	Gewicht= CoD/Dauer
A	1	10	10
B	3	3	1
C	10	1	0.1

Abb. 4–7 *Beispiel für eine WSJF-Berechnung [Reinertsen 2009]*

Die Aufgaben in SAFe sind auszuliefernde Features, daher müssen die Opportunitätskosten (Kosten der Verzögerung) und die Dauer für das einzelne Feature bestimmt werden.

Kosten der Verzögerung

Drei wesentliche Elemente bestimmen die Kosten der Verzögerung (Opportunitätskosten, cost of delay):

- **Geschäftswert**
  Welche Features sind für den Kunden wie wichtig? Gibt es feste Zeitpunkte, deren Überschreitung signifikante Kostensteigerungen zur Folge haben?
- **Zeitkritikalität**
  Sinkt der Wert mit der Zeit? Könnte das fehlende Feature dazu führen, dass Kunden abspringen? Welche Folgen hat es für die Kundenzufriedenheit?
- **Risikoreduzierung und Gelegenheiten**
  Gibt es positive Nebeneffekte durch dieses Feature? Lernen wir etwas daraus? Eröffnen sich neue geschäftliche Möglichkeiten?

Daraus kann man eine relative Größe berechnen:

> *Kosten der Verzögerung = Geschäftswert + Zeitkritikalität + Risikoreduzierung – Wert neuer Erkenntnisse*

Dauer

Die Dauer einer Bearbeitung eines Features ist abhängig von seiner Größe und der Zahl der beteiligten Bearbeiter und Teams. In den meisten Fällen reicht es aber aus, die Größe als Näherungswert zu benutzen.

Bei halb fertigen Aufgaben sollte man nur die noch verbleibende Dauer betrachten. Schon ausgegebenes Geld sollte man bei dieser ökonomischen Betrachtung vernachlässigen.

Die Berechnung

WSJF = (Kosten der Verzögerung / Job-Größe)

Die Priorisierung kann man dann über ein Spreadsheet etwa wie in Abbildung 4–8 darstellen und nach der berechneten Spalte WSJF sortieren.

Man sollte hier mit relativen Werten arbeiten und die Angaben so normalisieren, dass in jeder Spalte mindestens ein Feature den Wert »1« bekommt.

Feature	Wert für Business/ Benutzer	Zeit-kritikalität	RR | OE Value	Job-Größe	WSJF

Abb. 4–8 *Priorisierung mit WSJF*

Der Nutzen dieser Berechnungsmethode besteht auch darin, dass man keine absoluten Zahlen wie Geschäftswert erheben (oder erfinden) muss, um eine valide Priorisierung zu erhalten. Ein schöner Nebeneffekt des Modells besteht darin, dass sehr große Aufgaben aufgeteilt werden müssen, um eine Chance zu erhalten, erledigt zu werden, und damit der Informationsaustausch und das Alignment gestärkt werden.

4.12 DevOps

Wertschöpfung ist dann erfolgt, wenn die gelieferte Software dem Endbenutzer zur Verfügung steht. In vielen traditionellen IT-Organisationen gibt es eine hohe Hürde bei der Übergabe zwischen Entwicklung (»development«) und Betrieb (»operations«).

In der agilen Entwicklung wurden Techniken zu einer stärkeren organisatorischen und technischen Integration (im Idealfall ein einziges Team mit beiden Aufgaben) zwischen diesen Prozessschritten entwickelt: DevOps. Bei einer DevOps-Organisation werden Lieferungen häufig und in kleineren Inkrementen und kurzen Zyklen in eine produktionsnahe Umgebung (oder sogar in den Betrieb) übergeben, und die Entwickler können direkt Feedback von dort erhalten.

Diese Maßnahmen kann man direkt auf Lean-Grundprinzipien zurückführen: Wertschöpfung wird am Ende gemessen, soll in kleinen Losgrößen (Inkrementen) erfolgen, und jede Übergabe soll perfekt sein, d.h., statt Eingangskontrollen der Qualität werden Ausgangskontrollen im Schritt vorher vorgenommen.

Im SAFe-Kontext kann man DevOps auch gezielt für eine Verbesserung der Lieferbereitschaft nutzen.

DevOps muss Teil des Release Train sein

Kleine Inkremente und kurze Zyklen müssen im Kontext des Release Train arbeiten, um Verfügbarkeit und kurze Latenzzeiten sicherzustellen.

Ein weiterer wichtiger Aspekt in das schnelle Einarbeiten von Feedback in die weitere Entwicklung: Das Feedback muss nicht nur direkt in Produktverbesserungen einen Niederschlag finden, sondern der Release Train muss möglichst schnell lernen, diese Auslieferungspipeline zu verbessern und zu stabilisieren. Das kann nur sinnvoll erfolgen, wenn die DevOps-Mitarbeiter an den Meetings zu PI-Planung und Inspect & Adapt teilnehmen und helfen, die Releases vorzubereiten.

Sechs Praktiken zur Lieferpipeline

Einige grundlegende technische Praktiken sind inzwischen breit in der agilen Entwicklung etabliert und die Voraussetzung für die Implementierung der folgenden Praktiken:

- Alle notwendigen Artefakte werden aus der Versionsverwaltung geholt, einschließlich der Skripte zum Erstellen der auslieferbaren Software, der Metadaten und Konfigurationen.
- Das Erstellen, Testen und Ausliefern des fertigen Systems in einer Staging-Umgebung ist so weit wie möglich automatisiert.
- Die Produktionsumgebung wird mit dem System aus der Staging-Umgebung gespeist.

#1: Erstelle und pflege eine produktionsähnliche Staging-Umgebung

Je mehr sich die Staging-Umgebung von der Produktionsumgebung unterscheidet, umso mehr Restrisiko bleibt für die endgültige Inbetriebnahme. Daher sollten die beiden Umgebungen so ähnlich sein, wie sich dies wirtschaftlich vertreten lässt.

#2: Pflege konsistente Entwicklungs- und Testumgebungen

Auch wenn es nicht praktikabel ist, alle Elemente einer Produktionsumgebung für alle bereitzustellen – das kann z. B. in einer verteilten Umgebung zu aufwendig werden –, sollten die Entwicklungsumgebungen möglichst kompatibel mit der Staging- und Produktionsumgebung gehalten werden.

Der normale Weg ist die Übernahme aller Änderungen an Konfigurationen aus der Entwicklung mit jeder Auslieferung oder – falls direkte Änderungen an der Staging-Umgebung notwendig waren – die Rückportierung auf die Entwicklungsumgebung.

Andernfalls werden die beiden Kontexte mehr und mehr auseinanderfallen, und manuelle Arbeiten für einen Auslieferungsvorgang und die Reaktions- bzw. Zykluszeiten werden zunehmen.

#3: Liefere jeden Sprint in die Staging-Umgebung – liefere oft in die Produktion

Der erste Teil dieser Empfehlung ergibt sich direkt aus der Systemdemo des integrierten Systems, die nach jedem Sprint vorgesehen ist. Laufende Software auf einer produktionsnahen Umgebung ist unerlässlich für eine zuverlässige Messung der Wertschöpfung.

Der zweite Teil – oft in die Produktion ausliefern – zielt darauf ab, den potenziellen Vorteil, ausliefern zu können, auch tatsächlich zu realisieren und in kurzen Zyklen zu liefern. Daraus ergeben sich oft auch weitere Vorteile wie die Reduzierung von langlebigen Produktionsbranches in der Versionsverwaltung.

Auf der anderen Seite muss die Häufigkeit der Auslieferung mit dem Releasemanagement abgestimmt werden – insbesondere müssen die konzeptionelle Integrität des gerade fertigen Feature-Sets, Qualität, regulatorische Vorgaben und potenzielle Auswirkungen auf die Kunden beachtet werden.

#4: Alles unter Versionskontrolle stellen

Um tatsächlich zu jeder Zeit liefern zu können, muss dies »auf Knopfdruck« und ohne zusätzlichen Aufwand möglich sein. Deshalb müssen, wie oben schon gesagt, ausnahmslos alle Artefakte unter Versionskontrolle stehen.

Dies gilt auch für Testdaten, die es erst ermöglichen, dass bei jedem Durchlauf der kontinuierlichen Integration auch die automatischen Regressionstests durchgeführt werden.

#5: Erstelle automatisiert neue Build-Umgebungen

Konsequente Automatisierung sollte auch das Aufsetzen von Umgebungen umfassen. Gerade bei komplizierten Szenarien sind bei der Konfiguration von neuen Maschinen potenziell viele manuelle Schritte notwendig.

Moderne Ansätze auf der Basis von Virtualisierung wie Docker[8] erlauben es, automatisiert virtuelle Maschinen nach einem vordefinierten Template aufzusetzen.

#6: Automatisiere den tatsächlichen Auslieferungsprozess

Der konsequente letzte Schritt ist die Vorbereitung für die tatsächliche Automatisierung des Auslieferungsprozesses unter Einbeziehung aller vorhergehenden Schritte. Dieses Ziel ist einigermaßen ehrgeizig, es wird einige Zeit dauern, das System und die Prozesse dahin zu entwickeln, und man kann ihm meist nur in einzelnen Schritten näherkommen. Umso wichtiger ist es, früh mit der Umsetzung in ersten Schritten zu starten.

8. Siehe *https://www.docker.com.*

5 Rollen auf der Programmebene

5.1 Produktmanagement

Der Produktmanager eines Release Train ist verantwortlich für die Definition und Priorisierung des ART-Backlogs sowie dafür, die Vision und die Roadmap des Programms zu erstellen und zu aktualisieren.

In SAFe hat man sich dazu entschlossen, diese etablierte Rollenbezeichnung zu nutzen und mit eigenem Inhalt zu füllen. Das macht die Diskussion der Produktmanagement-Rolle auf der einen Seite einfacher, birgt aber auch eine große Verwechslungsgefahr in Organisationen, in denen diese Rolle schon anders besetzt ist.

In SAFe ist der Produktmanager eine Person oder Gruppe, die dazu autorisiert ist, schnelle Entscheidungen darüber zu treffen, was entwickelt wird. Dies entspricht recht genau der Definition eines Product Owners in einem Scrum-Team. Wie der Product Owner eines Teams fällt der Produktmanager seine Entscheidungen nicht im luftleeren Raum, sondern beachtet die Vorgaben der Stakeholder und die Rahmenbedingungen in der Organisation. Angesichts der Komplexität einer Entwicklung ist er auch auf die Unterstützung und Zuarbeit durch die Product Owner und die übrigen Mitglieder des Release Train angewiesen.

Die Team-Product-Owner haben in der Konsequenz nicht die vollständige Autorität darüber, was ihr Team entwickelt, sondern müssen sich nach den globalen Anforderungen des Produktmanagements ausrichten.

Bei größeren Entwicklungen mit mehreren Release Trains in einem Wertstrom kommt zur Verantwortung gegenüber dem Release Train noch die Notwendigkeit der Koordination der einzelnen Entwicklungen hinzu.

Unterschiede zum traditionellen Produktmanagement

Die typischen Charakteristika einer agilen Entwicklung unterscheiden sich stark von einem traditionellen Projekt:

- Kundenanforderungen kommen nicht nur zu Anfang einer Entwicklung, sondern kontinuierlich.
- Die Anforderungen werden schrittweise verfeinert und werden nicht als komplette Dokumente in allen Details bereitgestellt.
- Die Auslieferung erfolgt nach Bedarf.
- Änderungen in der Priorisierung und der Roadmap erfolgen während der gesamten Laufzeit.

Daraus ergeben sich auch andere Anforderungen an den »idealen Produktmanager«: eigenständiges Planen statt Einhalten eines vorgegebenen Rahmens und wesentlich mehr Kommunikation, vor allem Face-to-Face-Kommunikation, zulasten der Arbeit mit Dokumenten.

Verantwortlichkeiten des Produktmanagers

Im Einzelnen hat der Produktmanager bei SAFe folgende Aufgaben:

- Mit dem Lean Portfolio Management zusammenarbeiten, um die Budgetparameter, die strategischen Themen, die Programmziele und die relevanten Epics zu verstehen
- Die Programmvision und die Roadmap entwickeln und kommunizieren
- Mit Systemarchitekten zusammenarbeiten, um die notwendigen Arbeiten am Architectural Backlog und die daraus entwickelten Epics und Features zu verstehen
- Das ART-Backlog managen, Features auswählen und priorisieren und die Akzeptanzkriterien entwickeln sowie die Kapazität für den Architectural Runway reservieren
- Am Releasemanagement und der Validierung der Lösung mitarbeiten
- Ein effektives Team aus Produktmanagern und Product Ownern der Teams entwickeln

5.2 Releasemanagement

Das Releasemanagement (auch Releasemanagementteam oder RMT) hilft bei der Planung, beim Managen und Lenken der Releases.

Das Releasemanagement wird typischerweise von einer Gruppe wahrgenommen, die sich regelmäßig, z.B. wöchentlich, trifft. Zu dieser Gruppe gehören oft der Release Train Engineer, der Systemarchitekt und das Produktmanagement und einige Stakeholder bzw. Entscheidungsträger, die nicht voll am Release Train mitarbeiten, wie Business Owner, Führungskräfte, Marketing, Qualitätssicherung und Vertrieb.

Das Releasemanagement hat die Autorität und die notwendige Kapazität, die Frequenz von Releases festzulegen und Releases freizugeben. Es spielt eine wichtige Rolle dabei, den Release Train mit neuen Anforderungen und Abhängigkeiten von außen sowie mit dem Anpassen, Erweitern (oder Reduzieren) der Vision synchron zu halten und bei der Beseitigung von Hindernissen zu helfen. Die Beteiligung von externen Stakeholdern soll auch sicherstellen, dass Anpassungen, die über die Entscheidungskompetenz des Release Train hinausgehen, zeitnah getroffen werden können.

Aufgaben des Releasemanagements

Das Releasemanagement hat insbesondere folgende Aufgaben:

- Sicherstellen, dass die Unternehmenspolitik, vor allem zu Releases und zu Qualitätsrichtlinien, verstanden ist und umgesetzt wird
- Den Status von Releases an die externen Stakeholder kommunizieren
- Sicherstellen, dass ein Plan zum Ausliefern und zur Distribution existiert
- Die Koordination mit Marketing und Produktmanagement zur internen und externen Kommunikation
- Die Teilnahme am Inspect & Adapt-Prozess zur Verbesserung des Releaseprozesses
- Die letzte Entscheidung über ein Release

5.3 Der Release Train Engineer

Der Release Train Engineer (RTE) entspricht der Rolle eines Scrum Masters auf der Programmebene. Er hilft dem Release Train und den Teams bei der Selbstorganisation, treibt den kontinuierlichen Verbesserungsprozess auf der Programmebene, deckt Hindernisse und Risiken auf und adressiert bzw. eskaliert sie. Er arbeitet verantwortlich bei der Organisation der Meetings des Programms mit.

Der RTE braucht ein tiefgreifendes Verständnis für die Skalierung agiler Entwicklung und die Möglichkeiten, die sich für die Organisation und die Mitarbeiter eröffnen.

Die Rolle des RTE bietet – wie sich das auch für Scrum Master gezeigt hat – einige mögliche Konfliktpunkte. Es ist daher unter Umständen sinnvoll, dass der RTE an eine Stelle außerhalb des Release Train berichtet, z.B. an ein Programm Management Office (PMO).

Der Release Train Engineer als Servant Leader

RTEs haben häufig einen Hintergrund als Projekt- oder Programmmanager. Um ihre neue Rolle optimal auszufüllen, müssen sie oft ihre Einstellung und Arbeitsweise anpassen. In der agilen Welt hat sich hierfür der Begriff »Servant Leader« eingebürgert.

Ein Servant Leader hört zu und unterstützt die Teams dabei, Probleme zu erkennen. Er versteht andere und unterstützt ihre persönliche Entwicklung sowie ihre Entwicklung als Team. Er ist offen, fördert Offenheit und Transparenz bei anderen und schafft eine Umgebung, in der Zusammenarbeit und gegenseitiges Lernen und Einfluss auf andere wachsen können.

Dieses Konzept geht wesentlich auf Robert Greenleaf[1] zurück, der gesagt hat: »The servant-leader is servant first...« (»Gute Leiter müssen zuerst gute Diener werden.«). Als grundlegendes Transformationsmuster beschreibt er den Weg:

- von der Koordination der Teamaktivitäten zum Coachen der Teams zur Zusammenarbeit,
- von Deadlines zu Zielen,
- vom Erreichen spezifischer Resultate zum Investieren in die Gesamt-Performance des Programms,
- vom Kennen der Antwort zum Fragen nach der Antwort,
- vom Steuern zum Zulassen von Selbstorganisation und den Teams helfen, in Fahrt zu kommen,
- vom Lösen von Problemen zum Helfen der anderen bei der Problemlösung.

1. Siehe *http://en.wikipedia.org/wiki/Servant_leadership.*

5.4 Der Systemarchitekt

Der Systemarchitekt arbeitet im Rahmen eines Programms und ist dafür verantwortlich, auf der Basis eines Überblicks über die Aufgaben des Systems dafür zu sorgen, dass die Implementierung die aktuellen und absehbaren fachlichen Anforderungen erfüllt und die Architekturvision und die Richtlinien eingehalten werden.

Er arbeitet mit dem Enterprise-Architekten zusammen, der auf der Portfolioebene angesiedelt ist und sicherstellt, dass die unternehmensweiten Festlegungen und Rahmensetzungen in den einzelnen Programmen in Einklang gebracht werden.

SAFe hat wie in der Rollenbezeichnung für den Produktmanager einen etablierten Rollennamen übernommen, daher muss man auch hier deutlich darauf hinweisen, wie sich die Rolle eines Systemarchitekten in einem Agilen Release Train von der traditionellen Rollenausprägung unterscheidet.

Der Systemarchitekt hat nicht die Autorität, den Teams Entscheidungen über das Programmdesign überzustülpen. Das würde nicht nur agilen Prinzipien widersprechen (»Die besten Architekturen, Anforderungen und Entwürfe entstehen durch selbstorganisierte Teams.«[2]), sondern wäre auch höchst ineffektiv: Keine Person verfügt über die Bandbreite, alle Entscheidungen in einem sich weiter entwickelnden System zu überschauen.

Auf der anderen Seite ist auch eine unkoordinierte Arbeit der Teams nicht zielführend. Bei Abhängigkeiten in der Codebasis werden die Teams oft feststellen, dass ihre Änderungen miteinander in Konflikt geraten und der Kommunikationsaufwand unerträglich ansteigt.

Der Systemarchitekt arbeitet mit den Teams gemeinsam daran, Designentscheidungen zu treffen, die den aktuellen und zukünftigen Zustand des Systems am besten unterstützen. Er ist Ratgeber, Mentor und Vermittler zwischen den Teams und den Produkt Ownern und er stärkt auf diese Weise die Autonomie und die Verantwortlichkeit der einzelnen Teams.

Der Maßstab hierfür ist, gerade »so viel wie nötig« vorauszuplanen, um eine stabile und effektive gemeinsame Entwicklung zu gewährleisten, eben die Landebahn, den Architectural Runway, für neue Features bereitzustellen.

2. Siehe *http://agilemanifesto.org*.

Aufgaben des Systemarchitekten

In SAFe hat der Systemarchitekt folgende wesentlichen Aufgaben:

- Mit den Kunden, Stakeholdern, dem Produktmanagement und den Product Ownern zusammenarbeiten, um ständig ein allgemeines Verständnis der aktuellen und zukünftigen Anforderungen an das System zu haben
- Die Architekturvision und die intentionalen Aspekte der Architektur kommunizieren und weiterentwickeln, insbesondere bei der Vorbereitung und Durchführung der PI-Planung
- Designalternativen untersuchen und bewerten
- Modelle (z.B. Domänenmodelle und Use Cases) und Beschreibungen der geplanten Funktionsweise des Systems erstellen und aktualisieren
- Die Teams bei ihren Designentscheidungen in der Entwicklung unterstützen
- Die nicht funktionalen Anforderungen an das System verstehen und kommunizieren
- Mit dem Enterprise-Architekten zusammenarbeiten, um den richtigen Architectural Runway zu entwickeln

5.5 Übergreifende und geteilte Ressourcen

In einem Release Train fallen normalerweise Aufgaben an, die nicht sinnvoll einem einzelnen Team zugeordnet werden können. Dazu gehören oft Aufgaben in Bezug auf DevOps oder Systemteams oder auch Konfigurationsmanagement, Dokumentation, rechtliche Services oder (wie unten näher beleuchtet) die Benutzerschnittstelle. Zum Teil stehen diese Rollen dem Release Train nicht ständig zur Verfügung, sondern werden nur mitbenutzt.

Mitbenutzte Ressourcen (Shared Resources) ist ein Sammelbegriff für die Rollen, die für einen Erfolg nötig sind, aber nicht exklusiv dem Release Train zugeordnet werden können.

Typische Rollen sind Einkauf, Datenbankadministratoren, Dokumentationsspezialisten, Sicherheitsexperten oder Informationsarchitekten. Diese Personen sind meist hoch spezialisiert, schlecht austauschbar und viel beschäftigt. Sie sollten agile Entwicklung und SAFe kennen und an der Releaseplanung mitarbeiten, um rechtzeitig spezielle Tätigkeiten, Restriktionen und Anforderungen an die Entwicklung zu identifizieren. Zudem sollten sie ihren Beitrag zur Umsetzung der betroffenen Features und Stories leisten, auch durch zeitweises Mitarbeiten in Teams für einzelne Sprints oder als eigenes Team.

5.6 Benutzerschnittstellen-Verantwortlicher

Die Implementierung der Benutzerschnittstelle (User Experience, UX) in einer agilen Entwicklung stellt eine besondere Herausforderung dar. Auf der einen Seite entwickeln die Teams in kurzen Zyklen neue Funktionalität, auf der anderen Seite soll die Benutzererfahrung über das gesamte System konsistent sein.

Oft entwickeln die Teams grobe Skizzen, testen diese in Spikes und setzen sie im Sprint um, oft werden die UX-Elemente auch mehrfach überarbeitet. Für die Testbarkeit ist hier besonders wichtig, dass eine klare Trennung von Oberfläche und Anwendungslogik und allgemein eine lose Kopplung von Komponenten durchgehalten wird.

Die Designentscheidungen bleiben beim Team, wobei es aber sinnvoll ist, so weit vorauszuplanen, dass sich eine konsistente Benutzererfahrung ergibt. Diese Planung wird zum Bestandteil des Architectural Runway und kann auch in die Definition of Done einfließen.

SAFe empfiehlt, auf der Ebene eines Release Train eine koordinierende und beratende Rolle ähnlich dem Architekten zu etablieren, im Big Picture von SAFe »UX« genannt. Dabei bleibt die Verantwortung für die Implementierung, einschließlich der Benutzerschnittstelle, bei den einzelnen Teams.

Aufgaben des UX-Verantwortlichen

UX-Verantwortliche haben folgende typische Aufgaben:

- Arbeiten mit Stakeholdern, um die spezifischen fachlichen Ziele zu verstehen
- Sicherstellen, dass die Teams die neuesten Designs und Festlegungen rechtzeitig erhalten (just-in-time)
- Kontinuierlich die Benutzererfahrung validieren und testen
- Mit dem Systemarchitekten und den Teams zusammenarbeiten, um die technischen Grundlagen für das UX-Design bereitzustellen
- Die Richtlinien über Programmgrenzen abstimmen und andere UX-Designer weiterbilden, z.B. in Workshops und der Bildung einer Community of Practice
- Beim Testen und der Testautomatisierung helfen
- Mitarbeit bei Sprint-Planungen, Backlog Refinement und der Vorbereitung von Demos

Wann ein separates UX-Team notwendig ist

Die konsistente Organisation der UX-Entwicklung ordnet die UX-Spezialisten den einzelnen Teams zu. Die übergreifende Koordination wird dann am besten durch eine Community of Practice erreicht, der UX-Verantwortliche des Release Train koordiniert die Entwicklung.

In manchen Umgebungen erweist sich das als problematisch. Insbesondere wenn es nicht gelingt, die UX-Arbeit im gleichen Sprint-Takt umzusetzen, fallen die Arbeiten der UX-Bearbeiter und der anderen Teammitglieder auseinander. In diesem Fall kann es effektiver sein, ein zentrales UX-Team (oder besser eine hybride Lösung, in der nur Teile ausgelagert werden) zu bilden, dessen Sprints Experimente zu UX von Stories, Oberflächentests, Prototyping und die Entwicklung gemeinsam genutzter Elemente enthalten. Dieses UX-Team arbeitet im gleichen Sprint-Takt, aber typischerweise ein oder zwei Sprints früher an den Stories, als sie von den anderen Teams umgesetzt werden.

5.7 Die Business Owner

Die Business Owner sind meist eine kleine Gruppe von 3–5 Stakeholdern, die die Managementverantwortlichkeit für den gelieferten Wert repräsentieren. Sie entscheiden über die Richtung und den ROI im Release Train.

Sie stellen sicher, dass die strategischen Themen, Festlegungen der Enterprise-Architektur und die Epics auf der Portfolioebene kommuniziert werden und sich in den Prioritäten des Release Train wiederfinden.

Aufgaben der Business Owner

Die Business Owner haben folgende Aufgaben:

- **Vorbereitung der PI-Planung**
  Sicherstellen, dass die Geschäftsziele, die Programmvision und Anforderungen an das System abgestimmt sind und dass vor allem der Produktmanager, der RTE und der Systemarchitekt sowie die wichtigen Stakeholder sich einig sind. Sie bereiten sich darauf vor, den geschäftlichen Kontext im PI-Planungsmeeting zu kommunizieren.
- **Während der PI-Planung**
  Präsentieren des Kontexts und ihrer Sicht auf die Programmvision. Feedback bei wichtigen Punkten des Meetings geben, insbesondere beim Review des Planentwurfs und des Plans. Bewerten und entscheiden der einzelnen Elemente des PI-Ziels. Allgemein verfügbar sein für Kommunikation und Fragen. Teilnahme am Managementreview am Ende des ersten Planungstags.
- **Während der Iteration**
  Die Entscheidungen in der Weiterentwicklung beobachten mit einem Auge auf Scope, Lieferoptionen, Releases und die Marktentwicklung. Teilnahme an der Systemdemo und Feedback geben. Aktiv an den Hindernissen arbeiten, die von RTE und Produktmanager adressiert werden.
- **Beim Inspect & Adapt-Meeting**
  Mit den Teams arbeiten und ihnen bei der Selbstbewertung helfen. Die Hindernisse, die während des Meetings entdeckt werden, aktiv angehen.

Wert der PI-Ziele festlegen

Die Business Owner geben mit der Darstellung der relativen Werte der PI-Ziele die Gewichtung der PI-Ziele vor. Das ermöglicht den Teams, sich im PI an diesen Zielen auszurichten und ihren Beitrag zu den übergreifenden Geschäftszielen zu verstehen.

Dazu bewerten die Business Owner am Ende der Planung die einzelnen Ziele auf einer Skala von 1 bis 10 wie in folgendem Beispiel (siehe Abb. 5–1).

Ziele	Geschäftswert
1. Smartphone Remote Update	10
2. Nächste Generation Smartphone Firmware (nur Serie K9000)	4
2. Erste Preisgestaltungsprogramme	10
3. Rechner-CPU-Sharing Proof of Concept	6
4. Messe-Demo vor dem 10.11.	10
5. Release K9100 upgrade	9
Extra-Ziele	
Alle Smartphone-Formware-Versionen Remote updatebar	4
Preisgestaltungsprogramm Version 2	8

Abb. 5–1 *PI-Ziele eines Teams*

6 Der Solution Train

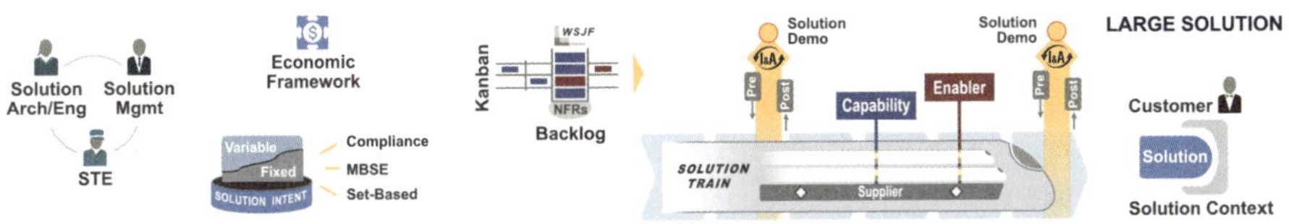

Abb. 6–1 *Der Solution Train in SAFe*[1]

6.1 Die Solution-Ebene

Die Solution-Ebene[2] wird dann verwendet, wenn die Zahl der beteiligten Personen zu groß für einen einzelnen Release Train wird. Insbesondere stößt die Forderung, die PI-Planung als Präsentmeeting aller Teilnehmer zu organisieren, ab ca. 125 Personen an die Grenzen der Praktikabilität (»die Dunbar-Zahl«).

Ein Solution Train dient dann als eine zusätzliche Koordinationsebene für mehrere ARTs innerhalb eines Portfolios.

Der Solution Train richtet ARTs auf eine gemeinsame Business- und Technologie-Mission aus, die auf einer gemeinsamen Vision basieren. Er definiert ein gemeinsames Backlog sowie eine gleichlaufende Programminkrement-(PI-)Kadenz der beteiligten ARTs.

Der Solution Train ist für große und komplexe Lösungen, auch bekannt als »System von Systemen«, geeignet. Darin können Hunderte oder sogar Tausende von Menschen entwickeln. Beispiele sind Medizinprodukte, Automobile, Verkehrsflugzeuge, Bankensysteme und vieles mehr. Wenn diese Arten von Systemen versagen, kann es unabsehbare soziale oder ökonomische Konsequenzen haben. Infolgedessen unterliegen die meisten dieser Systeme Industrie- und Regulierungsstandards sowie Compliance-Anforderungen.

---

1. Reproduced with permission from © 2008–2017 Scaled Agile, Inc. All rights reserved.
2. Die Solution-Ebene entspricht der Value-Stream-Ebene von SAFe 4.0. Sie wurde umbenannt, um klarer vom allgemeinen Konzept des Wertstroms zu differenzieren.

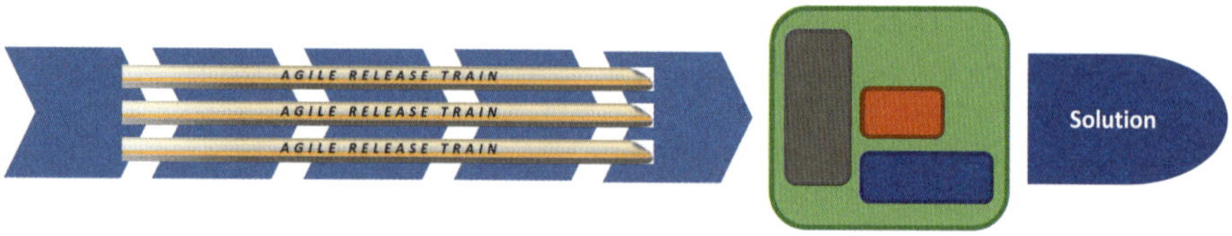

Abb. 6–2 *Der Solution Train besteht aus ARTs.*

6.2 Features und Capabilities

Ein Feature ist eine Eigenschaft oder Service des Systems, das ein Bedürfnis von Stakeholdern erfüllt. In einer Solution können geforderte Eigenschaften auf hoher Ebene mehrere Release Trains betreffen. SAFe verwendet hierfür den Begriff einer Capability.

Capabilities sind einfach eine Abstraktionsstufe und lassen sich beschreiben wie Features, sie werden ggf. in Features zerlegt, die sich die einzelnen Trains ziehen.

6.3 Solution Intent

Der Solution Intent umfasst die gesamte Menge an Entscheidungen und eine Beschreibung der Solution, soweit sie zu einem gegebenen Zeitpunkt bekannt sind.

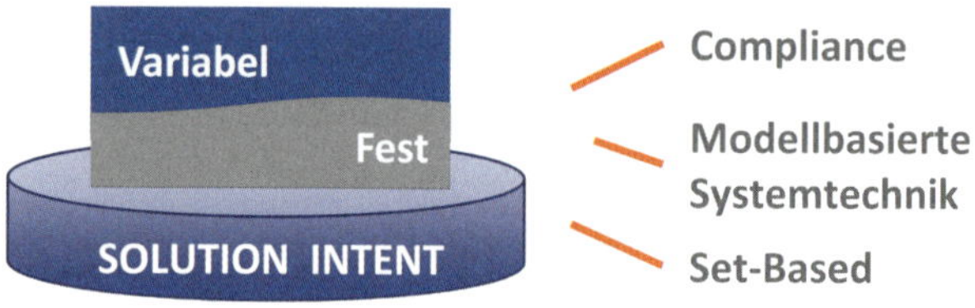

Abb. 6–3 *Solution Intent*

Am Anfang dieser Entwicklung ist ein erheblicher Teil dieser Beschreibung noch nicht fix, sondern kann nur als Lösungsraum angegeben werden. Nach und nach wird die Varianz dieses Lösungsraums kleiner, mehr und mehr Entscheidungen sind fix. Dieser Prozess ist aus der Lean-Entwicklung wohlbekannt und wird als **Set-Based Design** bezeichnet.

Set-Based Design wird dazu verwendet, um explizit Entscheidungsspielräume offenzuhalten und die endgültige Festlegung erst zum letztmöglichen Zeitpunkt (»last responsible moment«) zu treffen.

Weitere häufige Bestandteile eines Solution Intent sind:

- Compliance beschreibt, wie SAFe eine Lösungsabsicht einsetzt, um eine hohe Qualität zu erreichen und Regulierungs- und Industriestandardanforderungen mit skalierter agiler und Lean-Entwicklung zu erfüllen.
- Modellbasierte Systemtechnik (MBSE) beschreibt, wie aufwendige Anforderungen und anspruchsvolles Design in flexibleren und zugänglichen Modellen entwickelt, dokumentiert und gewartet werden können.

6.4 Analogien zum ART

Bei der Beschreibung eines Solution Train werden viele Begrifflichkeiten aus der Programmebene wieder verwendet:

- Der **STE** oder Solution Train Engineer ist die analoge Rolle zum RTE, Release Train Engineer. Er ist der Verantwortliche für den Prozess und die kontinuierliche Verbesserung, eine Art »Über-Scrum-Master« oder Coach.
- Das Solution Management entspricht dem Product Management.
- Der **Solution-Architekt** hat die analogen Aufgaben zu einem Programm-Architekten.
- Ein Solution Train hat analog zu einem Release Train ein eigenes **Backlog** von Capabilities, ein vorgeschaltetes **Kanban**-System zur Visualisierung und Begrenzung des WIP und einen Product Owner, den **Solution Manager**.
- **Enablers** sind technische Vorhaben, die Fähigkeiten des Systems bereitstellen, und können auch auf dieser Ebene auftreten.
- In Version 4.0 wurden verschiedene Rollen bevorzugt einer Ebene zugeordnet, bei der Solution war es das **Programmmanagement**, das **Releasemanagement** und **Shared Services**. Die Querschnittfunktionen sind in Version 4.5 von einzelnen Ebenen entkoppelt und können jetzt an der am besten passenden Ebene (oder auf mehreren Ebenen) angesiedelt werden.

Solution ist neben der Ebenenbezeichnung auch das System, das auf dieser Ebene realisiert wird. Die Solution implementiert Capabilities und verwendet Enablers. Durch die Einführung der Solution als eigene Ebene soll deutlich gemacht werden, dass auch auf dieser Ebene iterativ entwickelt werden sollte und dass eine Lösung kooperativ und schrittweise entsteht.

Solution Intent ist die maßgebende Quelle für die Beschreibung des Ziels und des Verhaltens der Solution. Anfangs ist das die Vision zusammen mit nicht funktionalen Anforderungen und Restriktionen. Durch die Umsetzung der Epics, Capabilities, Features und User Stories entsteht schrittweise eine Menge weiterer Dokumente, die den Solution Intent wiedergeben, wie Modelle, Tests, Designs, Marktstudien und andere Artefakte.

In der Hierarchie der verschieden granularen Funktionalitäten gibt es eine zusätzliche Stufe: **Capabilities**, das sind Fähigkeiten eines Systems, bestimmte Aspekte eines Solution Intent zu erfüllen. Capabilities können aus dem Kontext eines lokalen Wertstroms entstehen oder sie dienen der Umsetzung eines Epics aus der Portfolioebene.

In einem sehr großen System sind selten alle notwendigen Fähigkeiten intern verfügbar, daher müssen oft Lieferanten eingebunden werden. Sinnvoll ist die Beteiligung der Lieferanten an der PI-Planung und ggf. dem Review-Meeting sowie die Einbeziehung analog zu anderen Wertströmen. Dazu wurde ein optionales **Pre- und Post-Planungsmeeting** eingeführt.

6.5 Prinzipien eines Solution Train

Durch die Ausrichtung von ARTs auf eine gemeinsame Mission hilft der Solution Train dabei, zu große Variabilität der Lösungsentwicklung und das damit einhergehende Risiko zu begrenzen.

Die ARTs in einem Solution Train arbeiten auf Basis einer Reihe von gemeinsamen Prinzipien:

- **Der Zeittakt ist fest** – Alle ARTs im Solution Train arbeiten auf einem bekannten, zuverlässigen Zeitplan, der durch die gewählte PI-Kadenz bestimmt wird.
- **Ein neues Solution-Inkrement in jedem PI** – Während des PI integriert der Solution Train die Lösung teilweise. Am Ende des PI liefert der Solution Train ein voll integriertes Lösungsinkrement. Die Lösungsdemo bietet einen Mechanismus zur Bewertung des Lösungsinkrements, das ein integriertes Ergebnis aller ARTs ist.
- **Solution Intent** – Eine Solution wird durch eine »Absicht«, einen Solution Intent, definiert. Der Solution-Kontext definiert die Umgebung, in der die Solution arbeitet.
- **Compliance** – Dies beschreibt die Verwendung des Solution Intent, um eine hohe Qualität zu erzielen, während sie gleichzeitig die regulatorischen und branchenspezifischen Anforderungen mit der agilen und Lean-Entwicklung erfüllt.
- **Lieferanten** – Oft spielen diese eine Schlüsselrolle in großen Entwicklungsvorhaben: Die Agilität eines Lieferanten beeinflusst die Agilität des Solution Train.
- **Die PI-Kadenz ist abgestimmt** – Alle ARTs auf dem Solution Train sind auf die gleiche PI-Dauer (typischerweise acht bis zwölf Wochen) synchronisiert und haben gemeinsame PI- und Iterationsstart-/-enddaten.

- **Verwende ein ökonomisches Framework** – Der ökonomische Rahmen, d.h. eine explizite ökonomische Bewertung von Entscheidungen und Ergebnissen, erlaubt eine schnelle und effektive Entscheidungsfindung im Rahmen des Wertstrombudgets.
- **ARTs sind die Basis eines Solution Train** – Sie wenden agile und Lean-Prinzipien und -Praktiken an.
- **Inspect & Adapt (I & A)** – Der aktuelle Stand der Solution wird bei I & A demonstriert und ausgewertet. Das ist eine Veranstaltung, die am Ende jedes PI jeweils für einzelne ARTs und den Solution Train insgesamt stattfindet. Das Solution Management identifiziert dann Verbesserungspotenziale über einen strukturierten, problemlösenden Workshop.
- **Entwickeln in der Kadenz. Release nach Demand** – Solution Trains nutzen Kadenz und Synchronisation, um die inhärente Variabilität von Forschung und Entwicklung zu bewältigen. Allerdings sind die Releases typischerweise von der Entwicklungskadenz entkoppelt. Solution Trains können jederzeit eine Lösung oder Elemente einer Lösung freigeben – vorbehaltlich der erforderlichen Governance- und Releasekriterien.
- **Solution Kanban** verwenden, um den Fluss der Solution Epics und Capabilities zu steuern.

6.6 Neue Rollen im Solution Train

Es gibt weitere Rollen, die wichtig sind für den Erfolg des Solution Train:

- **Kunden** sind die ultimativen Käufer der Lösung und sind auf jeder Ebene von SAFe anzutreffen. Sie sind Teil des Wertstroms und untrennbar mit dem Entwicklungsprozess verbunden. Die Kunden arbeiten eng mit dem Lösungs- und Produktmanagement und anderen wichtigen Stakeholdern zusammen, um die Lösungsabsicht, die Vision und den wirtschaftlichen Rahmen, in dem die Entwicklung auftritt, zu gestalten.
- Ein **Systemteam** wird oft für den Solution Train gebildet, um die größeren Lösungsintegrationsfragen über ARTs zu lösen.
- **Shared Services** sind Spezialisten, Datensicherheitsexperten, Informationsarchitekten und Datenbankadministratoren (DBAs), die für den Erfolg einer Lösung notwendig sind, aber nicht für einen bestimmten Train reserviert werden können.

6.7 Koordination von ARTs und Zulieferern

Solution Trains koordinieren mehrere ARTs und Lieferanten. Sie nutzen dazu wie ein einzelner ART die PI-Planungsmeetings und die Solution-Demo. Dies impliziert, dass die ARTs in derselben Kadenz arbeiten und die Lieferanten auch mindestens in diesem Takt synchronisiert werden.

Zu Beginn eines jeden PI finden gleichzeitig die einzelnen Planungsmeetings für alle ARTs statt. Zusätzlich werden noch auf Solution-Ebene Pre- und Post-Planungsmeetings zur Koordination und zur Ausrichtung (»alignment«) organisiert.

Pre- und Post-Planungsmeetings

Die darin erzeugten aggregierten Solution-PI-Ergebnisse werden an die Stakeholder kommuniziert. Am Ende jedes PI (in der Regel etwas später, während des nächsten PI) findet eine Solution-Demo statt, ein wichtiges Ereignis für den Solution Train. Hier präsentiert er eine integrierte Lösung für alle ARTs und Lieferanten, für Kunden und Stakeholder des Portfolios und ggf. anderer Solutions. Nach dieser Demo wird ein Inspect & Adapt-Workshop durchgeführt, um den gesamten Prozess zu verbessern.

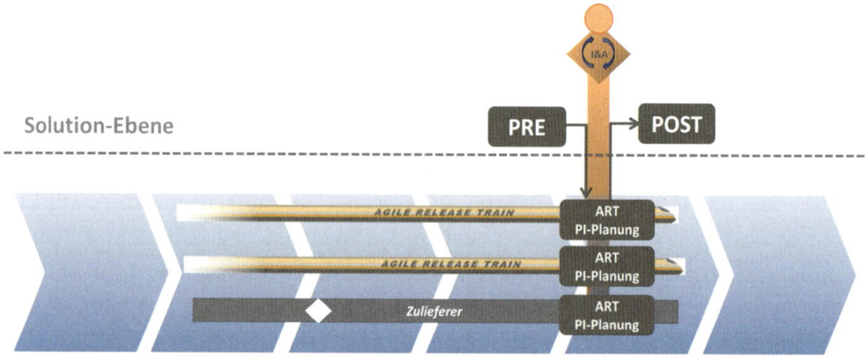

Abb. 6–4 *Koordination von ARTs in einem Solution Train*

Solution-Demo

In der Solution-Demo werden die integrierten Ergebnisse aller Trains für die Kunden und anderen Stakeholder sichtbar. Sie stellt außerdem auch einen wichtigen Punkt für Feedback und Lernen dar. Die Solution-Demo ist daher ein herausragendes Ereignis im PI-Takt.

Einbinden von Lieferanten

Lieferanten spielen auch bei den meisten Solutions eine zentrale Rolle. Die Agilität des Gesamtwertstroms, d.h. seine Möglichkeit zu reagieren, hängt von der Agilität der Lieferanten ab. Agile und Lean-Lieferanten können als eine andere Form von ART behandelt werden, die an allen Solution-Train-Veranstaltungen teilnehmen.

Allerdings arbeiten Lieferanten, die traditionelle Planungsmethoden anwenden, gegen Meilensteine. Es wird von ihnen aber zumindest erwartet, dass sie an den Pre- und Post-Planungsmeetings, der Solution-Demo und dem Inspect & Adapt-Meeting des Solution Train teilnehmen.

Es ist oft eine gute Idee, seinen Lieferanten dabei zu helfen, ihre Prozesse in Richtung Lean und Agile zu verbessern.

6.8 Release Governance

Oft wird eine Funktion des Releasemanagements benötigt, die die Freigabe von Releases steuert und die Einhaltung extern vorgegebener Regeln wie regulatorische Vorgaben sicherstellt.

Diese Gruppe besteht aus dem Solution Management und den Senior-Repräsentanten von Funktionen, die nicht Vollzeitmitglieder des Solution Train sind. Dazu gehören z.B. Marketing, Qualitätssicherung, Entwicklung, Lean Portfolio Management und Vertrieb, oftmals sind auch Vertreter der ARTs darin eingebunden.

Das Releasemanagement braucht die Autorität, das Wissen und die Fähigkeit, häufige Releases von qualitativ hochwertigen Lösungen an Kunden zu fördern und freizugeben.

Daneben muss sichergestellt werden, »sonstige« Notwendigkeiten wie Internationalisierung, Verpackung und Bereitstellung, Schulungsanforderungen sowie interne und externe Kommunikation zu erfüllen.

7 Portfoliomanagement

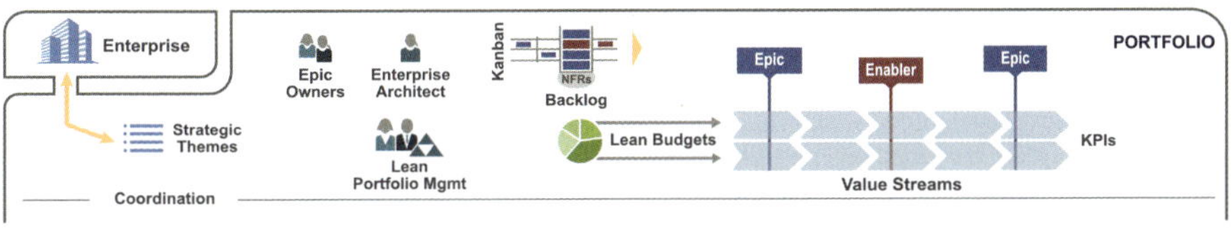

Abb. 7–1 *Portfoliomanagement in SAFe*[1]

7.1 Portfolios in einem Unternehmen

Die Portfolioebene ist die oberste von SAFe betrachtete Ebene. In einem Großunternehmen kann es durchaus mehrere Portfolios geben, jedes dieser Portfolios definiert seine eigenen Wertströme und Lösungen (Solutions). Alle diese Portfolios werden allerdings im Kontext der Firmenstrategie betrachtet: Die Firmenstrategie treibt die Portfolio-Strategien und die dafür Verantwortlichen wiederum informieren die Verantwortlichen der Firmenstrategie (Abb. 7–2).

1. Reproduced with permission from © 2008–2017 Scaled Agile, Inc. All rights reserved.

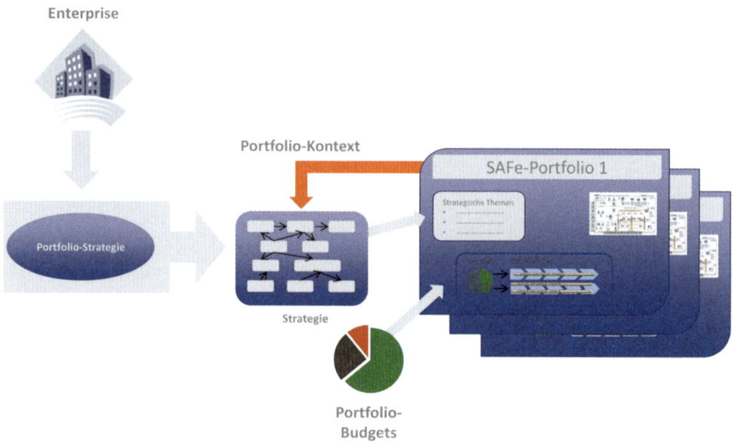

Abb. 7–2 Portfolio-Strategie in einem Unternehmen

Elemente eines SAFe-Portfolios

Die wichtigen Konzepte sind die folgenden:

- **Wertströme** sind längerfristige Entwicklungsvorhaben, mit denen ein kontinuierlicher Fluss von neuen Produkten und Services geschaffen wird. Wertströme werden durch ein oder mehrere Programme oder (alias) Agile Release Trains in einer Solution implementiert.
- **Lean Budgets** werden für Solutions bzw. Agile Release Trains bereitgestellt. Das Budget für eine Iteration einer Solution bzw. eines Release Train (Programminkrements) steht dem Produktmanagement zur Verfügung.
- **Portfolio-Kanban-Systeme.** SAFe schlägt ein Portfolio-Kanban-System für Business-Epics und für Enablers vor. Sie stellen sicher, dass die Zahl der Vorhaben, in die investiert wird, begrenzt ist.
- **Epics** sind große Vorhaben in einem Portfolio. Business-Epics beschreiben neue Funktionalität, Enabler- oder Architektur-Epics umfassen übergreifende technologische Änderungen, mit denen ein System lauffähig und zukunftssicher gehalten wird.
- Das **Portfolio-Backlog** ist das oberste Backlog in SAFe und enthält die priorisierten Epics, die das Kanban-System durchlaufen haben und auf eine Implementierung durch einen Release Train warten.
- **Strategische Themen** sind spezifische treibende Elemente, die die Portfoliovision mit der Gesamtstrategie des Unternehmens verknüpfen.

Solutions identifizieren und Release Trains etablieren

Die erste Entscheidung ist die Identifizierung der Wertströme und Solutions und die richtige Zuordnung von Ressourcen zu einzelnen Solutions. Oft mag die Identifizierung der Wertströme offensichtlich sein, manchmal ist dies aber unter einer gewachsenen Matrixorganisation begraben, und die Identifizierung ist ein notwendiger vorbereitender Analyseschritt zur Einführung von SAFe.

Wertströme sind aus Marktsicht ein Konstrukt. Dabei können noch immer sehr große Gruppen von mehreren Hundert oder gar Tausend Personen entstehen. Die organisatorische Umsetzung von Wertströmen erfolgt in einem Programm bzw. mehreren Programmen in einer Solution.

Rollen auf der Portfolioebene

Das **Lean Portfolio Management** repräsentiert die Autorität über den Inhalt der Entwicklung und die Investitionsentscheidungen für das Portfolio. Dies umfasst die Strategie, die Finanzierung von Investitionen in Programme und die allgemeine Steuerung von Programmen. Es setzt sich aus Senior-Entscheidern zusammen und wird normalerweise von einem Program Management Office (PMO) bei der täglichen Arbeit unterstützt.

Die einzelnen Epics werden bei ihrem Fluss durch die verschiedenen Stadien – Portfolio-Kanban und Portfolio-Backlog – von einem **Epic Owner** begleitet. Wenn das Epic von einem Release Train in die Planung übernommen und realisiert wird, bleibt der Epic Owner oft weiterhin verantwortlich für das Epic.

7.2 Lean Portfolio Management – Lean Budgeting

Die einzelnen Solutions bzw. Release Trains werden den geschäftlichen Prioritäten entsprechend mit einem Budget ausgestattet, z.B. für ein PI oder einen längeren Zeitraum. Mit diesem Budget setzen sie dann Epics um. Diese Epics entstehen meist aus dem lokalen Kontext, sie können auch durch Aufsplitten von Epics des Portfolios oder Capabilities des Wertstroms entstehen. Bei ihrer Priorisierung ist die Abstimmung mit den strategischen Themen und der Vision des Release Train zu beachten.

Die direkte Zuordnung von Budget zu den einzelnen Trains bzw. Solutions, Lean Budgeting genannt, stärkt die Autonomie und Verantwortung der einzelnen Trains und erleichtert schnellere lokale Entscheidungen. Gleichzeitig kann das Portfoliomanagement die Budgets pro Iteration, d.h. Programminkrement, zuordnen und die globale Kontrolle über die Umsetzung der Firmenstrategie behalten.

Diese globale Steuerung erfolgt einmal durch die Erhöhung oder Reduzierung des Budgets pro Programminkrement und zum anderen direkt durch die Priorisierung der Epics in den Portfolio-Kanban-Systemen.

7.3 Strategische Themen

Strategische Themen sind spezifische einzelne Geschäftsziele, die die Verbindung zwischen den Geschäftszielen und der Portfoliovision herstellen. Sie sind der Kontext, in dem Entscheidungen der Portfoliovision getroffen werden.

Wie entstehen strategische Themen?

Für die Formulierung einer Geschäftsstrategie gibt es zahllose Konzepte. Im Kontext einer agilen Entwicklung sind wahrscheinlich moderne dynamische Entwicklungen geeignet, die Vorgaben zu formulieren, die eine schnelle Reaktion auf neue Erkenntnisse und Marktanforderungen ermöglichen, wie »Lean Startup« [Ries 2011] oder »Business Model Canvas« [Osterwalder 2011].

Wir betrachten hier nur, welche Einflüsse auf die Formulierung der strategischen Themen existieren (siehe Abb. 7–3).

- **Programm-Portfolio-Budget**
  Das verfügbare Budget ist eine natürliche Grenze für die Initiativen, die man sich vornehmen kann.
- **Treibende Kräfte für das Geschäft**
  Treibende Kräfte (Business Drivers) repräsentieren die gegenwärtige Geschäftsstrategie. Insbesondere fokussieren sie oft auf die Änderungen, die nötig sind, wie z.B. »das Geschäft in die Cloud verlagern«.

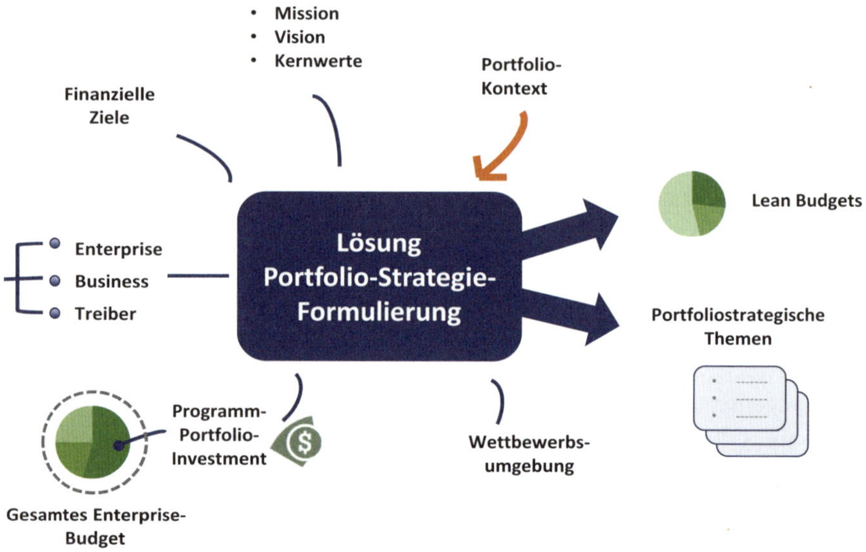

Abb. 7–3 Strategische Themen

- **Finanzielle Ziele**
  Sie helfen, die Ziele und treibenden Kräfte zu quantifizieren und die strategischen Themen messbar zu machen.
- **Mission, Vision, Kernwerte**
  Die Unternehmensführung sollte eine solide Grundlage als Rahmen für die Strategieentwicklung formuliert haben.
- **Wettbewerb**
  Die Analyse des Wettbewerbs hilft dabei, Chancen und Risiken zu erkennen und zu behandeln.
- **Kompetenzschwerpunkte**
  Die beste Unterscheidung entsteht dann, wenn sich ein Unternehmen auf seine hervorstechenden Stärken konzentriert und diese nutzt, um einen Wettbewerbsvorteil zu erzielen.

Einige Beispiele für strategische Themen sind:

- Die Plattform über den Kreis der Privatanwender hinaus für den Unternehmenseinsatz fit zu machen
- Drei neue Branchen mit der Mittelstandssoftware zu unterstützen
- Durch den Einsatz von Open Source mehr Unabhängigkeit und Kosteneinsparungen zu erreichen

7.4 Die Bearbeitung von Epics

7.4.1 Was ist ein Epic?

Epics[2] sind unternehmensweite Initiativen, die hinreichend groß sind, um eine eigene Analyse und eine Betrachtung der potenziellen Wirtschaftlichkeit (ROI) zu rechtfertigen.

Portfolio-Epics betreffen mehrere Solutions und/oder Release Trains, während Solution-, Programm- und Release-Train-Epics auf ihren Kontext beschränkt sind. Sie rechtfertigen aber ebenfalls einen Lean Business Case, da sie sich jeweils über mehrere Programminkremente erstrecken können und Auswirkungen auf mehrere Fachabteilungen haben **können**.

Ein Epic wird zunächst an ein Portfolio-Kanban-System (oder ein analoges Kanban-System auf der jeweiligen Ebene) übergeben. Zu diesem Zeitpunkt wird noch nicht allzu viel Analysearbeit investiert. Das Kanban-System dient als ein relativ billiger Speicher für Ideen, die noch auf die Umsetzung warten.

2. Im Deutschen »Epos« – eine lange Geschichte. SAFe schränkt die Nutzung des Begriffs Epic auf sehr große Vorhaben ein und hat als zusätzlichen Zwischenschritt für die Zerlegung das Feature. Ein Epic wird in der Regel in mehrere Capabilities oder Features zerlegt und diese wiederum in User Stories.

Ein Epic wird dann typischerweise in einem möglichst leichtgewichtigen Lean Business Case beschrieben, der die geschäftlichen Auswirkungen und die technischen Konsequenzen zusammenfasst und eventuell die Umrisse einer Implementierungsstrategie entwirft.

Im nächsten Schritt wird das Epic, wenn sich das Lean Portfolio Management für eine weitere Verfolgung entscheidet, vom Kanban-System in das Portfolio-Backlog übernommen und für die Implementierung priorisiert. In diesem Prozess kann es auch notwendig werden, ein Portfolio-Epic in einzelne Programm-Epics aufzuteilen.

Epics sind Hypothesen für Experimente

In SAFe 4.5 werden Epics wesentlich iterativer betrachtet als in früheren Versionen. SAFe bindet auf diese Weise Gedankengut der Lean-Startup-Strategie ein und richtete sich stärker auf Business-Agilität aus.

Die Lean-Startup-Strategie empfiehlt »Build-Measure-Learn« mit kurzen Zyklen für Produktinnovationen und strategische Investitionen. Epics sind zunächst nur sogenannte Minimum Viable Products (MVPs), d. h. Experimente, die regelmäßig evaluiert werden. Die weitere Bearbeitung eines Epics hängt vom Ergebnis dieser Evaluierungen ab.

Die Anwendung dieses Modells bietet die ökonomischen und strategischen Vorteile eines Lean-Startup-Managements von inkrementellen Investitionen und gestuften Risiken und nutzt gleichzeitig die Flow- und Visualisierungskonstrukte, die SAFe bereitstellt.

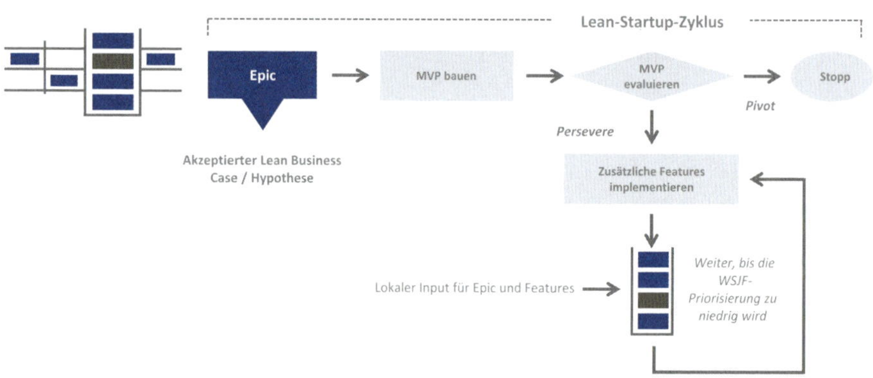

Abb. 7–4 *Epics im Lean-Startup-Zyklus*

Die Delegation und dezentralisierte Entscheidungsfindung über Epics (siehe Abb. 7–4) hängt trotzdem noch von bestimmten Kontrollen und Freigaben des Lean Budgeting ab. Auch im Kontext eines genehmigten Wertstrombudgets erfordern die Epics noch eine Sichtbarkeit und Genehmigung auf Basis einer MVP-Schätzung vor der Umsetzung. Danach werden weitere Investitionen in das Epic lokal über die laufende Feature-Priorisierung des Programm-Backlogs gesteuert.

Business-Epics und Enablers

Epics haben normalerweise das Ziel, neue Werte zu identifizieren. Man spricht hier von den **Business-Epics**. Sie können aber auch nötig werden, um technische Voraussetzungen für einen effektiven Wertstrom zu verbessern – diese heißen **Enablers oder Architektur-Epics**.

7.4.2 Der Lean Business Case eines Epics

Hypothesen-Statement für ein Epic

Das Nachdenken über ein potenzielles Epic muss auf einer Definition und einer Absicht basieren, denen Stakeholder zustimmen können. Abbildung 7–5 bietet ein Template für eine Hypothese für einen Kundennutzen, ein »Epic Hypothesis Statement«, an, das dazu verwendet werden kann, um wichtige Informationen über ein Epic zu erfassen, zu organisieren und zu kommunizieren.

Epic Hypothesis Statement	
Für	<Kunden>
die	<etwas tun>
ist	<die Lösung>
ein	<das »Wie«>
das	<als Wert bereitstellt>
anders als	<Wettbewerb, aktuelle Lösung oder Situation>
Unsere Lösung	<macht etwas besser – das »Warum«>
Umfang (Scope)	
Hypothese für die Wirkung (outcome):	• effekt 1 • effekt 2
Indizien: **leading indicators**	• (frühe Anzeichen) (early innovation accounting measures) •
NFRs: **Nichtfunktionale Req.**	• nfr 1 • nfr 2

Abb. 7–5 *Epic Hypothesis Statement*

Leichtgewichtiger Lean Business Case

Epics müssen analysiert werden, bevor man sich zur Umsetzung verpflichtet hat. Epic-Besitzer übernehmen die Verantwortung für diese wichtige Aufgabe, während Enterprise-Architekten die Enabler-Epics begleiten, die die technischen Überlegungen für Business-Epen unterstützen. Die wertvollsten Epics in der Trichter-Spalte des Portfolio-Kanban wandern in die Analyse-Spalte, wenn dort das WIP-Limit unterschritten ist. Dort werden Aufwände und ökonomische Auswirkungen

Epic-Name 3D Mapping	**Go- oder No-Go-Empfehlung:** GO	**Im Backlog erfasst am:** 26.09.16	**Analyst** **Epic Owner:** Paul Kirsch
Version	**1.0**	Änderungen:	keine, erster Entwurf
Beschreibung des Epics	Das 3D Mapping Epic ist für Endnutzer konzipiert, die ihren aktuellen oder ihren Zielstandort lokalisieren und visualisieren möchten. Die 3D-Funktionalität bietet eine breite Palette von Visualisierungswerkzeugen, die den User in eine realistische virtuelle Umgebung versetzen. Er kann dort nach Orten und Sehenswürdigkeiten suchen und sie betrachten und nachsehen, welche Kontakte aus den sozialen Netzwerken in seiner Nähe sind. Im Gegensatz zu Google und Apple Maps integriert dieses Epic eine hochwertige 3D-Ansicht in die Suche und bietet somit eine wirklich umfassende Erfahrung.		
Erfolgskriterien	■ Verfügbar für die Top-30-Städte (Content-abhängig) ■ 3D-Interaktion (laden/ansehen/heranziehen etc.) geht einher mit den Anforderungen an die Plattform-Performance		
Stakeholder Sponsoren	Pekka Karlsson (CEO), Ilkka Korpela (CTO), Juha Tammi (B Series Product Manager)		
Einfluss auf Nutzer und Markt		Kernfunktionalität der B1. Betrifft Nutzer in den Gegenden, in denen wir Content anbieten (unsere Top-30-Städte).	
Einfluss auf Produkte, Programme und Services		Hardwareteams, Systems Operations, Content-Gruppe, Marketing. Kritische Entwicklungskomponente der übergreifenden »Location«-Investmentstrategie – einschließlich des Ankaufs von D4-Technologien in Norwegen in Höhe von 240 Mio USD sowie einer strategischen Alliance mit TomTom.	
Auswirkung auf Vertrieb, Distribution, Bereitstellung		Entscheidendes Kernfeature des kommenden großen B-Reihen-Release – dies bedeutet Ankurbelung von Marketing und viraler Kommunikation.	
Geschätztes Investment	**Story points:** 2250		**Kosten: € 300.000,-**
Weighted rating	(WSJF): 9.4	**Ertragsart**	Erhöhter Marktanteil und Nutzerbindung
Inhouse- oder externe Entwicklung	Wir planen eine vollständige Inhouse-Entwicklung. Wir haben nicht nur das Know-how zu den existierenden Map Apps, sondern durch die Übernahme von D4 auch zusätzliche Mitarbeiter. Beides ist entscheidend und spricht dafür, selbst zu entwickeln.		
Geschätzter Entwicklungszeitraum	**Start:** **15. Oktober 2017**		**Fertigstellung:** geschätzt (vor PI-Planung): 4 PIs (multiple Agile Release Trains)
Inkrementelle Implementierungsstrategie	TBD		
Reevaluation Kontrollpunkte	Validitätscheck vor jedem PI. Review als Teil der zweimonatlichen Portfolio-Programmreviews.		
Zusammenfassung Analyse	TBD		
Anlagen	■ Projekt-Stakeholder Anforderungsbewertung ■ System-Stakeholder Anforderungsbewertung		
Anmerkungen und Sonstiges	TBD		

Abb. 7–6 *Epic Business Case*

genauer untersucht, die WSJF-Priorisierung wird verfeinert und Kosten werden erstmals geschätzt.

Das Ergebnis der Analysephase ist ein »schlanker Geschäftsfall«, ein Lean Business Case.

Die zuständigen Verantwortlichen beschäftigen sich dann mit dem Lean Business Case, um für das Epic eine Go-/No-Go-Entscheidung zu treffen.

Im nächsten Schritt wird ein leichtgewichtiger Lean Business Case entwickelt, der die Ergebnisse der Analyse zusammenfasst und vor allem eine kurze Beschreibung, Erfolgskriterien, erste grobe Schätzungen für Aufwand und Zeit sowie Auswirkungen auf die Programme enthält (siehe Abb. 7–6).

Praxis

Ein gute Praxis ist es, zu einem Epic jeweils ein oder mehrere Experimente, möglichst in Interaktion mit Kunden, zu definieren und so die Falle zu vermeiden, immer wieder nur das etablierte Planungsdenken anzuwenden.

7.4.3 Portfolio-Kanban

Das Portfolio-Kanban ist eine Methode zur Visualisierung und Steuerung der Analyse, Priorisierung und Abwicklung von Portfolio-Epics – von der Idee bis zur Umsetzung und Fertigstellung.

SAFe beschreibt die Entwicklung und Implementierung von Kanban-Systemen in der gesamten Content-Hierarchie – Portfolio, Solution, Programm und Team. Das Portfolio-Kanban stellt die höchste Ebene dar. Es bringt Sichtbarkeit auf den Flow von neuen Epics und kontrolliert damit die Wirtschaftlichkeit des Portfolios.

Die Erfassung, Analyse, Genehmigung und Freigabe von Epics in die Umsetzung ist eine wesentliche Entscheidung über das Portfolio. Für diese Entscheidung ist die Teilnahme einer Reihe von wichtigen Stakeholdern notwendig, darunter Lean Portfolio Management (LPM) und Repräsentanten aus den betroffenen Solutions und ARTs.

Die Implementierung eines solchen Systems erfordert ein tiefes Verständnis von Lean und agiler Entwicklung, wie sie auf Portfolio-Level-Praktiken angewendet wird. Ebenso ist auch das Verständnis der Kapazität jedes Agile Release Train, und wie viel davon für neue Entwicklungen verfügbar ist, erforderlich. Dazu gehören Entwicklung, Wartungs- und Supportaktivitäten. Wenn diese verstanden werden, kann das Unternehmen dann Portfolio-Level-Initiativen in einer logischen und pragmatischen Weise betrachten, und zwar mit voller Kenntnis der Machbarkeit und der zeitlichen Umsetzung.

Das Portfolio-Kanban-System wurde speziell für diesen Zweck entwickelt.

Der Nutzen eines Portfolio-Kanban-Systems liegt in folgenden Bereichen:

- Visualisierung des Planungsprozesses und des Backlogs, Strukturierung der Analyse und der Entscheidungen und damit Verbesserung der Kooperation der Stakeholder und Beteiligten
- Die Zahl der bearbeiteten Epics zu begrenzen (WIP-Limit) und realistische Erwartungen zu kommunizieren
- Eine nachvollziehbare Grundlage für ökonomische Entscheidungen bereitzustellen

Manchmal ist es sinnvoll, verschiedene Swimlanes[3] für Business-Epics und Enablers zu nutzen, wenn die beiden Arten vorrangig von verschiedenen Teams bearbeitet werden. Diese Trennung macht es dann auch leichter, Kapazitäten zu allokieren. Allerdings lässt sich die zusätzliche Komplexität von zwei fast identischen Systemen nicht immer rechtfertigen, so wurde der Vorschlag der Trennung auch aus der Version 4.5 von SAFe entfernt.

7.4.4 Ein prototypisches Kanban-System

Das Kanban-System wird sich im Licht von Erfahrungen aus der Anwendung verändern. Ein prototypisches Kanban-System könnte etwa folgende Prozessschritte festlegen (siehe Abb. 7–6):

- **Der Trichter**
  In diesem Sammelzustand sind zunächst alle Ideen willkommen. Diese Stufe hat noch kein WIP-Limit, und hier werden auch noch keine Schätzungen oder aufwendigen Analysen erstellt.
- **Review**
  Erste Schätzungen von Chancen, Risiken, Opportunitätskosten und Aufwänden werden durchgeführt, und ein Epic Hypothesis Statement wird erstellt. Hier steigen bereits die Aufwände pro Epic, und diese Stufe hat daher schon ein WIP-Limit.

3. Eine Swimlane in einem Kanban-System ist ein durchgehender horizontaler Bereich. Damit kann man Kategorien von Work Items und/oder Bearbeitungspolicies unterscheiden.

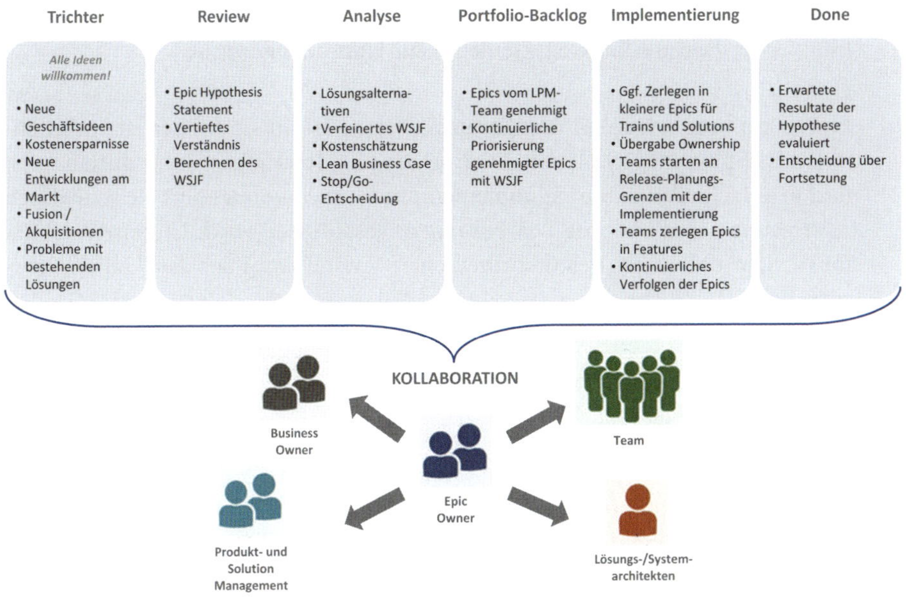

Abb. 7–7 *Portfolio-Kanban*

- **Analyse**
  Bei Epics, die diese Stufe erreichen, werden Lösungsalternativen untersucht und möglichst auch Spikes bzw. Experimente zu deren Validierung durchgeführt; es wird in eine intensivere Analyse zur Bestimmung von Machbarkeit, Auswirkungen auf das Geschäft und die notwendigen Voraussetzungen und Ressourcen investiert. Als Ergebnis wird ein leichtgewichtiger Business Case erstellt, mit dem das Epic freigegeben werden kann. In dieser Stufe arbeiten Architekten, Teams, Produktmanagement, betroffene Release Trains und wichtige Stakeholder intensiv zusammen, um einen Lean Business Case zu entwickeln und eine Entscheidung über Freigabe oder Ablehnung des Epics vorzubereiten. Diese Freigabe ist eine wichtige Entscheidung. Deshalb und wegen des höheren Aufwands hat diese Stufe ein niedrigeres WIP-Limit.
- **Portfolio-Backlog**
  Die freigegebenen Epics werden im Portfolio-Backlog gesammelt und warten dann, bis sie von einem Programm in die Planung eines Programminkrements übernommen werden.
- **Implementierung**
  Epics werden von den Release Trains übernommen und umgesetzt, die die nötige Kapazität dafür haben. Sie fallen dann aus dem Portfolio-Backlog heraus. Der Epic Owner oder Enterprise-Architekt hat die Verantwortung, mit den Produktmanagern und Architekten/Systems Engineering zusammenzuarbeiten, um das MVP zu definieren. Darüber hinaus ordnen sie die Epics

einem Wertstrom oder einem Programm zu oder wandeln sie direkt in Capability- oder Feature-Backlog-Elemente zur Umsetzung um.

- Done
  Epics sind beendet, wenn ihre Erfolgskriterien erfüllt sind. Hier ist zu beachten, dass Epics wiederholt den Analyse- und Evaluierungsprozess durchlaufen und in verschiedenen Stufen implementiert werden können, bis sie schließlich »gut genug« sind und ihre Bearbeitung abgeschlossen wird. Dieser Abschluss muss nicht unbedingt der ursprünglichen Vorstellung über den Umfang entsprechen.

7.4.5 Schrittweise Implementierung

Die Aufteilung von Business-Epics auf verschiedene Release Trains ist mit zusätzlichen Aufwänden für die Koordinierung verbunden. Außerdem besteht die Gefahr, dass die Kopplung der gesamten Codebasis enger wird und zusätzliche Aufwände bei der Refaktorisierung entstehen. Daher sollte man sich immer gut überlegen, ob der Zeitgewinn tatsächlich die Probleme rechtfertigt. Dies ist zum Beispiel der Fall, wenn eine harte Grenze in der Lieferzeit, etwa durch gesetzliche Vorgaben, besteht.

Bei Architektur-Epics gelten dieselben Überlegungen. Hier kommt ein weiterer Gesichtspunkt hinzu: Wann immer möglich, sollte das System zu jedem Zeitpunkt lauffähig bleiben (oder zumindest in kurzen Zyklen wieder lauffähig werden). Gleichzeitig mit einem Architektur-Epic wird das System weiterentwickelt und verändert, werden Business-Epics und Features umgesetzt. Je tiefere und auch mehr gleichzeitige Eingriffe vorgenommen werden, umso höher ist dadurch das Risiko, dass das System in einen nicht lauffähigen Zustand kommt.

7.4.6 Priorisierung im Portfolio-Backlog

Im Portfolio-Backlog erhalten die Epics eine neue genauere Priorisierung, typischerweise nach dem WSJF-Verfahren (siehe Abschnitt 4.11.1). In diese geht eine Schätzung der Umsetzungszeit des Epics mit ein (siehe Abb. 7–8). Diese Schätzung ist aus zwei Gründen nicht sehr stabil und muss periodisch neu evaluiert werden.

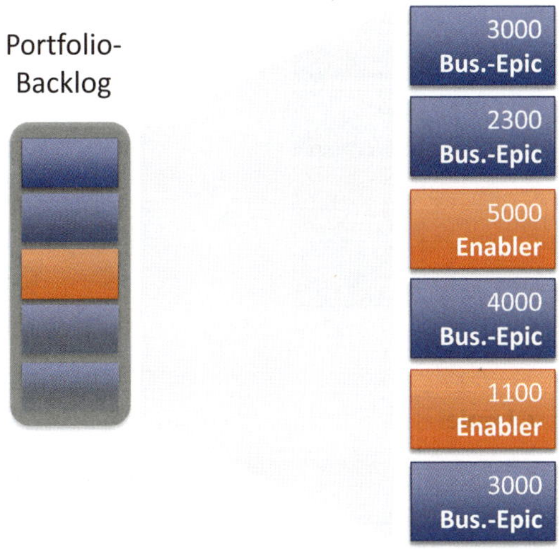

Abb. 7–8 *Portfolio-Backlog*

Zum einen bestimmt sich die Dauer auch daraus, welche Release Trains freie Kapazität und die notwendigen Qualifikationen zur Umsetzung haben. Zum anderen ist eine Schätzung auf dem hohen Abstraktionsgrad naturgemäß mit einem hohen Maß an Unsicherheit behaftet.

Business- und Architektur-Epics werden daher sinnvollerweise nur gegen ihre eigene Art priorisiert, und es werden dafür zusätzlich die allokierte Kapazität und weitere Überlegungen in Betracht gezogen.

7.4.7 Schätzen und Planen für das Portfolio

Die Release Trains verwenden relative Schätzungen auf der Basis von Story Points für die relative Größe und die erwartete Dauer der Epics und Features. Daraus – und aus der bekannten Velocity[4] der Trains – ergeben sich historische Daten, die auch in der Portfolioplanung benutzt werden können (siehe Abb. 7–9).

4. Geschwindigkeit, gemessen in Story Points pro PI.

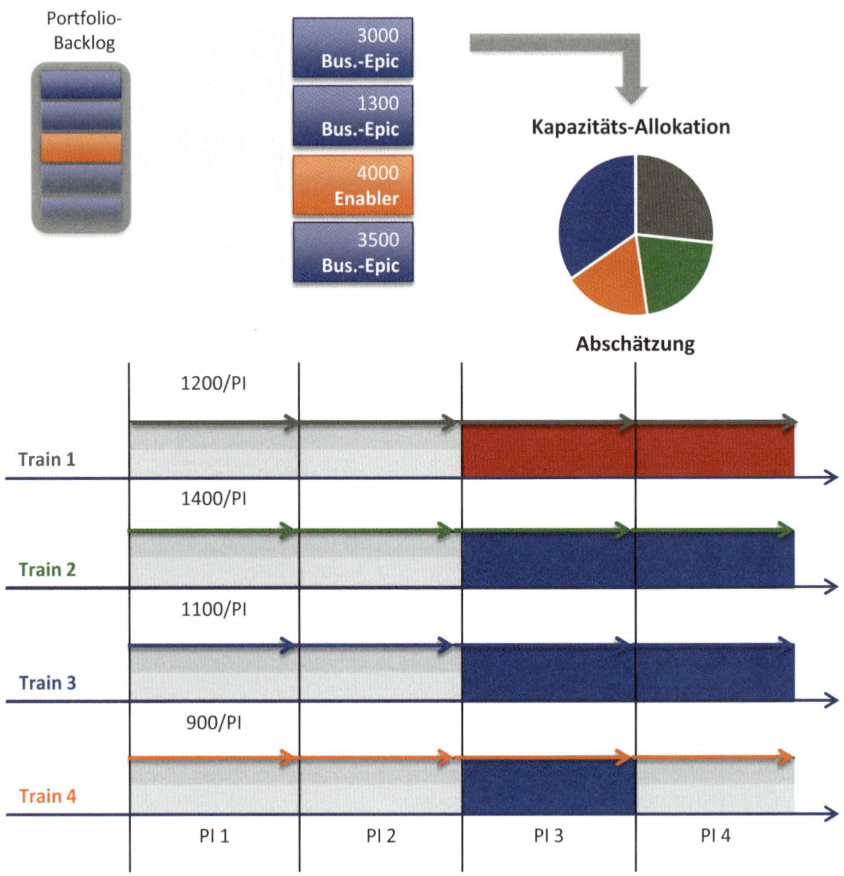

Abb. 7–9 *Portfolioplanung mit Epic-Größen, Kapazitäts-Allokation und Train-Velocities*

Wenn der Aufwand für eine höhere Genauigkeit der Schätzung gerechtfertigt ist, können die Epics auch in Features oder sogar Stories heruntergebrochen werden. Diese Schätzung ist nicht perfekt, aber sie bietet eine wesentlich bessere Möglichkeit zur Nutzung historischer Daten als die Work-Breakdown-Struktur einer Wasserfallentwicklung.

7.4.8 Weiterentwicklung von Epics im Portfolio-Kanban

Viele Lean-Portfolio-Management-(LPM-)Teams verwenden »Review- und Spezifikations-Workshops«, um Epics von links nach rechts durch das Kanban-System zu treiben. An solchen Workshops nehmen typischerweise Portfolio-Stakeholder sowie Content- und technische Experten aus der Solution- oder der ART-Ebene teil. Gemeinsam berät das Team über die Implikationen von Lösungsstrategien, identifiziert Wege, um Epics in Epics, Capabilities und Features auf den unteren Ebenen zu zerlegen, und fällt die nötigen Entscheidungen, um ein Epic in den nächsten Zustand zu verschieben, aufzuhalten oder zu stoppen.

Der Lean Business Case der Epics wird hier ebenfalls entwickelt und überprüft. Schließlich wird eine Go-/No-Go-Entscheidung gefällt. Genehmigte Epics wandern in das Portfolio-Backlog, wo sie auf Implementierungskapazität warten.

Diese Workshops werden (bevorzugt) regelmäßig oder auch unregelmäßig durchgeführt. Allerdings müssen sie häufig genug stattfinden, um jeder Solution bzw. jedem ART vor ihren Ziel-PI-Planungsprozessen Input zu geben.

7.5 Budgets

7.5.1 Das Problem mit klassischen Budgets

Teams befinden sich nach den ersten Erfahrungen mit agilen Entwicklungsmethoden oft in einem Konflikt: Sie können dynamisch neue Anforderungen aufnehmen und qualitativ hochwertig umsetzen, sie müssen sich aber – neben anderen Konflikten mit der bisherigen Firmenkultur – mit einem starren Budgetprozess auseinandersetzen, der die Möglichkeiten einschränkt, diese technische Flexibilität optimal in Wertschöpfung umzusetzen.

Diese Probleme beinhalten oft folgende Aspekte:

- Budgets kommen von verschiedenen Costcentern, die jeweils einen spezifischen Anteil freigeben müssen, z.B. die QS-Abteilung für die Tester, andere Linienvorgesetzte für die übrigen Entwickler. Dieser Prozess ist langsam und umständlich, darüber hinaus müssen aufwendige Kostenschätzungen eine Genauigkeit vorspiegeln, für die zu diesem Zeitpunkt noch nicht genügend Informationen vorliegen.
- Zuordnungen von Personal und anderen Ressourcen sind zeitlich begrenzt. Eine Verzögerung in einem Vorhaben hat dann zur Folge, dass die Personen für die nächsten Projekte nicht rechtzeitig zur Verfügung stehen. Auf der anderen Seite haben Costcenter naturgemäß das Ziel, 100 Prozent Auslastung zu erreichen – das aber führt aus einer übergreifenden Sicht zu unzuverlässiger Lieferung und hohen Schwankungen.
- Bei funktionalen Costcentern werden die Teams immer wieder neu zusammengesetzt – sie müssen jedes Mal wieder die Teamformierung und die damit verbundenen Probleme durchlaufen.

Entwicklung weist naturgemäß Unsicherheiten auf und damit Varianzen, die nicht vollständig vorhersehbar sind. Die starren Vorgaben behindern auch die Anpassung der Entwicklungsziele an neue Bedingungen und Erkenntnisse. Das Ergebnis: Die Organisation kann sich nicht anpassen und nutzt nur unzureichend das Potenzial der Agilität.

7.5.2 Budgeting durch Lean Portfolio Management

SAFe schlägt vier Praktiken für einen Budgetprozess vor, der das Bild einer kontinuierlichen Entwicklung (im Gegensatz zu zeitlich begrenzten Projekten) nutzt (siehe Abb. 7–10). Er siedelt Entscheidungen auf der richtigen Ebene an, stärkt die Autonomie der Release Trains und bietet gleichzeitig eine effektive Kontrolle der Ausgaben durch das Portfoliomanagement.

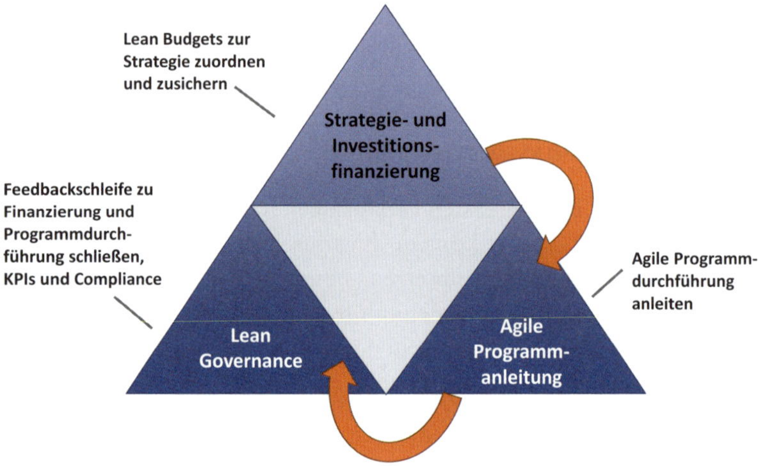

Abb. 7–10 *Lean Budgeting: Überblick*

#1: Finanziere Agile Release Trains, nicht Projekte

Dieser Schritt hängt die gesamte Ressourcen-Allokation eine Entscheidungsebene höher. Durch die dauerhafte Zuordnung von Ressourcen zu einem Release Train entfallen die periodische Planung und der damit verbundene Overhead. Durch die regelmäßige objektive Rückmeldung eines Entwicklungsstands in den PI-Demos behält das Portfoliomanagement ständig die Kontrolle über die Mittelverwendung.

Gleichzeitig wird die Planungssicherheit des oder der Release Trains gestärkt.

#2: Stärke die Entscheidungskompetenz der Release Trains

Dadurch werden Entscheidungen über den Entwicklungsinhalt direkt im Release Train angesiedelt, d.h. dezentralisiert, und dessen Autonomie und Entscheidungskompetenz gestärkt.

Die praktische Umsetzung ist das ART-Backlog, über das der Produktmanager entscheidet. Der Fokus verschiebt sich damit von »Projekten« zu Epics und Features, für die es keinen eigenen Budgetprozess gibt.

Das Portfoliomanagement steuert die allgemeine Entwicklung, indem Mitglieder als Business Owner auftreten und dadurch eine Übereinstimmung mit den Zielen der Portfoliovision sicherstellen.

#3: Steuere Release Trains über dynamische Budgets

Release Trains erhalten ein Budget für jeweils ein Programminkrement. Die Portfolioprioritäten können sich allerdings ändern, sodass ein Train im nächsten PI eventuell mehr oder weniger Budget zur Verfügung hat.

#4: Halte eine Reserve für das Portfolio-Backlog

Schließlich muss man noch sicherstellen, dass die Portfolio-Epics eingeplant werden, die mehrere Trains betreffen und die als zentrale Initiativen mit den eigenen Epics der Trains in Konflikt stehen können (Beispiel: Umstellung der Applikationsserver auf JBoss). Solche Epics bleiben im Portfolio-Backlog, bis sie von Release Trains gezogen werden.

Das Budget kann entweder von vornherein auf die verschiedenen Trains aufgeteilt werden, die entsprechende Kapazitäten reservieren bzw. allokieren, oder die Reserve kann vom Portfoliomanagement gehalten und erst für ein PI vergeben werden.

7.6 Wertströme

Ein Wertstrom umfasst alle wertschöpfenden Aktivitäten, die notwendig sind, um ein Produkt herzustellen. Ein Wertstrom ist ein langlebiges Konstrukt und soll kontinuierlich zur Wertschöpfung beitragen.

Wenn ein Unternehmen seine Wertströme identifiziert hat, gibt es auch etablierte Methoden, um diese zu optimieren. Die wichtigste und bekannteste davon ist das »Wertstrom-Mapping«.

7.6.1 Den Wertstrom identifizieren

In den meisten Unternehmen ist diese Frage trivial zu beantworten. Erst bei verteilten Organisationen mit vielen verschiedenen Anwendungen, Kundengruppen und Geschäftsprozessen ist dies nicht mehr so einfach. Der beschriebene projektbasierte Budgetprozess und historisch gewachsene Organisationsstrukturen tragen dann weiter zum Verschleiern der Zusammenhänge bei. In diesem Fall ist die erste wichtige Aktivität das Identifizieren des Wertstroms.

Fragen zur Identifikation des Wertstroms

Einige Fragen können zum Auffinden des Wertstroms hilfreich sein:

- Welche längerfristigen Entwicklungen differenzieren das Unternehmen in absehbarer Zukunft?
- Wie beschreiben Kunden (oder das Unternehmen) den gelieferten Wert, z.B. in Broschüren oder auf der Website?
- Wo arbeitet schon eine Anzahl von 30 oder mehr Entwicklern an einem Vorhaben?

Je nach Branche sollten diese Fragen spezifisch erweitert werden, um den Kern des Wertstroms korrekt zu beschreiben, wie technologische Unterschiede oder Märkte mit verschiedenen regulatorischen Anforderungen.

Finde die »Niere«

Für einen identifizierten Wertstrom muss man in der Organisation die Personen, Prozesse und Ressourcen suchen, die dazu Beiträge liefern.

In einer nicht agilen Organisation werden diese in verschiedenen Silos, Unterorganisationen und oft auch geografisch verteilt sein. Daher hat dieser Schritt seinen Namen: Wenn man die betroffenen Organisationen einkreist, erhält man manchmal eine nierenförmige Darstellung einer virtuellen Organisation: die Zielgruppe für die agile und Lean-Initiative zur Einführung von SAFe (siehe Abb. 7–11).

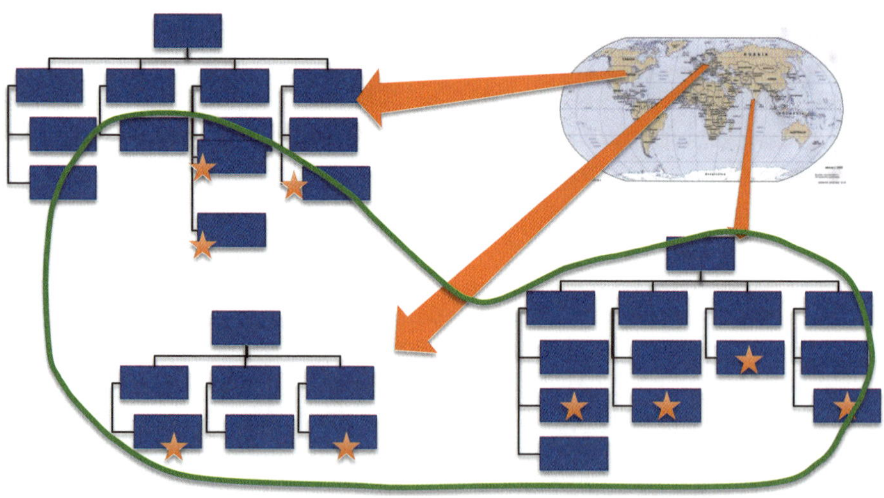

Abb. 7–11 *Finde die »Niere«*

7.6.2 Mehrere Release Trains organisieren

Die maximale Anzahl von Personen, die in einem Release Train effektiv zusammenarbeiten können, ist erfahrungsgemäß auf ca. 125 begrenzt, daher kann es notwendig sein, dass ein Wertstrom mehrere Trains umfasst, die die Solution-Ebene in SAFe 4.5 bilden.

Folgende Überlegungen fließen bei der Bestimmung der Größen der Release Trains mit ein:

- Die Dunbar-Zahl[5] – eine kognitive Grenze dafür, mit wie vielen Personen man stabile soziale Beziehungen aufbauen kann. Diese Grenze liegt in der Regel bei ca. 150 Personen.
- Erfahrungsgemäß wird es immer schwieriger, die Logistik für mehr als ca. 125 Personen bereitzustellen, und die Abhängigkeiten nehmen überproportional zu.
- In Konsequenz steigt die Größe des Backlogs und der anderen Warteschlangen und Verzögerungen über ein Maß hinaus an, das noch eine effektive Arbeit ermöglicht.
- Das soziale Netzwerk und damit auch wesentliche Treiber für die kontinuierliche Verbesserung und die Motivation gehen verloren.

7.6.3 Koordination über mehrere Trains

Wenn ein Wertstrom durch mehrere Trains implementiert wird, entsteht ein Koordinationsbedarf zwischen diesen Trains. Diese Koordination umfasst insbesondere folgende Aspekte:

- Den Inhalt der Entwicklung sowie funktionale und technische Abhängigkeiten. Generell sollten Trains so gestaltet werden, dass die Abhängigkeiten minimiert werden. Meist geschieht dies durch Feature-Areas – manchmal ist es aber unausweichlich, die Trains nach Subsystemen (oder in einer Mischform, in der ein Train z. B. gemeinsame Basissoftware liefert) zu organisieren, um das nötige Know-how überschaubar zu halten[6].
- Die Integration in ein komplettes Produkt.
- Synchronisierte Kadenzen, d. h. Programminkremente und Sprints sowie abgestimmte Releasezyklen, die einen konstanten Fluss an neuer Wertschöpfung hervorbringen und valide Messpunkte (Feedbackpunkte) erlauben.

---

5. Siehe *http://en.wikipedia.org/wiki/Dunbar's_number*.
6. Das spiegelt eine klassische Auseinandersetzung im agilen Kontext wider, ob Feature- oder Technologieteams besser sind. Es gibt bis heute keine allgemeingültige Antwort darauf, nur die Erfahrung, dass Feature-Teams »meistens« besser funktionieren.

Integration

Die abschließende Integration kann intern oder extern realisiert werden.

Wenn möglich, sollten die Trains als Teil ihrer ganzheitlichen Verantwortung selbst für die Auflösung der Abhängigkeiten zuständig sein. Voraussetzung dafür ist, dass die Trains selbst eine Endkontrolle ihrer Features bis zur Auslieferung gewährleisten können.

Unter Umständen tragen die Trains aber nur zu einer Komponente des endgültigen Produkts bei, z.B. 600 Personen, die an der Stromversorgung eines Smartphones arbeiten. In diesem Fall muss eine externe Integration nachfolgen, damit das Produkt insgesamt ausgeliefert werden kann.

7.6.4 Andere Arten der Entkopplung

Zu enge Kopplung führt meist zu einer instabilen Codebasis und kann die Lieferfähigkeit der Organisationsform insgesamt gefährden.

Ein Beispiel ist eine Entwicklung mit vielen Varianten für verschiedene Kunden oder Plattformen. Manchmal ist es hier sinnvoll, Redundanzen in Kauf zu nehmen, um eine schnellere und flexiblere Weiterentwicklung zu ermöglichen.

Diesen Weg verfolgt zum Beispiel die schwedische Firma Spotify: Die verschiedenen Teams arbeiten so unabhängig wie möglich. Übergaben zwischen Teams sind regelrecht verhasst. In Spotify wird der Code jedes Teams als interne »Open Source« betrachtet. Jedes andere Team kann ihn nutzen und anpassen. Die Konsolidierung wird auf einen passenden Zeitpunkt verschoben.

8 Portfolio-Rollen

8.1 Lean Portfolio Management

Das Lean Portfolio Management (LPM) hat die finanzielle Verantwortung im Portfolio. Das heißt, die Mitglieder entscheiden über Strategie, Finanzierung von Investitionen und Steuerung des Portfolios.

Ein typisches LPM hat ein Projekt- oder Programmbüro (Program Management Office, PMO) zur Unterstützung. Die Arbeit des PMO unterscheidet sich allerdings deutlich von der in einer klassischen Organisation, um effektiv eine an agilen und Lean-Grundsätzen ausgerichtete Firma zu unterstützen.

Daneben können noch weitere Personen im LPM mitarbeiten und spezifische Kenntnisse beitragen, insbesondere Business-Analysten, die Epics untersuchen und ausarbeiten, sowie einige der Enterprise- oder Systemarchitekten.

Unterschiede zum klassischen Portfoliomanagement

Eine agile und Lean-Umgebung erfordert ein anderes Profil und eine andere Herangehensweise als in einer typischen klassischen Umgebung, um die Entscheidungskompetenzen auf der richtigen Ebene anzusiedeln. Damit bleibt mehr Kapazität für die strategischen Aufgaben des LPM.

Die häufigsten auftretenden Unterschiede umfassen folgende Punkte:

- Dezentralisierung der Entscheidungsfindung – Entscheidungen müssen auf der richtigen Ebene angesiedelt sein statt umfassender zentraler Kontrolle
- Kontinuierlicher Wertstrom und Bedarfsmanagement statt Projektdenken
- Leichtgewichtige Pakete durch Epics statt detaillierter Projektplanung
- Dezentralisierte, kontinuierliche (»rolling-wave«) Planung statt zentralisierter Jahresplanung
- Agile Schätzung und Planung von neuen Funktionalitäten und Inkrementen (vertikale Schnitte) statt Work-Breakdown-Struktur
- Budgetierung auf Ebene der Release Trains und Programminkremente statt für einzelne Projekte

- Objektive Messung des Entwicklungsfortschritts auf Basis von fertiggestellten Features und Epics statt reiner Meilensteinplanung

Strategie- und Investitionenfinanzierung

Die wichtigste strategische Aufgabe des LPM ist die Finanzierung der »richtigen« Entwicklung mit dem besten Ergebnis für die Firma:

- **Budgetierung**
  Das Budget für die einzelnen Wertströme und ihrer Programminkremente wird kontinuierlich bereitgestellt und überprüft. Da dies langfristig etablierte Strukturen sind und die Business Owner, die die Umsetzung begleiten, auch benannt sind, hat die Budgetierung einen sehr niedrigen Overhead. Darüber hinaus erfolgt die separate Entscheidung für einzelne Programm-Epics, die von mehreren Release Trains gemeinsam umgesetzt werden müssen.
- **Bedarfssteuerung und kontinuierlicher Wertstrom**
  Die Release Trains werden weniger effektiv, wenn sie mit zu vielen Anforderungen gleichzeitig überladen werden. Das LPM sollte daher nur so viele Aufgaben gleichzeitig an diese übergeben, wie sie sinnvoll bearbeiten können.
- **Hypothesen für Epics entwickeln**
  Epics sollten jeweils eine Hypothese über ihren Business-Wert haben, um ihre Positionierung im Backlog zu begründen.

Unterstützung des Programmmanagements

Das LPM kann das Programmmanagement der Release Trains unterstützen, es sollte aber nicht dessen Autorität untergraben. Zum Beispiel können die RTEs der einzelnen Trains im PMO mitarbeiten und damit die Koordination und die verschiedenen Sichten von Programm und Portfolio abgleichen sowie Erfahrungen und Best Practices austauschen.

Steuerung und Feedback

Agile Steuerung findet in Zyklen statt und hat das Ziel, kontinuierliche Verbesserung auf jeder Ebene zu betreiben.

Auf der Portfolioebene ist in SAFe diese Rolle dem LPM zugeordnet, das die geeigneten Metriken nutzt, um in einer dynamischen Umgebung fit zu bleiben.

Daneben gibt es oft auch weiterhin »klassische« zentrale Aufgaben, wie z.B. Governance, die Überprüfung der Resultate der PI-Demo oder die Einhaltung von regulatorischen Bestimmungen und Standards sicherzustellen.

8.2 Epic Owner

Bei SAFe fließt die Wertentwicklung in Form von Epics durch den Entwicklungsprozess. Wichtige Bewertungen wie Rentabilitätsrechnungen, Priorisierung und Analyse von Konsequenzen hängen sehr oft an Epics.

Ein Epic hat einen Begleiter bei seinem Weg durch den Portfolio-Kanban-Prozess, den Epic Owner. Der Epic Owner arbeitet oft auch nach der Übergabe an einen Release Train eng mit dessen Stakeholdern zusammen.

Epic Owner ist eine Rolle, die von einer der Personen in einer Portfolio- oder Programmrolle übernommen wird. Er braucht dafür die Kompetenzen, wie sie üblicherweise Projektmanager oder Business-Analysten mitbringen. Typischerweise arbeitet er zum selben Zeitpunkt an einem oder zwei Epics, die in seinen Kompetenzbereich fallen.

Ein Epic Owner kann nur in enger Zusammenarbeit mit anderen Gruppen im Unternehmen ein gutes Epic erstellen. Im Kern handelt es sich dabei um eine Kommunikations- und Kooperationsrolle. Der Epic Owner sorgt dafür, dass Informationen in alle Richtungen fließen und eine holistische Sicht entsteht.

8.2.1 Verantwortlichkeiten des Epic Owners

Epic zur Freigabe vorbereiten

Der Epic Owner hat folgende Aufgaben:

- Ein Epic Hypothesis Statement zu erstellen
- Die Definition des Epics zusammen mit Fachexperten und Stakeholdern auszuarbeiten, einschließlich der Nutzenanalyse und Priorisierung. Er identifiziert die Sponsoren (Kunden), die primär ein Interesse am Epic haben.
- Mit den Teams an einer ersten Schätzung und WSJF-Priorisierung zu arbeiten
- Erfolgskriterien zu definieren
- Das Epic durch das Portfolio-Kanban-System zu begleiten und den Business Case auszuarbeiten
- Den Business Case für die Entscheidung über die Akzeptanz zu präsentieren

Entscheidung über Freigabe

Jedes Epic kann verworfen werden, daher ist es sinnvoll, nicht mehr Arbeit in die Vorbereitung der Präsentation zu investieren, als nötig ist, um das Epic adäquat beurteilen zu können.

Nach der Freigabe: Implementierung

Der Großteil des Aufwands wird in das Epic gesteckt, nachdem es genehmigt wurde:

- Arbeiten mit dem Produktmanagement und dem Architekten beim Splitten des Epics in Features und Enablers
- Informationen zum Kontext des Epics für den Release Train bereitstellen
- Teilnahme an der Planung der Produktinkremente und der Demos, wenn Informationen und Feedback zum Epic nützlich sind
- Arbeiten mit agilen Teams, die Experimente und Untersuchungen zum Epic durchführen
- Synchronisieren mit externen Stellen wie Lieferanten, Marketing und Vertrieb
- Den Fortschritt des Epics verfolgen

8.3 Der Enterprise-Architekt

Der Enterprise-Architekt sichert eine Konsistenz der Technologiestacks und Umgebungen über die verschiedenen Wertströme hinweg ab und vermeidet dadurch exzessiven Overhead durch Inkompatibilitäten oder notwendige Redesigns. Er hilft beim Aufbau einer intentionalen Architektur im erforderlichen Umfang.

Er ist bei schwerwiegenden äußeren Ereignissen wie Änderung der Plattform und/oder Fusionen oder neuen Standards besonders gefordert. Im Normalfall funktioniert seine Rolle am besten, wenn er inkrementelle Änderungen in Form von Architektur-Epics in die einzelnen Wertströme einbringt.

Er arbeitet eng mit Stakeholdern und Systemarchitekten der Programme zusammen, um eine ganzheitliche Technologievision und Implementierung in der Organisation zu erreichen. Er nimmt kontinuierlich Feedback auf und fördert auch die Weiterentwicklung von guten technischen Praktiken.

Der Enterprise-Architekt hat als Schwerpunkt die Funktion, eine Architekturvision zu kommunizieren und gemeinschaftlich deren Entwicklung zu treiben und nicht, diese einfach vorzugeben.

8.3.1 Verantwortlichkeiten des Enterprise-Architekten

Im Kontext von SAFe hat der Enterprise-Architekt folgende Verantwortlichkeiten:

- Eine holistische allgemeine Architekturvision der Produkte und der Entwicklungsinitiativen zu pflegen
- Enablers oder Architektur-Epics zu schreiben, zu entwickeln und als Epic Owner durch das Portfolio-Kanban-System zu begleiten
- Dazu beizutragen, den Architectural Runway auf Unternehmensebene weiterzuentwickeln
- Kommunikation der Gründe für Architekturentscheidungen an Systemarchitekten und Nicht-Techniker zu vermitteln
- Technische Praktiken wie Modellierung, Codierung und Design zu beeinflussen und innovative Ideen zu generieren, zu sammeln, zu analysieren und wiederzuverwenden

9 Die Lieferpipeline

SAFe 4.5 legt wesentlich mehr Wert auf die Beschreibung guter Praktiken für eine Lieferpipeline, die eine solide Grundlage für einen zuverlässigen, effektiven und kontinuierlichen Wertstrom bildet. In einigen Implementierungen hat eine zu geringe Beachtung dieser zugrunde liegenden Notwendigkeiten zu bestenfalls gemischten Erfolgen geführt.

Die Lieferpipeline ist auch insofern erweitert worden, als sie Elemente von Lean Startup integriert, d.h. eine Explorationsstufe betrachtet.

9.1 Überblick

Die Continuous Delivery Pipeline eines Agile Release Train (ART) (auch als »Pipeline« bezeichnet) repräsentiert die Workflows, Aktivitäten und Automatisierungen, die für eine kontinuierliche Wertschöpfung und Lieferung für den Endbenutzer erforderlich sind.

In SAFe besteht diese Pipeline (Abb. 9–1) aus vier Elementen:

- Kontinuierliche Exploration
- Kontinuierliche Integration
- Kontinuierliche Auslieferung (Continuous Deployment)
- Entwickeln im Takt, Liefern nach Bedarf

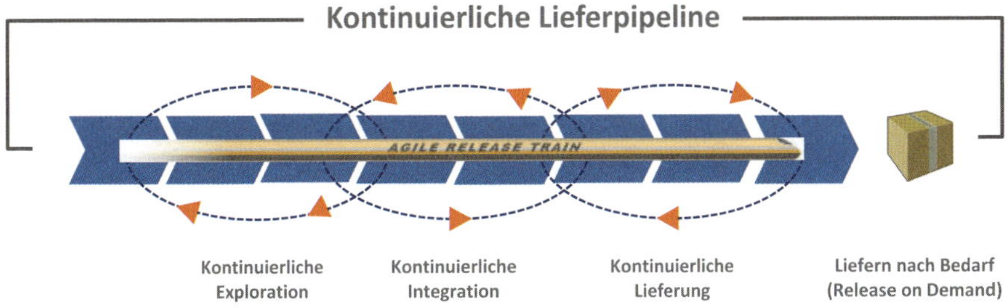

Abb. 9–1 *Die Continuous Delivery Pipeline in SAFe*

Zusammen bieten diese vier Elemente die Grundlage für eine integrierte agile und Lean-Strategie für die schnellere Freisetzung von Wert für den Kunden und vermeiden einen Rückfall zu einem linearen Prozess.

Die Trennung des Entwicklungstakts von der kontinuierlichen Lieferung bleibt ein Mantra in SAFe und wird in Version 4.5 noch stärker betont als bisher.

Neu ist die explizite Beschreibung der iterativen und experimentellen Natur des Produktentwicklungsprozesses auf einer hohen Ebene. Zum einen schlägt sich das in der Beschreibung von Epics als Hypothesen nieder. Zum anderen ist das die Grundlage für eine explizite Aufnahme der Lean-Startup-Strategie und der Betrachtung des Kundennutzens mit den Lean-UX-(User-Experience-)Prinzipien.

Praktische Grenzen für kontinuierliche Lieferung

Bei einigen Softwaresystemen bedeutet »kontinuierlich« tägliche Freigaben oder sogar mehrfache Freigabe pro Tag. Für andere kann kontinuierlich wöchentlich oder monatlich sein.

Für große Software- und integrierte Hardware-Software-Systeme ist die Freigabe deutlich weniger monolithisch.

So besteht etwa ein Satellitensystem aus dem Satelliten, der Bodenstation und einer Webplattform, um die Satellitendaten bereitzustellen. Die Webplattform könnte kontinuierlich releast werden – für den Satelliten selbst ist das nicht realistisch.

Das gemeinsame am Begriff der kontinuierlichen Lieferung ist das anvisierte Ziel, weit häufiger zu liefern und damit eine häufigere Wertschöpfung für den Endbenutzer zu erreichen.

9.2 Kontinuierliche Exploration

Die kontinuierliche Exploration (Continuous Exploration, CE, siehe Abb. 9–2), der Prozess der ständigen Erforschung von Markt- und Benutzerbedürfnissen, ist das erste Element der Continuous Delivery Pipeline. Aus dieser Aktivität resultiert die Definition einer Vision, einer Roadmap und einer Reihe von Features.

Wenn diese Features »bereit« sind, werden sie in das Programm-Backlog eingegeben und der Continuous-Integration-Prozess zieht sie zur Implementierung.

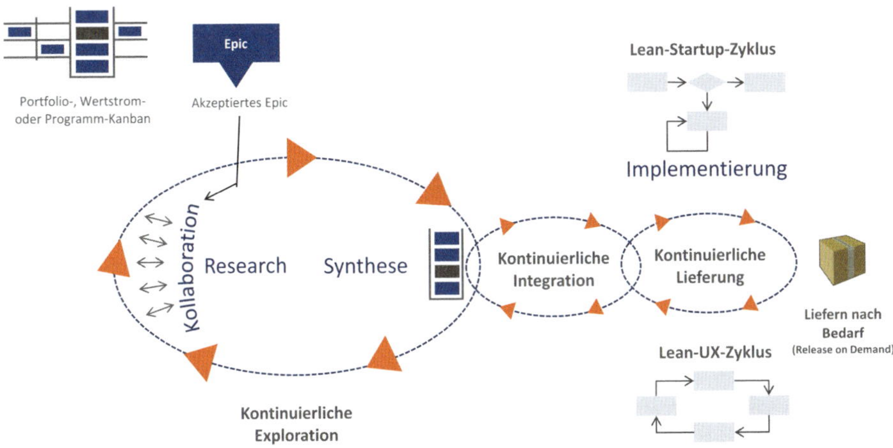

Abb. 9–2 *Elemente der kontinuierlichen Exploration*

Elemente der kontinuierlichen Exploration

Der kontinuierliche Explorationszyklus umfasst vier Elemente oder Aktivitäten:

- **Kollaboration** – Das Produktmanagement ermöglicht und fördert einen kontinuierlichen und kollaborativen Prozess, der von einer Vielzahl von Stakeholdern begleitet wird.
- **Forschung** – Neben dem direkten Input setzt das Produktmanagement eine Vielzahl von Forschungsaktivitäten und -techniken ein, um die Vision zu etablieren. Dazu gehören Kundenbesuche, Gemba Walks (Besuche am Arbeitsplatz), aktive Anforderungen, Auslösetechniken, Handelsstudien und originelle und angewandte Marktforschung.
- **Synthese** – Das Produktmanagement konsolidiert diese Erkenntnisse in die SAFe-Artefakte Vision, Roadmap und Programm-Backlog. Das wiederum führt zur Definition eines Satzes von Features im Backlog.
- **Umsetzung** – Jetzt beginnt die Arbeit der Umsetzung oder Implementierung. Auf der strategischen Ebene folgt die Arbeit dem Lean-Startup-Zyklus für die Umsetzung der einzelnen Epics. Dieser erzeugt ein initiales Set von Features für ein Minimum Viable Product (MVP). Darauf folgen weitere Features, bis diese von höheren Prioritäten anderer Arbeiten vom Backlog verdrängt werden.

Kollaborationspartner

Input für die kontinuierliche Exploration kommt etwa von folgenden Kollaborationspartnern:

- **Kunden** – Sie sind die ultimativen Entscheider über den Wert und dadurch die offensichtlichste und primäre Quelle. Allerdings kann das zu einer nur inkrementellen Strategie verführen (»Produzenten erfinden, Kunden bestätigen«).
- **Agile Teams** – Die agilen Teams und Product Owner besitzen wesentliche Kompetenzen in der Domain. In den meisten Fällen haben sie die bestehende Lösung entwickelt.
- **Business Owner** – Business Owner verfügen über die nötigen Geschäfts- und Marktkenntnisse und haben daher auch spezifische Verantwortlichkeiten im Entwicklungsprozess.
- **Portfolio-Aspekte** – ARTs arbeiten in einem größeren Portfolio-Kontext. Strategische Themen treiben Epics und deren Veränderung.
- **Systemarchitekten** – Sie verfügen über fundierte technische Kenntnisse der Lösung.

Ausgewählte Methoden zur Forschung

Das Produktmanagement kann darüber hinaus eine Vielzahl von Forschungsaktivitäten und Techniken nutzen, um die Vision zu etablieren. Dazu gehören:

- **Kundenbesuche** – Es gibt keinen Ersatz für direkte Beobachtung.
- **Gemba Walks** – Gemba ist der Ort, an dem die Arbeit durchgeführt wird, Entwickler können direkt und vor Ort beobachten, wie die einzelnen Aktivitäten ausgeführt werden.
- **Erhebungen und Marktforschung** – Dazu gehören Interviews, Umfragen, Brainstorming, Fragebögen oder strukturierte Wettbewerbsanalyse.
- **Requirements-Engineering-Techniken** – User Experience Mock-ups, User Personas, Use-Case-Modellierung u.v.a.

9.3 Kontinuierliche Integration

Die kontinuierliche Integration (Continuous Integration, CI) ist der Prozess der Aufnahme von Features aus dem Programm-Backlog und die Entwicklung, Prüfung, Integration und Validierung in einer Staging-Umgebung.

Mit kontinuierlicher Integration läuft das System »immer«, was bedeutet, dass es auch während der Entwicklung potenziell einsetzbar ist. CI wird am ehesten auf Softwarelösungen angewendet, bei denen kleine, getestete vertikale Zyklen unabhängig Wert liefern können.

In komplexen, heterogenen Systemen – etwa mit mechanischen Subsystemen – ist die CI noch schwieriger, wie in Abbildung 9–3 dargestellt. Allerdings sind die Integration und Erprobung zusammenarbeitender Komponenten häufig der einzige praktische Weg, um eine Lösung vollständig zu validieren. Diese Integrationspunkte steuern die Produktentwicklung.

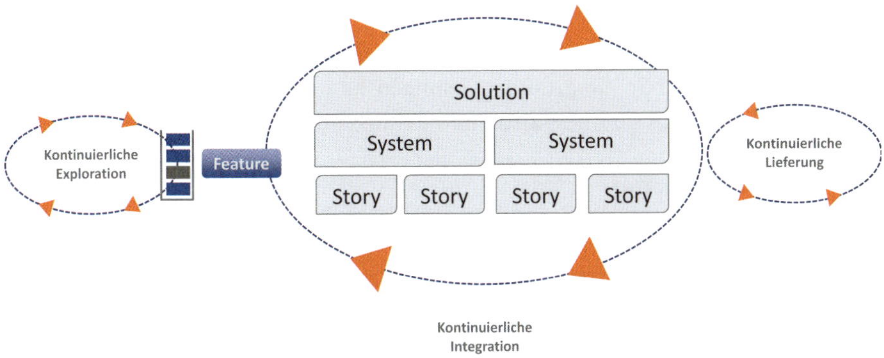

Abb. 9–3 *Dreistufige Integration*

CI ist vielleicht die wichtigste technische Praxis für jeden Agile Release Train (ART). Sie reduziert das Risiko und ermöglicht ein schnelles, zuverlässiges und nachhaltiges Entwicklungsniveau.

CI-Aufbau braucht Zeit

Kontinuierliche Integration großer und komplexer Systeme ist eine Reise, die Zeit braucht. Hier folgen einige Vorschläge für den Aufbau einer erfolgreichen CI-Kultur und Praxis.

- **Integrieren Sie oft** – Je häufiger Teams integrieren, desto schneller finden sie Probleme. Je schwieriger es ist, desto häufiger müssen sie es tun. Dies führt zu schnelleren Lernzyklen und weniger Nacharbeit.
- **Visualisieren** Sie Integrationsergebnisse und Probleme – Wenn der Integrationsprozess bricht, sollte jeder wissen, wie und warum er brach.
- Fixierung fehlgeschlagener Integrationsläufe hat höchste Priorität. Dabei sollten auch immer neue Tests hinzugefügt werden, die automatisiert erkennen, wenn das gleiche Problem wieder auftaucht.
- Gemeinsame Kadenz etablieren – Integrationspunkte sind einfacher, wenn alle Teams sich im gleichen gleichmäßigen Rhythmus bewegen. Wenn CI während einer Iteration nicht erreicht werden kann, können die Teams kurzfristige Kompromisse machen und Teile integrieren, während sie gleichzeitig ihre Techniken und ihre Infrastruktur verbessern.
- Investition in Entwicklung und Pflege einer guten Infrastruktur

- Werben für gute Ingenieurpraktiken – Test-First oder testgetriebene Entwicklung

Auch wenn es noch nicht praktikabel ist, eine vollständige CI zu etablieren, sollten doch so schnell wie möglich erste Schritte dahin unternommen werden.

Varianten der Integration

Das Maß an Aufwand und Strategie für CI hängt von der Größe und Komplexität der Lösung ab. Für die größten Lösungen kann ein dreistufiger Ansatz von Story-Integration, Systemintegration und Lösungsintegration nötig werden.

Story-Integration und Test

Da Features noch zu groß sind, um direkt umgesetzt zu werden, müssen sie bei der PI-Planung in User Stories zerlegt werden. Jede Story ist definiert, codiert, getestet und in die Baseline integriert.

Teammitglieder integrieren ihre individuelle Arbeit häufig zusammen mit automatisierten Tests und wenden automatisierte kontinuierliche Integrationsumgebungen an.

Die Fertigstellung einer Story umfasst auch immer Unit und Integrationstests. Um das Ansammeln technischer Schulden zu vermeiden, entwickeln agile Teams diese Tests in derselben Iteration, in der sie die Story implementieren.

Systemintegration und Systemtest

Agile Teams implementieren die Features und Komponenten, für die sie verantwortlich sind. Aber das reicht natürlich nicht. Um Funktionen vollständig zu testen, ist eine Integration auf Systemebene und Prüfung erforderlich. Mit der Unterstützung des Systemteams muss die Arbeit aller Teams im Agile Release Train häufig integriert werden, um sicherzustellen, dass sich das System wie erwartet entwickelt. Bei der regelmäßigen Systemdemo wird die Integration dieser gesammelten Arbeit bewertet

System-Level-Tests erfolgen so häufig wie möglich während der Iteration, idealerweise täglich, zumindest aber einmal pro Iteration. Andernfalls verursacht die späte Entdeckung von Defekten und Problemen erhebliche Nacharbeit und Verzögerungen. Daher zeigt sich in der Systemdemo der wahre Fortschritt der Arbeiten im ART.

Automatisierte Feature-Tests

Wie User Stories müssen auch Features kontinuierlich automatisiert gegen ihre Akzeptanzkriterien getestet werden, um sicherzustellen, dass sie nicht nur einmal funktionieren, sondern weiterhin korrekt sind, wenn neue Funktionalität entwickelt wird.

Lösungsintegration

Schließlich erfordern die größten Lösungen ein zusätzliches Maß an Integration, da die Arbeit von allen ARTs und Lieferanten integriert werden muss. Die Ergebnisse für den Kunden und andere Stakeholder werden beim Solution-Demo-Event präsentiert. Um dies routinemäßig durchführen zu können, investieren ARTs und Solution Trains in lösungsorientierte Integration und testen und unterstützen die Infrastruktur. Sogar dann kann das Ausmaß der Integration und der Prüfung weniger als 100 Prozent betragen und möglicherweise über mehrere frühe Integrationspunkte hinweg variieren.

9.3.1 Integration von Zulieferern

Die Arbeitsweise von Lieferanten kann einen großen Einfluss auf die Vorlaufzeit und die Wertschöpfung haben. Ihre Arbeit muss ebenfalls kontinuierlich integriert werden. Zur Erreichung dieser Integration sind folgende Tipps hilfreich:

- Gemeinsame Planung der Integrationspunkte
- Etablierung einer Integrationskadenz. Sinnvolle Meilensteine sind zu ermitteln.
- Förderung der Zusammenarbeit zwischen den Systemteams von ARTs und Lieferanten
- Teilnahme der Lieferanten an Pre- und Post-PI-Planung und Lösungsdemos
- Kooperation und Synchronisation zwischen ART und den Architektur- und Systemteams der Lieferanten

9.4 Kontinuierliche Auslieferung

Die kontinuierliche Auslieferung (Continuous Deployment, CD) ist der Prozess, der validierte Features übernimmt und sie in die Produktionsumgebung bringt.

Da echter Wert erst dann entsteht, wenn die Endbenutzer die Lösung in ihrer Umgebung erfolgreich betreiben, ist CD für jeden Agile Release Train (ART) und Solution Train eine kritische Fähigkeit. Dies verlangt, dass die Fähigkeit zur Lieferung kleiner Chargen frühzeitig und intensiv betrachtet wird.

9.4.1 Sechs Praktiken für erfolgreiche Auslieferung

SAFe schlägt sechs konkrete Praktiken für die kontinuierliches Auslieferung vor (Abb. 9–4):

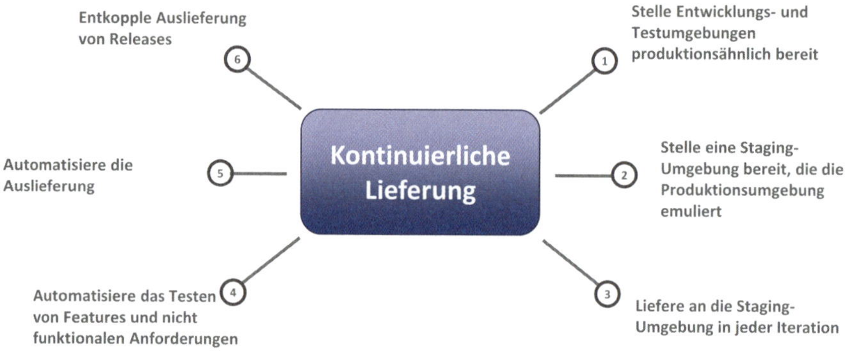

Abb. 9–4 *Sechs Praktiken für ein Continuous Deployment*

#1 Entwicklungs- und Testumgebungen einrichten – automatisiere alles

Wenn in der Produktion neue Probleme auftauchen, dann kostet dies viel Zeit, um diese Mängel direkt in der Produktionsumgebung zu beheben (typischerweise im Notfallmodus).

Eine häufige Ursache besteht darin, wenn Entwicklungsumgebungen sich zu stark von der Produktionsumgebung unterscheiden.

Die meisten Softwarekonfigurationen können aber zu erschwinglichen Kosten repliziert werden (und sollten auch repliziert werden). Um dies zu unterstützen, müssen alle Konfigurationsänderungen in der Versionsverwaltung erfasst werden, und alle neuen Aktionen, die erforderlich sind, um den Bereitstellungsprozess zu aktivieren, sollten in Skripten dokumentiert und nach Möglichkeit automatisiert werden.

#2 Produktionsähnliche Staging-Umgebung

Entwicklungsumgebungen können meist nicht wirklich identisch mit Produktionsumgebungen übereinstimmen, das gilt z.B. für hochskalierte Serverfarmen oder geclusterte Datenbanken.

Trotzdem sollte man immer nach Möglichkeiten suchen, das funktionale Äquivalent ohne unrealistische Extravaganzen bereitzustellen. Zum Beispiel kann es ausreichen, nur zwei Instanzen des Applikationsservers statt zwanzig zu haben.

#3 Liefere in jeder Iteration an die Staging-Umgebung

Es ist unmöglich, den wahren Zustand eines Systeminkrements zu beurteilen, ohne es in einer produktionsähnlichen Umgebung zu testen und zu betreiben. Daraus ergibt sich der offensichtliche Vorschlag, alle Systemdemos in der Staging-Umgebung durchführen. Auf diese Weise wird die Bereitstellbarkeit Teil der Definition von Done (DoD).

#4 Automatisiere Tests für Features und nicht funktionale Anforderungen

Häufiger ausliefern heißt häufiger testen. Und das ist wiederum ohne automatisierte Regressionstests auf Feature-Ebene nicht machbar.

Was automatisiert werden kann, sollte automatisiert werden – vor allem in den Bereichen, in denen neue Funktionalität die Systemleistung beeinträchtigen könnte.

#5 Automatisiere die Auslieferung

Der eigentliche Auslieferungsprozess erfordert selbst auch eine Automatisierung. Dies umfasst alle Schritte, einschließlich der Erstellung des Systems, der Erstellung der Testumgebungen, der Ausführung der automatisierten Tests und der Bereitstellung und Validierung des verifizierten Codes und der zugehörigen Systeme und Dienstprogramme in der Zielumgebung. Dieser endgültige, kritische Automatisierungsschritt ist nur über einen inkrementellen Prozess erreichbar, der die volle Unterstützung der Organisation sowie Kreativität und Pragmatismus erfordert.

Es gibt drei Hauptprozesse, die automatisiert werden müssen:

- **Automatisches Abrufen von versionsgesteuerten Entwicklungsartefakten**
  Der erste Schritt besteht darin, automatisch alle notwendigen Artefakte aus dem CI-Prozess abzurufen, einschließlich Code, Skripte, Tests, Unterstützung von Konfigurationselementen, Testdaten und Metadaten, die alle unter Versionskontrolle gepflegt werden müssen.
- **Automatisches Erstellen des Systems und seiner Umgebungen**
  Dazu gehören die Vorbereitung der Betriebsumgebung, Anwendungen und Daten, das Konfigurieren der Artefakte und die Bereitstellung der erforderlichen Umgebungen im System und seiner unterstützenden Systeme.
- **Automatische Bereitstellung in der Produktion**
  Schließlich muss auch der Prozess der Bereitstellung zur Produktion und Validierung aller eingesetzten Assets in dieser Umgebung automatisiert werden. Dies muss so erfolgen, dass es den Produktionsbetrieb nicht beeinträchtigt.

#6 Entkopple Auslieferung von Releases

Die kontinuierliche Auslieferung muss nicht jedes Mal für den Endbenutzer sichtbar sein: Der Akt der Freigabe einer Lösung ist nicht nur von dem Zustand des Systems abhängig. Es gibt viele Faktoren, die den Zeitpunkt der Freigabe beeinflussen, einschließlich Präzedenzfälle, Kundenbereitschaft, Kanal- und Lieferantenunterstützung, Messen und Marktereignisse, Compliance-Anforderungen und vieles mehr.

9.5 DevOps

DevOps ist eine Denkweise, eine Kultur und eine Reihe von technischen Praktiken. Es bietet die notwendige Kommunikation, Integration, Automatisierung und enge Zusammenarbeit zwischen allen beteiligten Personen, um ein Produkt zu planen, zu entwickeln, zu testen, zu implementieren, freizugeben und zu pflegen.

Der Begriff DevOps ist eine Kombination aus zwei Wörtern: »Entwicklung« und »Operations«. Ohne einen DevOps-Ansatz gibt es oft erhebliche Differenzen zwischen denen, die neue Funktionen schaffen, und denen, die die Stabilität der Produktionsumgebung erhalten.

Das »Entwicklungsteam« fokussiert sich auf die effektive Entwicklung von Mehrwert, während das »Serviceteam« auf die Stabilität der Produktionsumgebung achtet. Wenn jede Gruppe scheinbar gegensätzliche Ziele hat, können ihnen die entstehenden Reibungen den Tag verderben.

DevOps beendet den Silo-Ansatz und orientiert sich daran, kleine Chargen von Funktionalität effektiv und zuverlässig zu entwickeln und freizugeben. DevOps ist perfekt geeignet für das Denken in Wertströmen und passt daher gut in das SAFe-Konzept.

DevOps hilft dabei, Silos abzubauen und jeden Agile Release Train (ART) und Solution Train zu befähigen, kontinuierlich neue Funktionen für ihre Endbenutzer zu liefern. Die Trennung zwischen Entwicklung und Betrieb wird kontinuierlich reduziert und Trains werden mit einer automatisierten, kontinuierlichen Lieferpipeline betrieben.

Das Ziel von DevOps

DevOps fördert die Zusammenarbeit zwischen Entwicklung und IT-Operations durch die Entwicklung und Automatisierung einer kontinuierlichen Lieferpipeline von der Planung bis zur Auslieferung. Die wichtigsten Mittel von DevOps sind dabei:

- Erhöhen der Häufigkeit und Qualität der Lieferungen
- Verbesserung der Innovation und der Risikobereitschaft, indem es Experimente billiger und damit sicherer macht

- Schnellere Markteinführung
- Verbesserung der Lösungsqualität und Verkürzung der Vorlaufzeit für Korrekturen
- Geringere Schwere und Häufigkeit von Freigabefehlern
- Verbesserung der durchschnittlichen Zeit zur Wiederherstellung der Betriebsbereitschaft

SAFes »CALMeR«-Ansatz für DevOps

SAFe hat einen Satz von Prinzipien formuliert, die das Verständnis der Hauptprinzipien von DevOps zusammenfassen.

Dieser Ansatz unterscheidet sich von einem weitverbreiteten Verständnis, in dem DevOps von einem einzigen Team betrieben wird – SAFe argumentiert hier mit der Praktikabilität einer skalierten Lösung.

SAFes »CALMeR«-Ansatz für DevOps (siehe Abb. 9–5) umfasst fünf Hauptaspekte:

- Eine Kultur der gemeinsamen Verantwortung
- Automatisiere alles
- Lean Flow beschleunigt die Lieferung
- Messe alles
- Recovery, d.h. schnelle Wiederherstellung, ermöglicht Lieferungen mit geringem Risiko

Abb. 9–5 *SAFes »CALMeR«-Ansatz für DevOps*

Eine Kultur der gemeinsamen Verantwortung

In SAFe liegt DevOps nicht in der ausschließliche Verantwortung eines integrierten Teams, sondern es nutzt die Kultur, die durch die Akzeptanz der agilen und Lean-Werte, Prinzipien und Praktiken des gesamten Frameworks geschaffen wurde.

Mit DevOps können einige operative Zuständigkeiten stromaufwärts verlagert werden, während die Entwicklungsarbeit stromabwärts in den Betrieb integriert wird und die Lösung in der Produktion betrieben und überwacht wird.

Eine solche Kultur umfasst:

- **Kooperation und Organisation**
  DevOps setzt auf die Fähigkeit von Entwicklungs- und Serviceteams, kontinuierlich effektiv zusammenzuarbeiten und sicherzustellen, dass Lösungen schneller und zuverlässiger entwickelt und ausgeliefert werden. Dies geschieht zum Teil durch die Einbeziehung von Personen und Skills in alle ARTs.
- **Risikotoleranz**
  DevOps erfordert eine Toleranz für Fehler und stellt eine Infrastruktur zur schnellen Wiederherstellung bereit und belohnt damit die Risikobereitschaft.

- **Self-Service-Infrastrukturen**
  Sie ermöglichen die Entwicklung und den Betrieb unabhängig voneinander, ohne sich gegenseitig zu blockieren.
- **Wissensaustausch**
  Das Teilen von Entdeckungen, Praktiken, Werkzeugen und das Lernen über Silogrenzen hinweg werden gefördert.
- **»Automatisiere alles«-Mentalität**
  DevOps setzt stark auf Automatisierung, um Geschwindigkeit, Konsistenz und wiederholbare Prozesse und Umgebungen zu bieten, wie wir unten beschreiben.

Automatisiere alles

Manuelle Prozesse sind ein Hindernis für eine schnelle Wertschöpfung, hohe Produktivität und Sicherheit. Automatisierung ermöglicht darüber hinaus die Erstellung von wiederholbaren Umgebungen und Prozessen, die selbstdokumentierend sind. Diese sind leichter zu verstehen, zu verbessern, zu sichern und zu auditieren.

Automatisierung erleichtert das Lernen und die Reaktion auf Marktnachfrage und Kundenfeedback.

Dies geschieht durch den Aufbau und die Anwendung einer integrierten und automatisierten »Werkzeugkette« (neben dem Werkzeugkasten zu Telemetrie und Messen, siehe unten), die typischerweise die folgenden Kategorien von Werkzeugen enthält:

- **Application Lifecycle Management (ALM)**
  ALM-Werkzeuge schaffen eine standardisierte Umgebung für Kommunikation und Zusammenarbeit zwischen Softwareentwicklungsteams und verwandten Gruppen.
- **Artefaktmanagement-Repository**
  Diese Tools bieten ein Software-Repository für die Speicherung und Versionierung von Binärdateien und deren zugehörigen Versionsständen an.
- **Build**
  Automatisierung wird verwendet, um den Prozess der Kompilierung von Computer-Quellcode in Binärcode konsistent zu halten.
- **Testing**
  Automatisierte Testtools für Unit Tests, Akzeptanztests, Lasttests und vieles mehr
- **Kontinuierliche Integration (CI)**
  CI-Tools automatisieren den Prozess der Kompilierung von Code in einen Build.

- **Kontinuierliche Auslieferung (CD)**
  Bereitstellungstools automatisieren Anwendungsbereitstellungen bis hin zu den verschiedenen Umgebungen. Sie erleichtern das schnelle Feedback und die kontinuierliche Lieferung bei gleichzeitiger Bereitstellung der erforderlichen Audit-Trails, Versionierung und Genehmigungsverfolgung.
- Es gibt zahlreiche weitere wichtige DevOps-Supporttools, z.B. zur Konfiguration, Protokollierung, Verwaltung und Bereitstellung.

Lean Flow beschleunigt die Lieferung

SAFe-Teams bemühen sich, einen kontinuierlichen Durchfluss zu erreichen, sodass neue Funktionalität schnell vom Konzept zum Erlös (»concept to cash«) entwickelt werden kann. Dazu nutzen sie allgemeine SAFe-Prinzipien, die im Folgenden im DevOps-Kontext beschrieben werden:

- **Visualisierung und Begrenzung von Work-in-Process (WIP)**, z.B. mit einem Programm-Kanban-Board, das WIP für alle Stakeholder sichtbar macht. Dies hilft Teams, Engpässe zu identifizieren und die Menge an WIP gegen die vorhandene Entwicklungs- und Betriebskapazität auszugleichen, da die Arbeit abgeschlossen ist, wenn die neue Funktion oder Funktionalität in der Produktion erfolgreich läuft.
- **Reduzieren der Losgröße.** Kleine Chargen wandern schneller und mit weniger Variabilität durch das System. Dies reduziert die Transaktionskosten jeder Charge.
- **Verwalten von Warteschlangenlängen.** Je kürzer die Warteschlange, desto schneller ist der Einsatz.

Messe alles

In einer DevOps-Umgebung ist die Problemlösung weniger komplex, da Änderungen häufiger und in kleineren Chargen vorgenommen werden. Telemetrie oder automatisierte Erfassung von Echtzeitdaten hilft weiter, die Auswirkungen von häufigen Anwendungsänderungen rasch zu beurteilen. Die Lösung von Problemen geschieht schneller, weil die Teams nicht auf eine andere Gruppe warten müssen, um das Problem zu beheben.

Anwendungstelemetrie, die automatische Sammlung von Daten über die Leistungsfähigkeit der Lösung, liefert eine objektive Grundlage für Entscheidungen und ist somit zielführender als die Intuition und bietet einen objektiv begründeten Weg zur Verbesserung. Diese Daten sollten transparent und für jedermann zugänglich sein.

Ziel ist es, Anwendungen zu erstellen, die

- Daten auf Geschäfts-, Anwendungs-, Infrastruktur- und Client-Ebene sammeln,
- Protokolle erstellen, die eine Analyse anstoßen,
- verschiedene Telemetrie für verschiedene Stakeholder bereitstellen,
- Messungen transparent machen,
- Messungen mit Ereignissen (z.B. Releases) korrelieren und zusammenführen,
- die Telemetrie während und nach der Problemlösung kontinuierlich verbessern und
- nicht zuletzt den Wertstrom durch die kontinuierliche Lieferleistung messen.

Schnelle Wiederherstellung

Um die kontinuierliche Lieferpipeline und das Konzept von Release on Demand zu unterstützen, muss das System für risikoarme Komponenten- oder servicebasierte Bereitstellungsfähigkeit, Freigabefähigkeit und schnelle Wiederherstellung nach Betriebsstörungen ausgelegt sein.

Darüber hinaus unterstützen die folgenden Prinzipien und Techniken eine schnelle Wiederherstellung:

- **Stop-the-Line-Mentalität**
  Mit einer Stop-the-Production-Mentalität beteiligt sich jeder aktiv daran, ein auftretendes Problem zu beheben, bis es gelöst ist. Wenn es ein Problem mit der kontinuierlichen Lieferpipeline oder einem eingesetzten System gibt, muss das gleiche Denken gelten.
- **Planen und Simulieren von Fehlern**
  Ein Systemabsturz bei großen Lösungen ist nichts, was in weiter Ferne liegt, sondern er passiert irgendwann garantiert. Ein proaktiver Ansatz, um Misserfolge zu erleben, erhöht die Response-Praktiken und fördert auch die in die Systeme eingebaute Resilienz (z.B. durch einen »Chaos Monkey«, der bewusst Notfälle herbeiführt).
- **Fähigkeit, vorwärts zu reparieren oder zurückzusetzen**
  Die Teams entwickeln die Fähigkeit, schnell in der Produktion zu reparieren und, wo nötig, zu einem vorher bekannten stabilen Zustand zurückzukehren. Im letzteren Fall müssen Planungen und Investitionen getätigt werden, um Datenänderungen wieder in den vorherigen Zustand zurückzusetzen und keine Transaktionen zu verlieren, die während des Prozesses aufgetreten sind.

10 Metriken und Praktiken

10.1 Das Problem des Messens

Bei jeder Messung muss man sich klar darüber sein, dass sie eine Veränderung des Verhaltens der Beteiligten bewirkt. Falsche Kennzahlen können eine Fehlsteuerung verursachen, ebenso ein falscher Umgang mit dem Messen.

Wir bevorzugen es, wenn sich ein Team selbst beurteilt und damit auch seine Autonomie und Fähigkeit stärkt, Verbesserungen für seine Arbeit zu identifizieren und einzuführen. Wenn Kennzahlen von anderen, unbeteiligten Personen gemessen werden und eventuell sogar mit einem Bonussystem verknüpft sind, besteht die Gefahr, dass diese Kennzahlen nicht mehr hinterfragt werden und dass die Personen nur an deren Optimierung und nicht an einem globalen Optimum arbeiten.

Bei Scrum sind die Retrospektive und darüber hinaus das Daily Scrum Meeting die wesentlichen Gelegenheiten, zu denen das Team unter Anleitung des Scrum Masters Verbesserungen identifiziert und ihre Umsetzung plant. Bei SAFe hat zusätzlich auf der Ebene des Release Train das Inspect & Adapt-Meeting diese Aufgabe.

Wenn man allerdings über kontinuierliche Verbesserung redet, kommt man um die Frage nicht herum zu bestimmen, was denn »besser« bedeutet. Und das ist ein breites Feld.

Wir denken, dass man nicht alle Kenngrößen numerisch erfassen kann – einige sind nur qualitativ zu bewerten, aber doch wichtig für einen Erfolg. Darüber hinaus gibt es Erfahrungswerte für gute Praktiken, die eine hohe Korrelation zu einem Erfolg haben. Metriken decken nur einen Teilbereich der Frage ab, was denn das Ziel des »besser werden« ausmacht, und sollten um eine Betrachtung von guten Praktiken ergänzt werden.

10.2 Agile Evolution

Die Liste von infrage kommenden Praktiken und Metriken gibt einen guten Anhaltspunkt für Verbesserungen. Diese Liste sollte man als einen möglichen Startpunkt betrachten und für die eigene Situation anpassen. Normalerweise ist es auch nicht sinnvoll, all diese Aspekte auf einmal anzugehen bzw. zu besprechen. Man sollte vielmehr von einer Arbeitshypothese ausgehen und mit den dringendsten Aspekten beginnen. Wichtig ist, dass die Zielvorstellung als ein steigender Reifegrad bzw. ein positiver Trend verstanden wird.

Wir stellen als eine beispielhafte Sammlung von Praktiken einen Auszug aus dem »Agile Evolution Framework«[1] vor.

Agile Evolution beinhaltet

- einen Katalog an Kriterien von bewährten agilen Praktiken,
- eine Selbstbewertung zu diesen Dimensionen und ggf. zusätzlich eine Fremdbewertung als Spiegel dazu – eine solche Möglichkeit wäre es, die Selbstbewertung der Product Owner und Teams den jeweiligen gegenseitigen Bewertungen gegenüberzustellen,
- eine eigene Zielsetzung in denselben Dimensionen und die Gegenüberstellung mit der Selbstbewertung,
- eine Einschätzung der Stärke der Auswirkungen dieser Verbesserungen sowie
- die Nutzung dieser Werte zum Aufbau eines Verbesserungs-Backlogs.

Gegenüberstellung Soll/Ist

Mit den geeigneten Dimensionen kann man eine Diskussion über wünschenswerte Praktiken starten und einen Konsens über die Richtung von Veränderungen herstellen. Sie bieten, richtig angewandt, also einen Beitrag zur Verbesserung des »Alignment« im Team. Auf dieser Basis wiederum kann man Soll-Ist-Vergleiche erheben und visualisieren, z.B. in der in Abbildung 10–1 dargestellten Form:

1. Siehe *http://agile-evolution.com*.

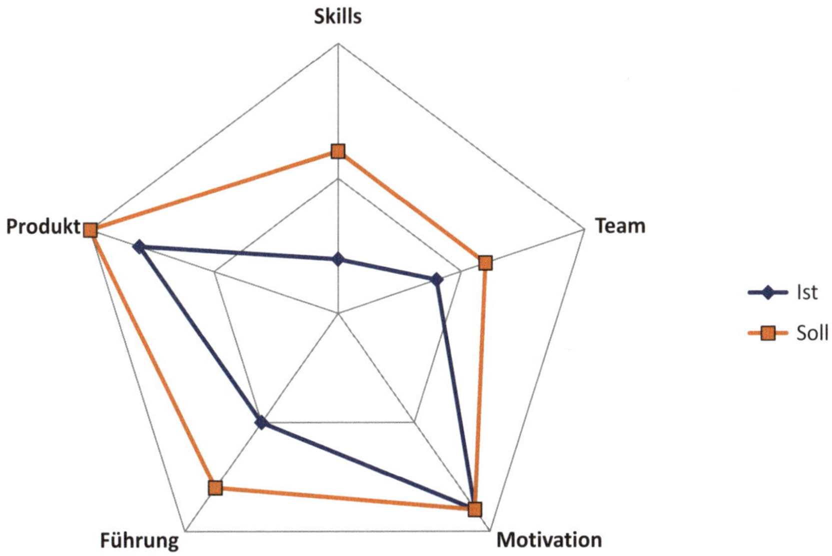

Abb. 10–1 *Soll-Ist-Vergleich in Form eines Radar-Charts*

Metriken weiterentwickeln

Metriken zeigen Richtung und Ziel für eine Verbesserung auf. Dies impliziert, dass sie nach einer gewissen Zeit ihren Zweck erfüllt haben und durch neue Metriken ersetzt werden müssen.

Priorisieren und Verbesserungs-Backlog erstellen

Der nächste Schritt nach der Erstellung der Diagnose ist die Entwicklung einer konkreten Vorgehensweise. Dazu wird man

- die Stärke der Auswirkungen dieser Verbesserungen einschätzen (Impact-Analyse) und
- diese Werte zum Aufbau und zur Priorisierung eines Verbesserungs-Backlogs nutzen.

Zu diesem Zweck werden weitere Aspekte erhoben:

- Welche sichtbaren Änderungen erwarten wir, wann und wie sollen sie beobachtet werden?
- Wie schnell wirken sich die Verbesserungen auf die Arbeit aus, welche der Verbesserungen haben kurzfristig die stärksten Auswirkungen?
- Welche der Dimensionen haben langfristig die größten Auswirkungen?
- Was sind für die am höchsten bewerteten Maßnahmen die ersten Schritte zur Implementierung?

Aus diesen Informationen kann man ein Verbesserungs-Backlog erstellen und priorisieren.

Regelmäßig den Plan anpassen

Eine agile Implementierung ist eher eine Reise als ein festgelegter Change-Prozess. Daher ist es notwendig, mit den wichtigsten Maßnahmen zu starten und regelmäßig den Verbesserungsprozess selbst zu überprüfen und anzupassen.

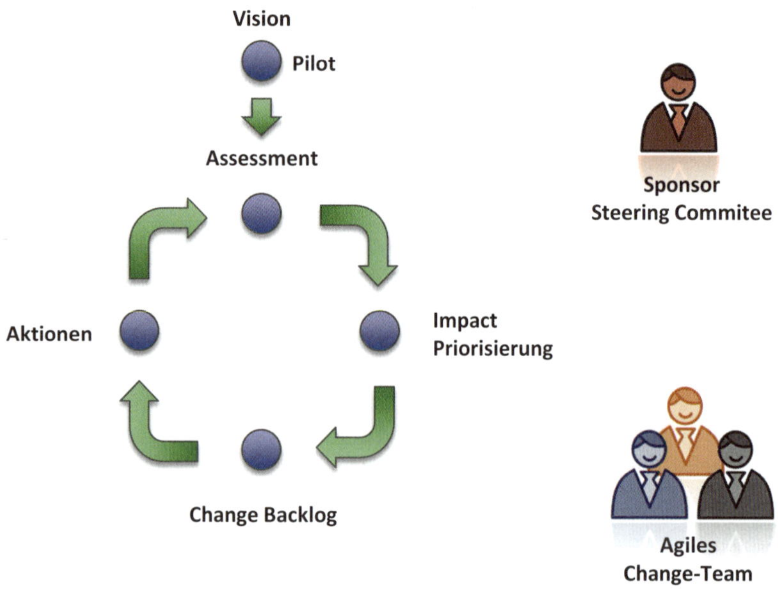

Abb. 10–2 *Regelmäßige Überprüfung des Verbesserungsprozesses*

10.3 Teambasierte Praktiken

Scrum-Praktiken

- Regelmäßige Lieferung erfolgt am Ende des Sprints.
- Zusammenarbeit des Teams – Es arbeitet gemeinsam an User Stories.
- Zusammenarbeit des Product Owners mit dem Team – Arbeit als Scrum-Team mit gemeinsamer Verpflichtung zum Projektziel.
- Arbeit des Scrum Masters – Er treibt die kontinuierliche Verbesserung, schützt das Team und arbeitet mit dem Team an der Verbesserung des Prozesses und der Arbeit insgesamt.
- Das Product Backlog enthält User Stories für 2–3 Sprints, die hinreichend detailliert sind, sodass das Team ihre Umsetzung im Sprint zusagen kann (sie sind »ready«), und die weitere Planung auf zunehmend gröberen Stufen.

- User Stories sind vertikale Scheiben von Funktionalität und erlauben die Erstellung von Funktionalität in kleinen Inkrementen (z.B. strukturiert nach den INVEST[2]-Kriterien).
- Das Daily Scrum ist kurz und informativ. Es trägt zur Koordination der Teamarbeit bei und wird nicht als Reporting-Instrument missbraucht.
- Das Sprint-Backlog wird täglich gepflegt und bildet die Grundlage für die Teamarbeit. Teammitglieder ziehen sich im Sprint neue Tätigkeiten, wenn sie die vorherige abgeschlossen haben. Die Tätigkeiten werden nicht zu Anfang des Sprints fest zugeteilt.
- Das Review-Meeting ist kurz und informativ. Gegebenenfalls hat der Product Owner schon während des Sprints die Stories angesehen.
- Die Retrospektive wird aktiv zur kontinuierlichen Verbesserung genutzt.
- Die Abnahmekriterien und die allgemeine Definition von Qualitäten abgenommener User Stories (»Definition of Done«) werden aktiv genutzt und regelmäßig geprüft bzw. weiterentwickelt.
- Das Team kennt seine Entwicklungsgeschwindigkeit (»Velocity«).

Zusammenarbeit

- Das Team arbeitet als Team zusammen und unterstützt sich gegenseitig bei der Arbeit.
- Das Team arbeitet regelmäßig an der guten Beziehung der Teammitglieder miteinander.
- Das Team arbeitet aktiv an der Weiterentwicklung seiner Stärken und an den Fähigkeiten seiner Mitglieder. Das Team pflegt Transparenz und kümmert sich aktiv um die Sichtbarkeit der Arbeitsergebnisse, der Stärken und Schwächen und der Bemühungen um die Weiterentwicklung.
- Störungen werden aktiv und gemeinsam bearbeitet, und das Team arbeitet an der Reduzierung von Störungen, z.B. Fehlern im Produktivcode, oder an der proaktiven Behebung von Außenstörungen.

Produktqualität

- Das Backlog wird regelmäßig gepflegt und ist ständig in einem Zustand, der eine valide Aussage über den Bearbeitungsstand zulässt.
- Das Backlog enthält alle Aufgaben des Teams und berücksichtigt alle Aspekte der Entwicklung, soweit absehbar auch die notwendigen Vorarbeiten für weitere Releases und die Beseitigung technischer Schulden.

---

2. Siehe *http://en.wikipedia.org/wiki/INVEST_(mnemonic)*.

- Die Produkt-Features werden regelmäßig und konsequent auf Notwendigkeit und Einfachheit geprüft, Möglichkeiten zur Vereinfachung sind ein regelmäßiges Thema in der Arbeit.
- Testen und Qualität ist eine gemeinsame Verantwortung aller, und jeder übernimmt Aufgaben, wenn dies angebracht ist.
- Der Product Owner ist präsent bei der täglichen Arbeit und unterstützt diese konsequent mit dem Blick auf das bestmögliche Produkt und die Nutzung der Entwicklungskapazität für die wichtigsten Features.

Konsistente Lieferung

- Die Lieferzuverlässigkeit des Teams ist gut, d.h., die Schwankung der Velocity und die Abweichung von der Vorhersage des Teams (»commitment«) liegen beide bei 20 Prozent über oder unter dem Idealwert. Schwankungen muss es bei Entwicklungsvorhaben geben, und die genannten Werte signalisieren normalerweise, dass man die entstehenden Unwägbarkeiten beherrscht und adäquat behandelt hat.
- User Story und Akzeptanzkriterien werden konsequent definiert und benutzt. Gegebenenfalls werden Akzeptanzkriterien auf Sprint-Ebene (»Definition of Done«) und auf der Ebene von Releases (regulatorische Vorgaben und externe Abhängigkeiten/Integrationen) unterschieden.
- Lean-Warteschlangen begrenzen die Menge der noch zu bearbeitenden Features auf ein überschaubares Maß und vermeiden Verschwendung durch zu frühzeitige Detaillierung bzw. Festlegungen.
- Qualität ist ein integraler Bestandteil aller Diskussionen. Technische Schulden können zukünftige Entwicklungen langsamer und unzuverlässiger machen und werden vermieden.
- Technische Schulden werden regelmäßig überwacht und beobachtet, es gibt auf jeder Ebene einen bewussten Umgang mit technischen Schulden.

Agile Softwaretechniken

- Die kontinuierliche Integration umfasst alle Artefakte und Herstellungsstufen des Softwareprozesses.
- Refaktorisierung wird regelmäßig betrieben und ist fester Bestandteil des Prozesses auf jeder Ebene.
- Eine emergente Sicht auf die Softwarearchitektur: Der Schwerpunkt liegt auf der Verbesserung der Adaptabilität der Software und der Betrachtung der Architektur als Kommunikationsinstrument.

Kontinuierliche Verbesserung

- Das Team setzt sich regelmäßig ehrgeizige Ziele zur Verbesserung.
- Die Metriken und ihre Verwendung sind auf die Stärkung der Teamautonomie und der Kompetenzen gerichtet und sind kompatibel mit den Werten einer agilen und Lean-Entwicklung.
- Die Zufriedenheit von Kunden und Teammitgliedern wird regelmäßig abgefragt und Maßnahmen zur Verbesserung werden kontinuierlich erprobt.

10.4 Metriken für Teams

Einige Metriken bieten sich an, um die Arbeit eines agilen Teams zu verbessern und positive Gewohnheiten zu verstärken.

Anteil ungeplanter Arbeiten

Ungeplante Arbeiten – zum Beispiel für Fehlerbehebung – zeigen Mängel am Prozess und am Stand der Entwicklungspraktiken auf. Sie sind, mit anderen Worten, ein Indikator für die Menge der angehäuften technischen Schulden.

Anzahl der Fehler im Produktivcode

Die Zahl der Fehler im Produktivcode ist eine der wichtigsten Kenngrößen. Sie bestimmt nicht nur wesentlich die Gesamtkosten für ein Produkt über seine Lebenszeit (total cost of ownership, TCO), sondern gibt auch eine Rückmeldung, wie stabil der agile Prozess mit »zero defects« ist.

Tests und Testabdeckung

Testabdeckung ist eine Größe, die man sinnvoll verfolgen kann. Neben der absoluten Zahl, z.B. 70 Prozent, ist vor allem der Trend interessant. Daneben sollte man immer auch manuell die Qualität der Tests beobachten, um zu verhindern, dass die nackte Zahl mit nichtssagenden Tests aufgebessert wird.

Statische Codeanalysen

Über die Jahre sind einige Maßzahlen für die statische Codeanalyse entwickelt worden. Es ist durchaus sinnvoll, zusätzlich zur Codeabdeckung solche Maßzahlen zu erheben, um komplexe Codestellen und damit potenzielle Fehlerquellen aufzudecken.

Als Einstieg könnte man die »zyklomatische Komplexität« des Codes messen. Je höher die Komplexitätszahl einer Funktion, desto höher ist auch die Wahrscheinlichkeit, dass sich darin ein Logikfehler eingeschlichen hat, und umso wichtiger ist es, dass diese Funktion auch gut getestet wird.

10.5 Metriken für den Agile Release Train

Agile Softwareentwicklung bietet deutlich bessere Möglichkeiten, den tatsächlichen Stand eines Projekts zu beurteilen. Wesentlichen Anteil dabei hat die Strategie, Anforderungen »vertikal« zu zerlegen, sodass jedes dieser Elemente einem harten Kriterium unterzogen werden kann: Die Software ist fertig, wenn sie läuft. Daraus entspringt auch die Notwendigkeit sowohl für jedes Team, am Ende eines Sprints eine Vorführung laufender Software zu organisieren, als auch für den Release Train, mindestens nach jedem Sprint und am Ende eines Programminkrements eine integrierte Systemdemo durchzuführen.

Sprint-Metrik

Für jedes einzelne Feature-Team ist auch in SAFe vorgesehen, solche Bewertungen in der Sprint-Retrospektive zu sammeln. Die dafür vorgeschlagene spezifische Kennzahl ist die Lieferzuverlässigkeit des Teams, d.h. die Gegenüberstellung der geplanten und der tatsächlich erreichten Ziele.

Dazu können noch Bewertungen zur Qualität hinzukommen, zum Beispiel Testabdeckung, neue Fehler und die Zahl neu entwickelter Tests (siehe Abb. 10–3).

Bei einer regelmäßigen Erhebung dieser Zahlen können Trends zur Verschlechterung sehr schnell erkannt und korrigiert werden.

Funktionalität	Iteration 1	Iteration 2	Iteration 3
Geplante Velocity			
Tatsächliche Velocity			
# Stories geplant			
# Stories akzeptiert			
% Stories akzeptiert			
Qualität			
% Abdeckung durch Unit Tests			
# Defekte			
# Neue Testfälle			
# Neue automatisierte Testfälle			
Tests insgesamt			
% automatisiert insgesamt			
# Refaktorisierungen			

Abb. 10–3 *Eine Sprint-Metrik*

Selbst-Assessment der Teams

Daneben ist es hilfreich, regelmäßig eine qualitative Auswertung des eigenen Arbeitsprozesses durchzuführen und daraus ein »Radar-Chart« zu disziplinieren (siehe Abb. 10–4).

Als Grundlage dieses Radar-Charts bietet SAFe eine einfache Checkliste an. Umfassendere Möglichkeiten können mit dem Assessment-Framework »Agile Evolution«[3] zusammengestellt werden.

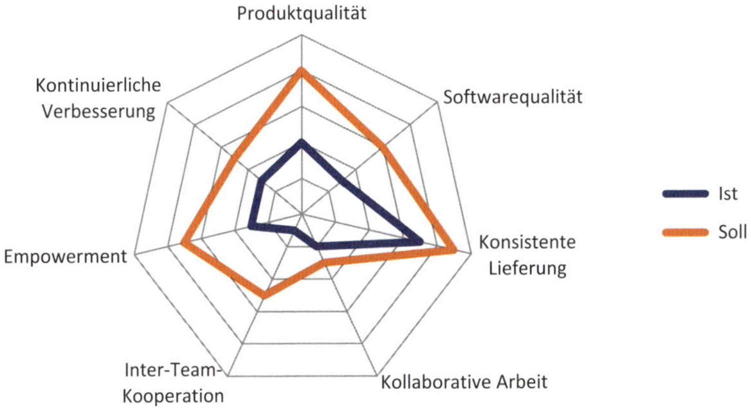

Abb. 10–4 *Radar-Chart zum Selbst-Assessment eines Teams*

Selbst-Assessment des Release Train

Auf der Programmebene stellt SAFe ebenfalls einen Vorschlag für ein Selbst-Assessment zur Verfügung, das die Bewertung wesentlicher Parameter des Prozesses auf dieser Ebene ermöglicht (siehe Abb. 10–5). Ein Selbst-Assessment empfiehlt sich am Ende eines Programminkrements, kann aber auch zu jedem anderen Zeitpunkt durchgeführt werden.

Wichtige Hinweise bieten bei dieser qualitativen Auswertung nicht unbedingt die absoluten Zahlen, sondern die Trends, die über längere Zeit Verbesserung oder Verschlechterung sichtbar machen.

3. Siehe *http://agile-evolution.org*.

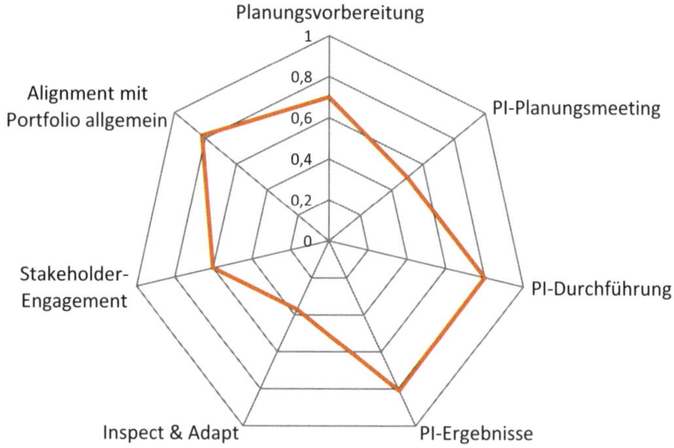

Abb. 10–5 *Radar-Chart zum Selbst-Assessment eines Release Train*

Verfolgung des Release-Fortschritts

Eine einfache Möglichkeit zur Verfolgung des Projektfortschritts ist die Aggregation der fertiggestellten Stories der einzelnen Teams in einem gemeinsamen Story-Burndown-Chart (siehe Abb. 10–6). Es bestehen allerdings einige Beschränkungen bei den Informationen, die damit dargestellt werden können:

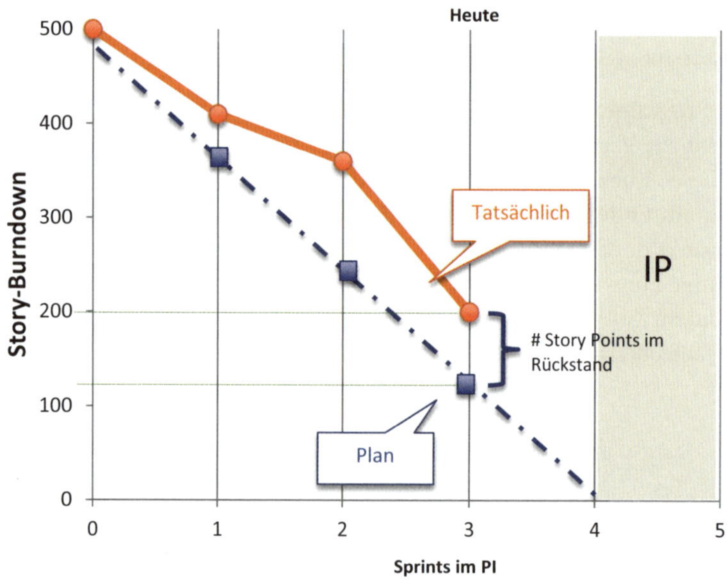

Abb. 10–6 *Story-Burndown-Chart eines Release Train*

- Die Informationen sind oft nur zum Sprint-Ende der einzelnen Teams mit vernünftigem Aufwand erfassbar.
- Die Zahl der fertiggestellten Stories sagt noch nichts darüber aus, welche Features vollständig sind. Gerade das ist aber das Wichtigste, was ein Release Train verfolgen muss.

Verfolgung des Feature-Fortschritts

Der Feature-Fortschritt ist wesentlich aussagekräftiger und nicht wesentlich aufwendiger zu erheben. Jedes Feature wird implementiert, indem es in User Stories zerlegt wird. Da diese jeweils ein Stück laufende Software repräsentieren, kann der Fertigstellungsgrad eines Features aus dem Anteil der fertiggestellten User Stories bestimmt werden. Er zeigt auf, welche Features »im Plan« sind und welche Verzögerungen haben (siehe Abb. 10–7). Gemeinsam ergeben die Reports gute Steuerdaten für das Management des Scopes und für die Steuerung der Kapazität.

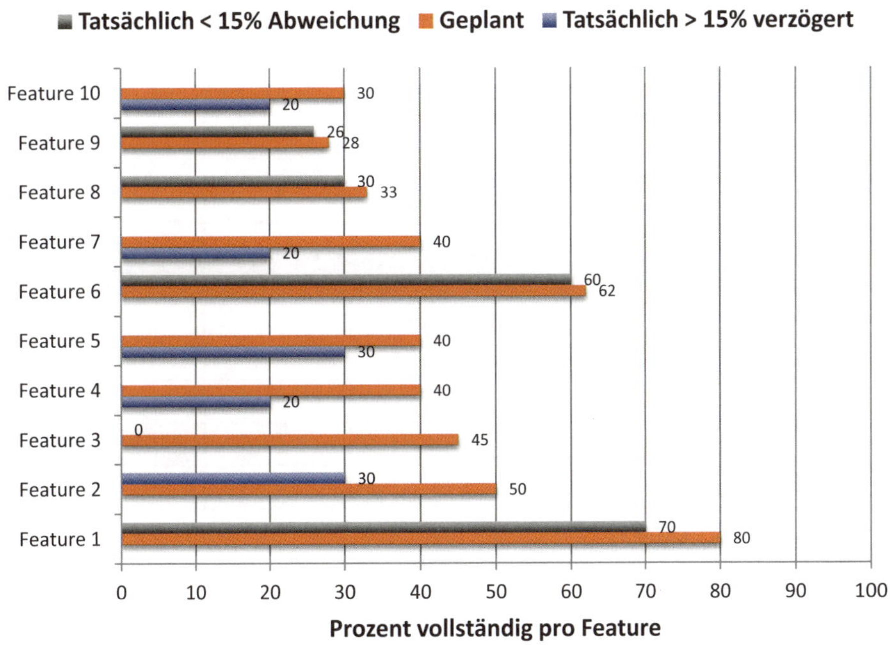

Abb. 10–7 *Verfolgung des Feature-Fortschritts*

Programminkrement-Metrik

Das Ende des Programminkrements ist der logische Zeitpunkt, um Daten über den Erfolg des PI zusammenzustellen. Diese Reports können analog zu den Sprint-Reports der einzelnen Teams strukturiert werden, wobei in diesem Fall nicht die Stories, sondern die Features betrachtet werden (siehe Abb. 10–8):

- Geschwindigkeit
- Verhältnis geplante und erreichte Geschwindigkeit
- Zahl der geplanten erfolgreich umgesetzten Features, Enablers (Architektur-Features) und User Stories
- Qualität: Testabdeckung, offene Fehler, Zahl der verschiedenen Tests

Funktionalität	PI 1	PI 2	PI 3
Programm-Velocity			
Release-Zuverlässigkeit (% Businesswert erreicht)			
# Features geplant			
# Features akzeptiert			
# Architektur-Features			
# Stories geplant			
# Stories akzeptiert			
Qualität			
Abdeckung Unit Tests (%)			
Offene Defekte			
Tests insgesamt			
% automatisierte Tests			
# NFR-Tests (Systemeigenschaften)			

Abb. 10–8 *Eine Programminkrement-Metrik*

Lieferzuverlässigkeit des Release Train

Die Lieferzuverlässigkeit des Release Train – insbesondere der Trend über mehrere Programminkremente hinweg – ist auch eine wichtige Kenngröße für den Reifegrad, den der Prozess insgesamt hat.

Das Ziel liegt in einer vorhersehbaren Lieferzuverlässigkeit. Dabei sind Abweichungen normal, sollten aber so weit begrenzt werden, dass der Gesamtprozess hinreichend zuverlässige Vorhersagen zu Lieferungen machen kann. Die

Lieferzuverlässigkeit sollte etwa zwischen 80 und 120 Prozent der vorhergesagten Liefermenge liegen (siehe Abb. 10–9). Größere Abweichungen signalisieren, dass der Prozess ungenügend unter Kontrolle ist, und dies führt zu einer mangelnden Vorhersagbarkeit der Ergebnisse.

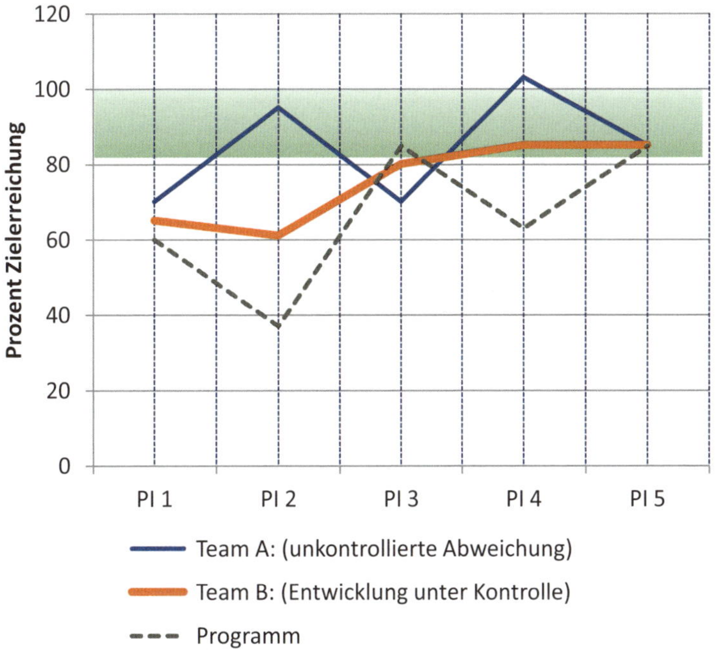

Abb. 10–9 *Lieferzuverlässigkeitstrend in einem Release Train*

10.6 Portfolio-Metriken

In der agilen Entwicklung wird primär laufende Software bewertet. Alle weiteren Metriken unterstützen dieses Ziel.

Metriken beinhalten immer die Gefahr, dass sie ein Eigenleben entwickeln und das Verhalten der Beteiligten beeinflussen: Man arbeitet, um eine Metrik zu erfüllen, und nicht mehr auf das ursprüngliche Ziel hin. Beim Erheben und Kommunizieren von Metriken muss man dieses Problem immer in Betracht ziehen. Wenn man mit der gebotenen Sorgfalt an Metriken herangeht, kann man sie benutzen, um genauer zu verstehen, was im Portfolio vorgeht bzw. wie effektiv es arbeitet, und daraus Maßnahmen ableiten.

10.6.1 Allgemeine Bewertungen

Ein erster Satz allgemeiner Metriken kann mit wenig Aufwand einen guten Überblick über den Gesamtzustand des Portfolios bieten.

SAFe schlägt einen beispielhaften Katalog von Metriken vor, aus denen man eine erste Auswahl treffen könnte, um das Portfolio von innen und außen zu beurteilen (siehe Abb. 10–10).

Nutzen	Erwartetes Ergebnis	Genutzte Metrik
Mitarbeiterengagement	Verbesserte Mitarbeiterzufriedenheit, weniger Fluktuation	Mitarbeiterumfrage, HR-Statistiken
Kundenzufriedenheit	Verbesserter »Net Promoter Score«	Net-Promoter-Score-Umfrage
Produktivität	Kürzere durchschnittliche Zykluszeit für neue Features	Feature-Zykluszeit
Agilität	Kontinuierliche Verbesserung in den Bewertungen der Teams und des Programms	Team, Programm und Portfolio-Selbst-Assessments, Release-Vorhersagbarkeit
Time-to-Market	Häufigere Releases	Zahl der Releases pro Jahr
Qualität	Niedrigere Zahl von Defekten und Serviceanrufen	Defekt-Daten und Belastung des Servicezentrums
Partnergesundheit	Verbesserte Beziehungen im Ökosystem	Umfragen bei Partnern und Wiederverkäufern

Abb. 10–10 *Beispiel für Portfolio-Metriken*

10.6.2 Das Portfolio-Kanban

Das Portfolio-Kanban-Bord (siehe Abb. 10–11) zeigt sehr schnell, in welcher Phase des Prozesses ein Engpass besteht – das ist der erste und offensichtliche Nutzen jedes Kanban-Bords.

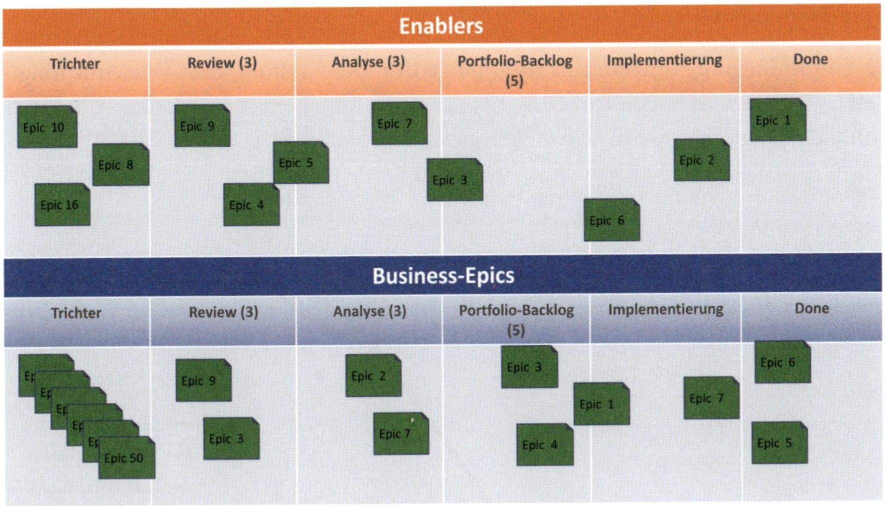

Abb. 10–11 *Portfolio-Kanban-Bord*

10.6.3 Epics messen

Um den Bearbeitungszustand von Metriken zu bestimmen, muss man unter Umständen den Status der Features aus mehreren Release Trains aggregieren. Dieser setzt sich wiederum aus der Menge fertiger User Stories zusammen.

Epic-Burnup-Report

Der Epic-Burnup-Report zeigt die Menge der Story Points, die insgesamt umgesetzt worden sind (siehe Abb. 10–12). Er ist für einen ersten schnellen Überblick nützlich, zeigt aber nicht, wie viele Epics tatsächlich fertiggestellt sind.

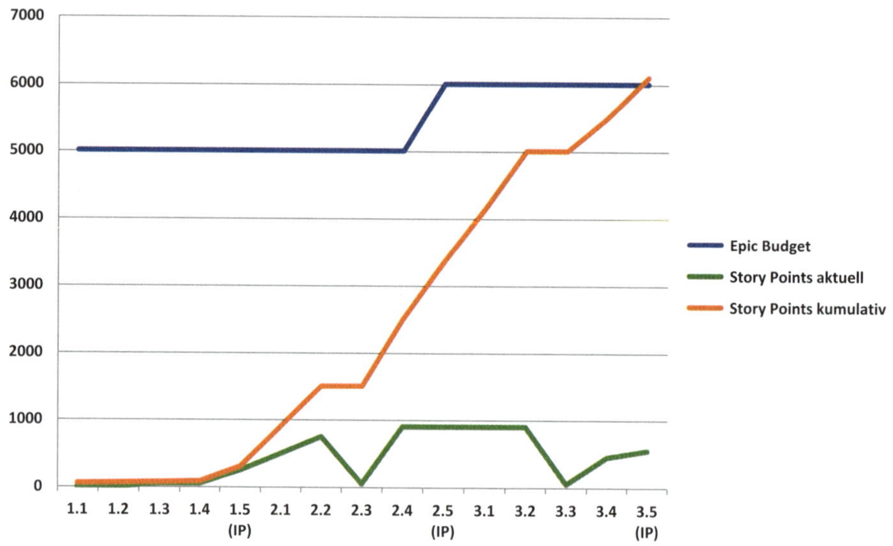

Abb. 10–12 *Epic-Burnup-Diagramm*

Epic-Fortschrittsreport

Der Fortschrittsreport auf der Ebene der Epics zeichnet ein differenzierteres Bild und zeigt auf, wo Probleme aufgetreten sind (siehe Abb. 10–13).

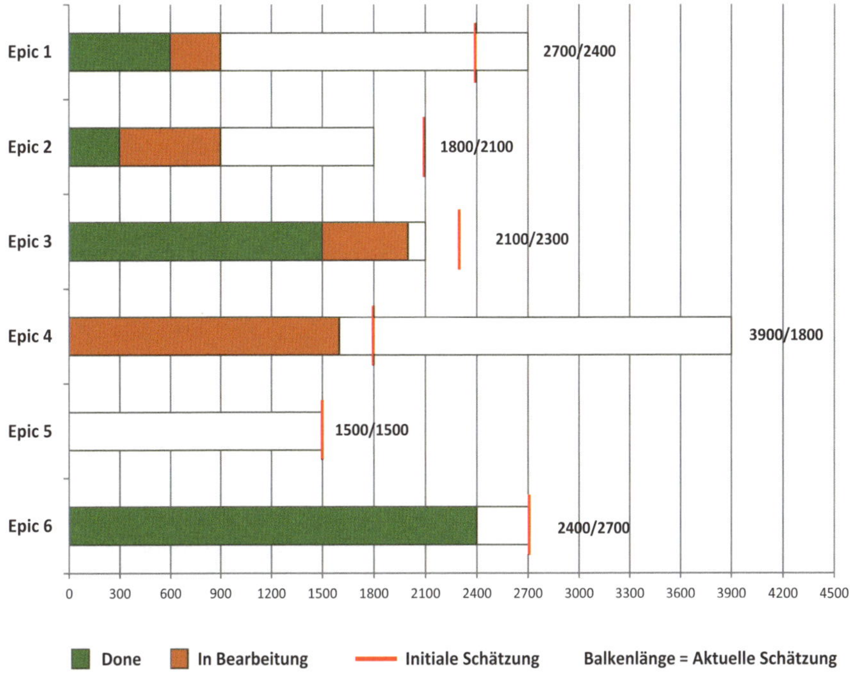

Abb. 10–13 *Epic-Fortschrittsreport*

Erfolgskriterien für Epics

Epics sollten analog zu User Stories und Features mit Erfolgskriterien versehen werden. Diese helfen dabei, die enthaltenen Features fokussierter zu entwickeln und genauer darzustellen, dass der angestrebte Wert des Epics erreicht worden ist.

10.6.4 Selbst-Assessment des Portfoliomanagement-Teams

Ein Selbst-Assessment des Portfoliomanagement-Teams sollte auch auf der Portfolioebene zum selbstverständlichen Inventar der regelmäßigen Auswertungen gehören (siehe Abb. 10–14). Es ist die Grundlage, um einen kontinuierlichen Verbesserungsprozess auf der Portfolioebene zu treiben.

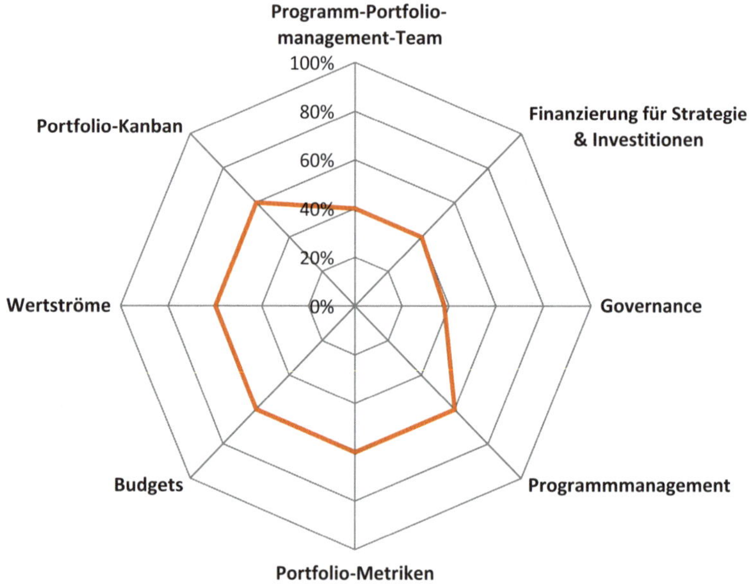

Abb. 10–14 *Portfolio-Selbstbewertung*

10.6.5 Klassische Bewertungsmechanismen

In vielen Unternehmen gehören heute schon Bewertungsmechanismen zum Handwerkszeug. Diese sind auch in einer agilen Entwicklung wertvoll. Insbesondere nennen wir hier Balanced Scorecards (siehe Abb. 10–15) und Strategic Maps (siehe Abb. 10–16) als wertvolle Mechanismen zur kontinuierlichen Generierung von Feedback.

Balanced Scorecard

Effizienz Beispielmetriken: • Wertbeitrag • Stabilität der Organisation • Team-Velocity vs. Kapazität	**Wertschöpfung** Beispielmetriken: • Zahl der Releases • Wert der gelieferten Features in Punkten • Lieferzuverlässigkeit • Refaktorisierungen der Architektur
Qualität Beispielmetriken: • Defekte • Supportanrufe • Zufriedenheit mit dem Support • Produktzufriedenheit • Eskalationsrate	**Agilität** Beispielmetriken: • Produkt Ownership • Release: Planen & Verfolgen • Iteration: Planen & Verfolgen • Zusammenarbeit • Entwicklungs- und Testpraktiken

Abb. 10–15 *Eine Balanced Scorecard für vier ausgewählte Metriken*

Strategic Map

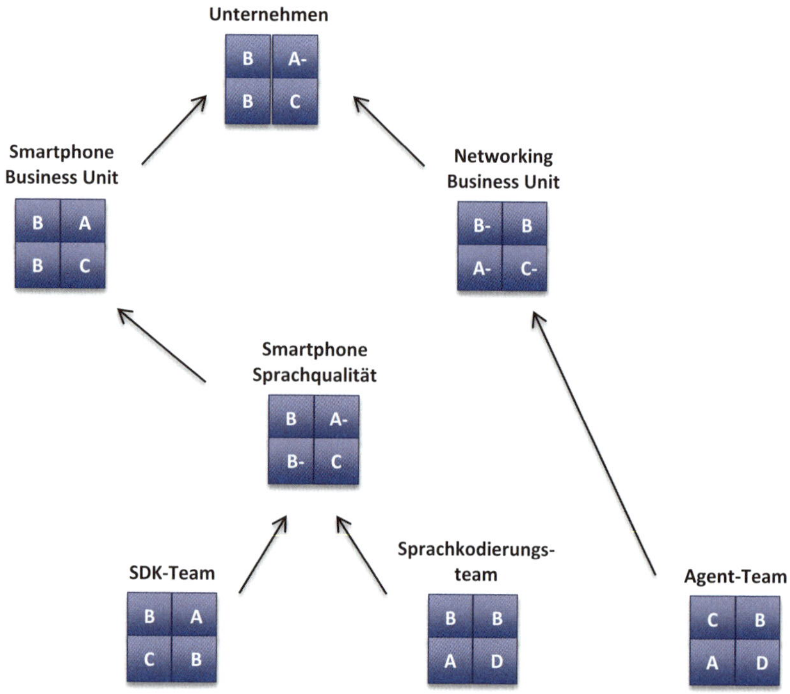

Abb. 10–16 *Eine Strategic Map mit Aggregation von Score Cards*

11 Leadership

11.1 Alignment und Compliance

Klassisches Management (Taylorismus) betont eine strikte Trennung von Planung und Ausführung und normalerweise auch die Zuordnung an verschiedene Personen bzw. Rollen.

Die Ausführenden sind gehalten, Anweisungen zu befolgen. Wenn dies nicht möglich ist, muss man eskalieren. Wenn sie ohne Grund von diesen Anweisungen abweichen, drohen Sanktionen. Im Englischen wird für Regelkonformität der Begriff **Compliance** verwendet.

Dieser Führungsstil kommt aus den definierten Prozessen der Massenproduktion. Die Prozesse sind bekannt und hoch optimiert, Abweichungen und Veränderungen sind eher selten. Die Motivation der ausführenden Personen (Arbeiter) spielt eine untergeordnete Rolle.

In den 1980er-Jahren wurde die Begrenztheit dieser Art von Führung erkannt und eine Anzahl neuer Führungsstile entwickelt, einschließlich sehr weit gehender Formen von partizipatorischer Führung. Insbesondere die Ausprägung des »Servant Leader« ist zum Leitbild für Scrum-Teams geworden und prägt stark den Diskurs zum Thema Führung agiler Teams. Allerdings zeigt sich, dass dieses Bild von Führung und Selbstorganisation nicht unverändert an größere Umgebungen angepasst werden kann:

- Größere Gruppen von Menschen, d.h. mehr als 10–12 Personen, funktionieren anders als Teams unterhalb dieser Größenordnung. Daraus ergibt sich die Notwendigkeit, Mechanismen und Strukturen zur Kommunikation zu entwickeln.
- Der Kommunikationsaufwand wird überwältigend groß, wenn man keine geeignete Segmentierung des Systems und der beteiligten Gruppen findet.
- Änderungen im System erfordern stabile Schnittstellen, um eine definierte Arbeitsgrundlage zu schaffen.
- Lieferzuverlässigkeit und Vorhersehbarkeit der gesamten Entwicklung nehmen einen zunehmend hohen Stellenwert ein.

Die Ansätze aus Scrum mit Teamgrößen bis ca. 10 Personen können also nicht unverändert übernommen werden. Es führt auch kein Weg zu den tayloristischen Methoden der Arbeitsorganisation zurück.

Eine agile und Lean-Arbeitsumgebung erfordert ständige Anpassung an neue Anforderungen und das regelmäßige Aufdecken neuer Möglichkeiten zur Verbesserung. Dies kann nicht ausschließlich von außen getrieben werden, nur die Ausführenden selbst haben ausreichend Informationen, um schnell genug Verbesserungen zu identifizieren. Motivation dafür wird also zum zentralen Performance-Faktor, und es ist wichtig, dass alle in dieselbe Richtung ziehen. Im Englischen wird dies durch den Begriff **Alignment** charakterisiert.

Das Begriffspaar Compliance und Alignment hebt sehr deutlich die Unterschiede hervor, die zur Führung von Wissensarbeitern anfallen. Die Aufgabe von Führungskräften verschiebt sich dadurch von der externen Motivation (Belohnung und Sanktionen) hin zu einer Stärkung der inneren Motivation (Autonomie und Vertrauen). Wir werden sehen, wie sich der Kontext der Arbeiten in den konkreten Gestaltungsoptionen widerspiegelt.

11.2 Führungsstile

Wir werden einige verbreitete Führungsstile daraufhin untersuchen, wie weit sie sich mit den genannten Zielen in einer agilen und Lean-Organisation vertragen.

11.2.1 Der Experte

In Technologieunternehmen ist der Experte ein häufig anzutreffendes Rollenbild. Der Experte als Leiter kann folgendermaßen charakterisiert werden:

- Er ist ein Techniker, und er wurde befördert, weil er der Beste in seinem Umfeld war.
- Er löst Probleme, seine Kollegen kommen zu ihm mit der Erwartung, Antworten zu erhalten.
- Er ist weiterhin auf technische Probleme und deren Lösung fokussiert.
- Er versteht die Technologie, die Problemstellung und das System.

Dieser Stil funktioniert, wenn der Leiter mehr Wissen als seine Mitarbeiter hat, wenn diese relativ autonom mit wenig Koordinierungsaufwand arbeiten und wenn Ausnahmen und Notfälle mit seinem Wissen zu bewältigen sind.

Probleme treten auf, wenn sich die Technologie aus seinem Kenntnisbereich heraus bewegt.

Dieser Stil fördert auch nicht die Weiterentwicklung seiner Mitarbeiter, er behindert durch seine Dominanz eher das Lernen. Sein Fokus liegt auch nicht auf der Arbeit mit seinen Mitarbeitern und auf menschlichen Faktoren, sondern auf dem Lösen technischer Probleme. Er skaliert auch nicht über einen Bereich hinaus, den eine Person thematisch und in der Kommunikation abdecken kann.

11.2.2 Der Macher

Der Macher als Leiter geht bei seiner Arbeit folgendermaßen vor:

- Er ist der zentrale Entscheidungsträger, das Nervenzentrum und der Koordinator aller Aktivitäten.
- Er koordiniert alle Teile der Organisation in ein harmonisches Ganzes.
- Er greift auf alle Personen, Teams und Abteilungen zu.
- Er verwendet oft auch mehr oder weniger subtile Manipulation, um seine Ziele zu erreichen.

Dieser Stil ist oft in komplexen Situationen mit vielen Abhängigkeiten anzutreffen und in politischen Organisationen, in denen die Beteiligten viele verdeckte Agenden haben. Er wirkt dann am besten, wenn eine gute Koordination die Voraussetzung für die Performance der Organisation ist.

Das Problem bei diesem Stil ist, dass die Notwendigkeit zur Kontrolle eine selbsterfüllende Prophezeiung ist. Die Mitarbeiter konzentrieren sich nur auf ihre Aufgaben, Konflikte und Koordination werden immer stärker nach oben eskaliert.

Die Organisation kann nicht aus dem Potenzial aller Mitarbeiter schöpfen und begrenzt sich damit in ihrer Performance.

Der Leiter ist stärker und stärker belastet und erliegt oft der Versuchung, Prozesse und Regeln zu entwickeln, um die Koordination zu gewährleisten. Auch dieser Stil skaliert nicht, da er auf eine Person fokussiert ist.

11.2.3 Der Katalysator oder Teamentwickler

Der Katalysator als Leiter ist nicht auf die Technik oder das Managen fokussiert, sondern auf seine Mitarbeiter:

- Er fördert Personen und entwickelt Teams, die gemeinsam für den Erfolg verantwortlich sind und aktiv daran mitarbeiten.
- Er hinterfragt bei jedem Problem, wie es zum Lernen und zur Weiterentwicklung seiner Mitarbeiter beitragen kann.

Das erlaubt es ihm, mehr Zeit damit zu verbringen, Erfahrungen mit anderen Teamentwicklern/-leitern auszutauschen und mit Vorgesetzten an längerfristigen Lösungen und an der Weiterentwicklung der Organisation zu arbeiten.

Seinen Mitarbeitern ermöglicht es,

- eine höhere Motivation, Engagement und direkte Verantwortung zu entwickeln,
- interessantere Aufgaben mit mehr Gelegenheiten zum Lernen,
- bessere Lösungen durch Ideen und die Beteiligung der Mitarbeiter sowie
- Kooperation über Aufgabenbereiche hinweg, sodass sich umfassender durchdachte Lösungen ergeben.

11.2.4 Der Superheld

Ein hartnäckiger Mythos ist der Leiter als Superheld, der jederzeit weiß, was vorgeht, mehr technisches Wissen hat als alle anderen und jedes Problem selbst lösen kann. Der »Experte« und der »Macher« sind spezifische Ausprägungen dieser Grundeinstellung.

Je weiter sich eine Organisation entwickelt, umso deutlicher wird dies als Zerrbild sichtbar, das viele der oben genannten Probleme miteinander kombiniert. Ein Superheld wird keinen langfristigen Erfolg dabei haben, Mitarbeiter zu führen, die gleich viel oder mehr wissen als er selbst.

11.3 Führung in einer agilen und Lean-Umgebung

11.3.1 Führung bei Scrum

Scrum favorisiert – insbesondere für den Scrum Master – das Rollenbild des »Servant Leader«, des Leiters, der hauptsächlich durch Unterstützung des Teams wirkt.

Er beseitigt Hindernisse und moderiert die Retrospektive, also das Meeting, das auf die kontinuierliche Verbesserung fokussiert. Implizit treibt er damit auch den Verbesserungsprozess im Team.

Der Scrum Master hat (zumindest in dieser Rolle) keine Ergebnisverantwortung. Er ist auch kein Vorgesetzter des Teams.

Der Product Owner kann sich dagegen auf die Gestaltung des Produkts und die maximale Wertschöpfung konzentrieren. Der Fokus des Entwicklungsteams liegt auf der Exzellenz in der Herstellung, also darauf, effektiv gute Software zu liefern.

Scrum trennt damit die Gesichtspunkte »Produkt und Wertschöpfung«, die systemische Gestaltung des Prozesses und die operationale Exzellenz. Dabei ist Scrum absichtlich unvollständig, d.h., es konzentriert sich auf die Rollenbeschreibungen auf Teamebene und macht keine Aussagen über größere organisatorische Zusammenhänge.

11.3.2 Führung bei Lean Development

In einer Lean-Umgebung[1] (im Beispiel Toyota) gibt es dagegen die Rolle des »Chief Engineer«, der das Team führt. Ähnlich wie der Scrum Master hat der Chief Engineer keine formale Autorität, aber er hat eine hohe Seniorität durch technische Kompetenz. Die Mitarbeiter berichten an ihre funktionalen Manager. Dieses Konstrukt erinnert an eine Matrix, allerdings eine, die »gekippt«, d.h. am Wertstrom ausgerichtet ist. Aus dieser Änderung ergibt sich ein zentraler Unterschied: In einer traditionellen, funktionalen Struktur ergibt sich aus einer Position heraus die *Autorität*, Entscheidungen zu fällen. Bei einer Ausrichtung am Wertstrom ergibt sich die *Notwendigkeit*, Entscheidungen herbeizuführen.

Dieses Konstrukt löst ein anderes Problem als der agile Ansatz: Das Wissen ist langlebiger, Erfahrung wird damit wichtiger. Bei Toyota sind die Teams nicht wirklich selbstorganisiert, sondern die Autorität des Chief Engineer spielt eine wichtige Rolle.

Den agilen und Lean-Ansätzen gemeinsam ist die Konzentration auf den Aspekt des Lernens und damit auf die Notwendigkeit der engagierten Beteiligung und den Respekt als unabdingbare Grundlage dafür.

11.3.3 Führung bei SAFe

Das Rollenbild für Führungspersonen bei SAFe ist das eines Lean-denkenden Lehrers und Managers[2], in das Aspekte von den beiden vorigen Modellen einfließen.

Er versteht, was Lean bedeutet, und übernimmt die Verantwortung für den Erfolg des Prozesses. Damit ist seine Rolle die eines »Managers«.

Er verfügt über Wissen und praktische Erfahrungen in den Techniken zur kontinuierlichen Verbesserung und trainiert seine Mitarbeiter ebenfalls in Problemlösung und Verbesserungen. Damit hat er auch eine Rolle als »Lehrer« inne.

Er versteht und verbreitet agile und Lean-Überzeugungen und Verhalten. Er agiert hier nicht mit Berufung auf eine formale Autorität, sondern mit Überzeugung (»Alignment« über »Compliance«). Das ist weitgehend kompatibel mit dem Rollenbild des »Servant Leader« in Scrum, geht aber weiter.

Er weiß um die Probleme von Übergaben und versucht wann immer möglich, die Situation aus erster Hand und aufgrund eigener Beobachtungen zu beurteilen.

Er versteht seine Aufgabe in erster Linie darin, Menschen zu motivieren und zu entwickeln, und nicht, selbst die Sachprobleme zu lösen. Er versteht, dass die Effektivität seiner Mitarbeiter sehr stark auch von seinem Führungsstil bestimmt wird.

---

1. Ich beziehe mich hier auf die prototypische Umsetzung bei Toyota.
2. »Managers are lean-thinking manager-teachers« – das ist vor allem mit Fokus auf die Verantwortlichen für die Programm- und Portfolioebene gemeint. Für Teams empfiehlt SAFe die Orientierung am Agilen Manifest und den Rollenmodellen von Scrum.

11.4 Was motiviert Menschen

Das führt uns direkt zur Frage, was Wissensarbeiter motiviert. Die Hauptströmung von Belohnungssystemen heute beruht auf der Annahme, dass Belohnungen erwünschtes Verhalten verstärken, Bestrafungen es schwächen. Die Grundlage dafür ist in der behavioristischen Hauptströmung der Psychologie der 1950er-Jahre zu suchen. Inzwischen hat sich aber gezeigt, dass dieser direkte Zusammenhang nur bei mechanischen Tätigkeiten besteht. Wenn eine Tätigkeit höhere kognitive Fähigkeiten erfordert, wirken direkte Anreize nur kurzfristig und sind unter Umständen sogar kontraproduktiv [Kohn 1993]. Wissensarbeit funktioniert nur wirklich gut mit einer intrinsischen Motivation der Mitarbeiter.

11.4.1 Voraussetzung für Motivation schaffen

Gemeinsames Ziel

Geben Sie dem Team ein Ziel vor, um den Teammitgliedern eine gemeinsame Orientierung zu bieten und den Teamgeist zu stärken.

Dazu gehört Folgendes:

- Eine Richtung, aber kein einzelner Zielpunkt
- Diese Richtung muss auf jeder Ebene der Organisation identifiziert werden.
- Beteiligen Sie das gesamte Team an der Formulierung dieses Ziels.
- Achten Sie darauf, dass dieses Ziel mit den Aktivitäten des Teams verbunden und mit den Zielen der Gesamtorganisation kompatibel ist.
- Das Ziel sollte auch klären, was die Grenzen in den täglichen Teamentscheidungen sind, also in welchem Rahmen sich das Team selbst organisiert.

Können (Mastery)

Organisationen lernen in Teams [Nonaka & Konno 1998]. Das gilt insbesondere in einem Bereich, in dem Lernen einen integralen Bestandteil der Arbeit darstellt und oft für den Erfolg und die Effektivität kritisch ist.

Um erfolgreiche Teams zu haben, ist also die beste Investition Ihrer Zeit als Führungsperson, die Teams mit der Energie, Selbstorganisation und dem Fokus auf Wissen und Lernen auszustatten sowie das Teilen von Erfahrungen zu fördern. Dazu brauchen die Teams neben der klaren Zielrichtung und einer Vision die Freiheit zur Umsetzung dieser Vision, d.h. einen hohen Grad an Autonomie.

Autonomie

Motivation braucht Entscheidungsfreiheit und eine Umgebung, in der jede Meinung zählt. Daher hängt sie sehr eng mit dem Selbstbild der Führungsperson und ihrem Verhalten gegenüber den Mitarbeitern ab:

- Geben Sie einen Teil der Verantwortung ab – das ist neben den kurzen Entscheidungswegen ein weiterer Grund dafür, dass Entscheidungen auf so tiefer Hierarchiestufe getroffen werden sollten, wie es sinnvoll ist.
- Erzeugen Sie ein Klima, in dem jeder von anderen Ratschläge einholt und man sich gegenseitig beeinflusst.
- Ermutigen Sie die Mitarbeiter, ihre eigenen Interessen zu thematisieren, sich an gemeinsamen Problemlösungen zu beteiligen, zu verhandeln, Kompromisse zu schließen und eine gemeinsame Lösung zu suchen.

Vision

Ein einheitliches Ziel, eine gemeinsame Vision, z.B. eine Produktvision, ist ein sehr starker Motivator, mit dem ein Team auf eine gemeinsame Richtung eingeschworen werden kann.

Gleichzeitig ist die Produktvision eine starke Unterstützung, um sicherzustellen, dass die einzelnen Features und die Aktivitäten dazu maximal zum Erfolg beitragen.

- Entwickeln Sie eine Produktvision und verfeinern Sie diese gemeinsam mit den Stakeholdern und dem Team – das Ziel ist, die beste Vision mit der Aneignung (Ownership) durch alle Beteiligten zu verbinden.
- Verfeinern Sie diese Vision, z.B. in einem Workshop zur Erstellung einer »Story Map« (siehe Abb. 11–1).
- Visualisieren Sie kontinuierlich die Beziehungen zwischen der Entwicklung der Story Map und den Backlogs des Programms und der einzelnen Teams, sodass der Sinn und der Wertbeitrag durch das Team sichtbar werden.
- Untersuchen Sie kontinuierlich Alternativen, stützen Sie diese ggf. mit Experimenten und analysieren Sie bewusst den letztmöglichen Zeitpunkt (»last responsible moment«), an dem eine Entscheidung getroffen werden muss. Das ist gleichzeitig der Zeitpunkt, an dem die meisten Informationen vorliegen und damit die Grundlagen für die beste Entscheidung bestehen.

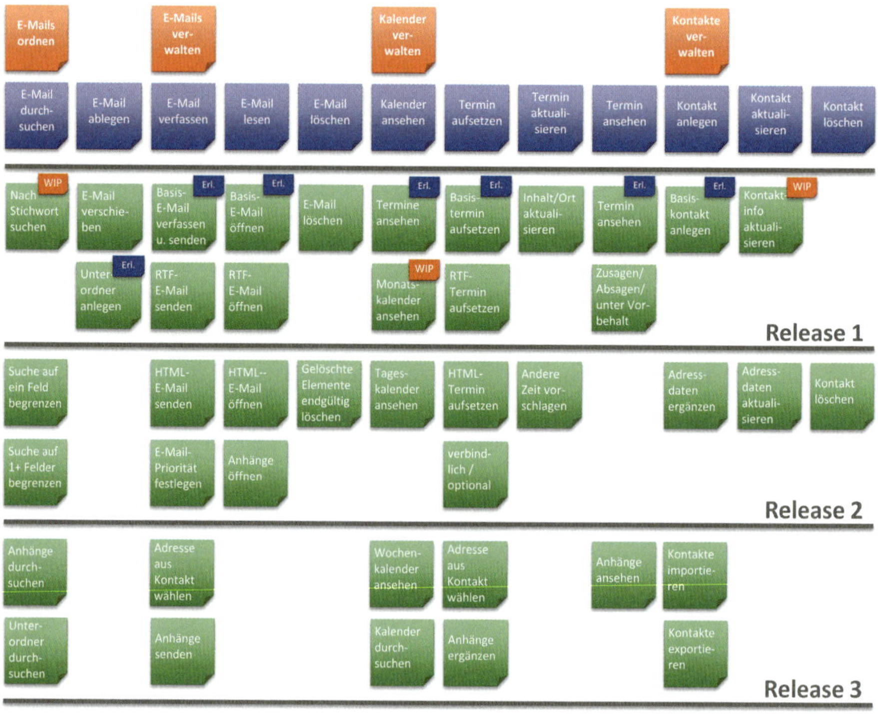

Abb. 11–1 *Story Map*

Lernen und Wissensmanagement

Scrum wurde von Jeff Sutherland und Ken Schwaber unter direktem Einfluss des bekannten Artikels »The New New Product Development Game« von Takeuchi und Nonaka entwickelt [Takeuchi & Nonaka 1986]. Nonaka ist einer der führenden Theoretiker der Organisationsentwicklung nach dem Zweiten Weltkrieg. Er hatte aber nie etwas mit Softwareentwicklung zu tun.

Dieser Artikel nennt »Scrum« (den Rugby-Ansatz) auch nicht in Zusammenhang mit Softwareentwicklung, sondern mit einer bestimmten Führungs- und Wissenskultur. Durch das gemeinsame parallele Arbeiten an einem Thema wird nicht nur die Bearbeitung beschleunigt, sondern es ergeben sich ganz andere Formen der Interaktion und Organisationsentwicklung.

Der interessante Teil ist hier der direkte Zusammenhang zwischen Kooperationsform, Lernen und Umgang mit Instabilität bzw. Überraschungen. Dieser Teil ist auch hier für unsere Diskussion der Motivation wichtig: Motivation muss in der realen Beteiligung und einem tatsächlichen Zusammenhang mit dem Unternehmenserfolg begründet sein.

Instead, companies in Japan and the United States are using a **holistic method – as in rugby, the ball gets passed within the team as it moves as a unit up the field.**

This holistic approach has six characteristics: **built-in instability, self-organizing project teams, overlapping development phases, »multilearning«, subtle control, and organizational transfer of learning.** The six pieces fit together like a jigsaw puzzle, forming a fast flexible process for new product development. Just as important, the new approach can act as a change agent: it is a vehicle for introducing creative, market-driven ideas and processes into an old, rigid organization. [...]

Under the **old approach**, a product development process moved like a **relay race**, with one group of functional specialists passing the baton to the next group [...] Under the **rugby approach**, the product development process emerges from the constant interaction of a hand-picked, multidisciplinary team whose members **work together from start to finish.** [...]

The shift from a linear to an integrated approach encourages trial and error and challenges the status quo. It stimulates **new kinds of learning and thinking within the organization** at different levels and functions. Just as important, this strategy for product development can act as an agent of change for the larger organization.

Takeuchi, H.; Nonaka, I.: The New New Product Development Game. ■ Harvard Business Review, Jan. 1986.

Vertrauen und Zusammenarbeit im Führungsteam

Ein Führungsteam, in dem elementares Vertrauen fehlt, wird mit Sicherheit nicht nur ineffektiv arbeiten, sondern auch gemischte Signale an die Mitarbeiter senden.

Dies macht es sehr schwer, ein überzeugendes Ziel zu vermitteln, und führt dazu, dass das Ziel selbst durch die mangelnde konsistente Unterstützung unglaubwürdig wird. Mitarbeiter werden dadurch sehr schnell demotiviert und meist auch in die politischen Grabenkämpfe hineingezogen.

Ein Führungsteam mit einer glaubwürdigen gemeinsamen Vision ist eine unerlässliche Voraussetzung für eine konsistente Orientierung aller Mitarbeiter an den gemeinsamen Zielen und einer effektiven Organisation.

11.5 Arbeiten mit Teams

11.5.1 Quick Win – Retrospektiven

Retrospektiven sind das vermutlich am stärksten unterschätzte Mittel zur Steigerung der Leistungsfähigkeit eines Teams. Retrospektiven bestehen im Wesentlichen aus zwei Elementen. Das erste Element ist ein »Lessons learned meeting«, das man auch aus vielen klassischen Methoden kennt. Durch die regelmäßige Durchführung entsteht die Gelegenheit für den zweiten Teil: die Entwicklung von konkreten, kurzfristigen Maßnahmen als Konsequenz aus dem Gelernten.

Die ersten Retrospektiven werden normalerweise die allgemeine Arbeitsweise und Zusammenarbeit zum Thema haben. In dieser Phase übt man auch die allgemeine Struktur und den Umgang mit dieser Art Meeting ein.

Eine Retrospektive ist der Struktur nach ein Kreativmeeting. Sie sollte anhand dessen folgendermaßen strukturiert sein:

- Zunächst organisiert man einen bewussten Start der Arbeit in der Retrospektive (»check-in«), durch den die Teilnehmer sich auf die Retrospektive einstellen und auch etwas über die Stimmung der anderen erfahren.
- Dann erfolgt die Öffnungsphase, in der Ideen generiert werden. In dieser Phase ist es wichtig, kritische Einwände zurückzustellen und die Ideen »fließen« zu lassen.
- Erst dann werden die Ideen bewertet und priorisiert, und es werden Konsequenzen für die Arbeit im nächsten Sprint erarbeitet.

Die erste Grundregel einer Retrospektive besagt, dass es nicht um Schuldzuweisungen geht, sondern ausschließlich um das Aufdecken von Verbesserungsmöglichkeiten. Wenn man diese Regel missachtet, dann gibt es eine hohe Wahrscheinlichkeit, dass einzelne Mitglieder sich angegriffen fühlen und defensiv werden. Retrospektiven in einem solchen Klima funktionieren nicht.

Die weiteren Retrospektiven werden thematisch stärker eingeschränkt sein und sich um die jeweils dringendsten Verbesserungsmöglichkeiten drehen. Auf diese Art wird auch der Eindruck vermieden, dass es sich nur um optionale Wohlfühlmeetings handelt. Retrospektiven, richtig durchgeführt, sind der Dreh- und Angelpunkt für einen kontinuierlichen Verbesserungsprozess.

11.5.2 Ein Motivations-Toolkit für Teams

Motivation kann man, wie schon gesagt, nicht von außen herstellen – aber man kann als Führungskraft die Voraussetzungen verbessern, damit sich das Team zusammenfindet und eine starke Motivation entwickelt.

Jeder Mensch und jedes Team ist anders, bestimmte Muster kann man aber bei Wissensarbeitern immer wieder beobachten. Hier ist ein kleiner Baukasten, der sich aus diesen Mustern ableitet.

#1: Überzeugendes Ziel erarbeiten

Richtung und Ziel müssen überzeugend sichtbar, anspruchsvoll und erreichbar sein. Dann kann man daraus eine innere und dauerhafte Motivation ziehen. Kurz gesagt, sie geben dem Team die Möglichkeit, stolz auf seine Arbeit zu sein.

#2: Klare Autorität über den eigenen Arbeitsprozess

Nichts wirkt sich so demotivierend auf kreative und innovative Arbeiten aus wie detaillierte Vorgaben und ein falsches Verständnis von Effizienz. Neben dem klaren Ziel ist eine hohe Autonomie über die Art der Umsetzung ein wirksames Verstärkungsmittel für Motivation.

Zu Anfang werden einige Dinge nicht optimal funktionieren. In diesem Fall sollten Sie die Autorität auf keinen Fall zurückholen. Es empfiehlt sich eher, diese Autorität schrittweise zu übertragen, sodass auftretende Probleme nur begrenzten Schaden anrichten können: Gestalten Sie diese Übertragung als eine Serie von Experimenten und werten Sie sie regelmäßig in Retrospektiven aus.

#3: Klare Rahmenbedingungen

Für das Team und den Einzelnen müssen die Grenzen der eigenen Kompetenz klar kommuniziert werden. So verhindert man frustrierende Konflikte und Missverständnisse sowie verschwendete Energie auf vorgegebene Bedingungen, die sich nicht verändern lassen.

#4: Stabilität

Ein Team braucht Stabilität über einen gewissen Zeitraum, um überhaupt zum Team zu werden und seine Zusammenarbeit zu organisieren und zu verbessern. Teams sollten zusammenbleiben – zu starke Fluktuation oder das häufige Zusammenwürfeln von Teams ist ein sehr teures Hobby für eine Organisation.

#5: Vertrauensvolles Feedback zu Ergebnissen

Für eine Weiterentwicklung ist eine Teamkultur nötig, die vertrauensvolle und konstruktive Kritik ermöglicht. Wenn Kritik nicht als Gelegenheit zum Lernen und zur Weiterentwicklung genutzt werden kann, dann ist nicht nur die Weiterentwicklung des Teams in Gefahr, sondern auch die Zusammenarbeit insgesamt stark behindert.

#6: Interdependenz

Interdependenz ist die gegenseitige Abhängigkeit im Team. Sie ist die Voraussetzung dafür, dass Teammitglieder auch Einblick in die Aktivitäten der anderen haben, daraus lernen und diese im Notfall unterstützen können. Es ist die Voraussetzung für erfolgreiche Zusammenarbeit, Lieferfähigkeit und Risikomanagement.

#7: Investieren in das Team-Building

Die Zusammenarbeit eines Teams darf nicht dem Zufall überlassen werden, sondern sollte regelmäßig Gegenstand der Aufmerksamkeit sein. Das Team sollte auch beständig Zeit und Möglichkeit haben, in die Zusammenarbeit zu investieren.

11.6 Die Organisation entwickeln

11.6.1 Quick Win – Communities of Practice

»Communities of Practice« (CoP) sind eine alte Einrichtung, auch wenn sich der Begriff erst in letzter Zeit eingebürgert hat. Analogien sind die mittelalterlichen Gilden und ähnliche Strukturen zum Wissensaustausch.

CoPs gehen über das normale Networking hinaus, es geht dabei nicht nur um Kontakte, sondern auch explizit um den Austausch und die Weiterentwicklung von Wissen. Diese Art von (selbst-)organisierten Foren zum Wissensaustausch hat mit der zunehmenden Geschwindigkeit, in der Wissen heute veraltet und sich weiterentwickelt, zugenommen.

Eine CoP umfasst folgende drei Elemente:

- **Domain**
  Ein gemeinsames Thema ist Grundlage, Zweck und Legitimation der Zusammenarbeit. Dabei geht es grundsätzlich um praktische Themen – wie gestalten wir unsere Arbeit –, nicht um einen Austausch über Theorien.
- **Community**
  Die Bereitschaft zum Teilen schafft die Möglichkeit, gemeinsam zu lernen. Die Gemeinschaft fördert Beziehungen und Interaktionen auf der Basis gegenseitigen Respekts.
- **Practice**
  Im Rahmen der Zusammenarbeit entsteht ein spezifisches Wissen, ein Satz von gemeinsamen Ideen, Geschichten, Sprache, Information, Frameworks, Stil, Standards etc.

CoPs können in unterschiedlichen Formalisierungsgraden auftreten, und Firmen können diese in unterschiedlichen Graden – von der Duldung bis zur Bereitstellung von Ressourcen, Infrastruktur und freier Zeit – unterstützen. Sie bilden eine ideale Struktur, um Informationen »quer« zu Linien und Abteilungen auszutauschen.

11.6.2 Safe to Fail anstatt Fail-Safe

Fail-Safe ist eine Haltung, dass man nichts dem Zufall überlassen sollte (»fail safe«), sondern alle möglichen Vorkehrungen für ein optimales Ergebnis treffen sollte. Für die persönliche Arbeitsorganisation manifestiert sich das in der Maxime, eine Arbeit gleich beim ersten Mal richtig zu erledigen. Auf organisatorischer Ebene mündet dies in einem starken Fokus auf detaillierte Planung.

Der Ansatz funktioniert am besten, wenn man detailliert die Konsequenzen der eigenen Aktivitäten bestimmen kann. Diese Voraussetzung ist aber immer weniger gegeben. Für eine Organisation bedeutet es, dass sie ihr Überleben in einer dynamischen Welt sichern muss und wesentlich weniger gesicherte Informationen zur Planung zur Verfügung hat. Das verschiebt die Prioritäten drastisch von der Planung zur Informationsbeschaffung durch Versuche und Experimente.

Die Konsequenz daraus ist, dass man möglichst schnell und mit begrenztem Aufwand solches Feedback aus Experimenten erhalten muss (»safe to fail«), um erfolgreich zu sein. Naturgemäß erhält man am schnellsten aus Fehlschlägen die meisten Informationen. Sie dürfen auch nicht stigmatisiert, sondern müssen als Teil des Lernprozesses gefördert werden. Sanktionen oder negative Bewertungen von Fehlschlägen sind eines der großen Hindernisse auf dem Weg hin zu einer dynamischen Unternehmenskultur, die in einer sich schnell verändernden Umgebung erfolgreich macht. Eng damit verwoben sind die Bereitschaft und die Möglichkeit, auf jeder Ebene zum Lernen der Gesamtorganisation beizutragen: Leadership als Haltung sollte sich auf jeder Ebene wiederfinden.

11.6.3 Organisatorische Gründe für Ineffektivität

Regeln und Richtlinien haben oft ein Eigenleben entwickelt, die dem eigentlichen Zweck zuwiderlaufen. Sie werden zu einem Hindernis für eine effektive Organisation.

#1: Das Problem der Komplexität – weniger ist mehr

Die Komplexität eines Gesamtsystems steigt mit jedem neuen Element exponentiell. Viele Produkte werden zu komplex, weil Anforderungen nicht priorisiert sind und der Kundennutzen nicht hinterfragt wird. Übergabeformalien oder falsches Erwartungsmanagement suggerieren, der Umfang der Systeme sei nicht verhandelbar.

Die wenigsten Organisationen arbeiten systematisch daran, Komplexität zu reduzieren, z.B. indem sie obsolete Features entfernen.

#2: Wunschdenken – unrealistische Ziele

Wenn eine erste Planung und Schätzung zeigt, dass nicht alles in der gewünschten Zeit realisierbar ist, liegt die Versuchung nahe, trotzdem so viel wie möglich, d.h. alles, zu bekommen. Das führt in der Regel zu einem nicht nachhaltigen Entwicklungsprozess, zu Druck und zu geringer Motivation.

#3: Technische Schulden

Ein Resultat unrealistischer Projektziele sind technische Schulden. Das Tolerieren von unfertigem Code, das Drängen der Entwickler zu unrealistischen Zeitplänen und das Sparen am Refaktorisieren führen zu unzureichender Qualität, steigenden Wartungskosten und unzufriedenen Kunden.

Schlecht strukturierte oder gar fehlerhafte Software ausliefern heißt technologische Schulden aufnehmen. Und wie andere Schulden muss man auch die zurückzahlen.

#4: Zielvereinbarungen und Performance-Kennzahlen

Dinge können sich rapide in die falsche Richtung entwickeln, wenn man versucht, die Leistung eines »Wissensarbeiters« zu messen. Ein Belohnungssystem auf der Basis von individuellen Kennzahlen führt sofort zu falschen Anreizen und Fehlsteuerungen.

Insbesondere Performance-Kennzahlen zur Messung der individuellen Auslastung der Mitarbeiter verhindern eine gute Teamleistung. Tom DeMarco und Timothy Lister [DeMaro & Lister 1999] nennen dieses Phänomen »teamicide«, wenn durch individuelle Leistungsbewertung die Stimmung und Teammoral untergraben werden.

#5: Auslastungsfetisch und Effektivität

Ein Mythos für eine optimale Einsatzplanung besteht darin, alle Mitarbeiter möglichst zu jedem Zeitpunkt hundertprozentig auszulasten. Manchen Vorgesetzten ist es in Fleisch und Blut übergegangen, dass es nichts Schlimmeres gibt als eine nicht ausgelastete Ressource – und darunter zählte man wie selbstverständlich auch die Mitarbeiter.

Eine hundertprozentige Auslastung führt dazu, dass in einer Entwicklungsumgebung nichts Kreatives mehr passieren kann. Darüber hinaus weiß man auch schon in einem industriellen Umfeld, dass Vollauslastung unerwünschte Nebeneffekte und einen niedrigeren Durchsatz zur Folge hat [Goldratt 1990].

12 SAFe erfolgreich einführen

12.1 Der SAFe-Standardweg

SAFe 4.0 enthält schon eine eindeutige Aussage darüber, wie man normalerweise eine Einführung startet:

1. Alle Beteiligten trainieren
2. Starte Agile Release Trains

Damit minimiert man die Phase der Unsicherheit, die mit einem Übergang verbunden ist. Die Feinabstimmung und Weiterentwicklung können dann im laufenden Betrieb vorgenommen werden.

Das bedeutet eine Art »Big Bang«, allerdings nicht notwendigerweise für die gesamte Firma, sondern nur für einen spezifischen Bereich, der für die Transformation ausgewählt worden ist. Im Kontext der Gesamtfirma können trotzdem agile und nicht agile Bereiche nebeneinander bestehen.

Gemischte Erfahrungen hinterlassen ihre Spuren

In der Praxis hat sich oft gezeigt, dass eine differenzierte Portfoliosteuerung erst dann ihren Wert entfalten kann, wenn die Ausführungsebenen (execution) adäquat funktionieren. Die meisten Implementierungen beginnen daher auf der Programmebene, d.h. mit Agile Release Trains.

In der Version 4.5 sind gemischte Erfahrungen von weniger erfolgreichen Implementierungen eingeflossen. Das hat neben der wesentlich stärkeren Betonung der Lieferpipeline auch zu einer differenzierteren Betrachtung der Einführungsempfehlungen geführt.

Die Schritte in SAFe 4.5

SAFe 4.5 hat eine Roadmap definiert (siehe Abb. 12–1):

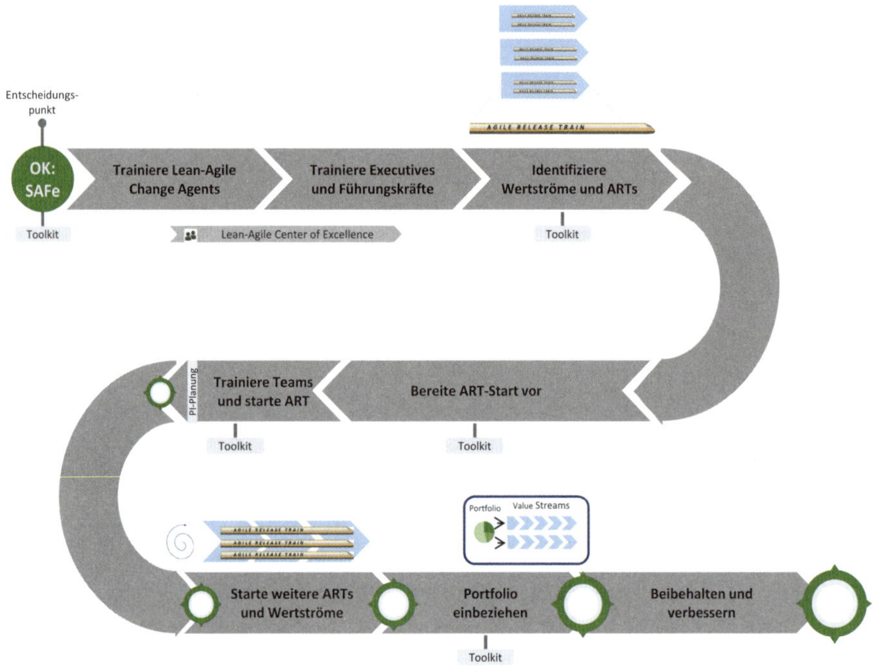

Abb. 12–1 *Die Einführungs-Roadmap in SAFe*

Diese Roadmap enthält Vorschläge für die typischen Schritte einer Einführung:

- Entscheidung für SAFe (»reaching the tipping point«)
- Trainieren der Change Agents als Treiber der Einführung
- Trainieren der Führungspersonen
- Identifizieren der relevanten Wertströme und Release Trains
- Erstellen eines Implementierungsplans
- Vorbereiten des Starts pro Release Train
- Trainieren der Teams und starten mit dem ART
- Coachen der ARTs
- Einführen weiterer ARTs
- Erweitern der Implementierung auf das Portfolio
- Starten mit der kontinuierlichen Verbesserung und sichern der Nachhaltigkeit der Implementierung

Daneben enthält sie Vorschläge für Tätigkeiten, die für jeden Wertstrom durchgeführt werden sollten, wie die Erstellung einer Übersicht in Form eines »Canvas« wie in Abbildung 12–2 gezeigt:

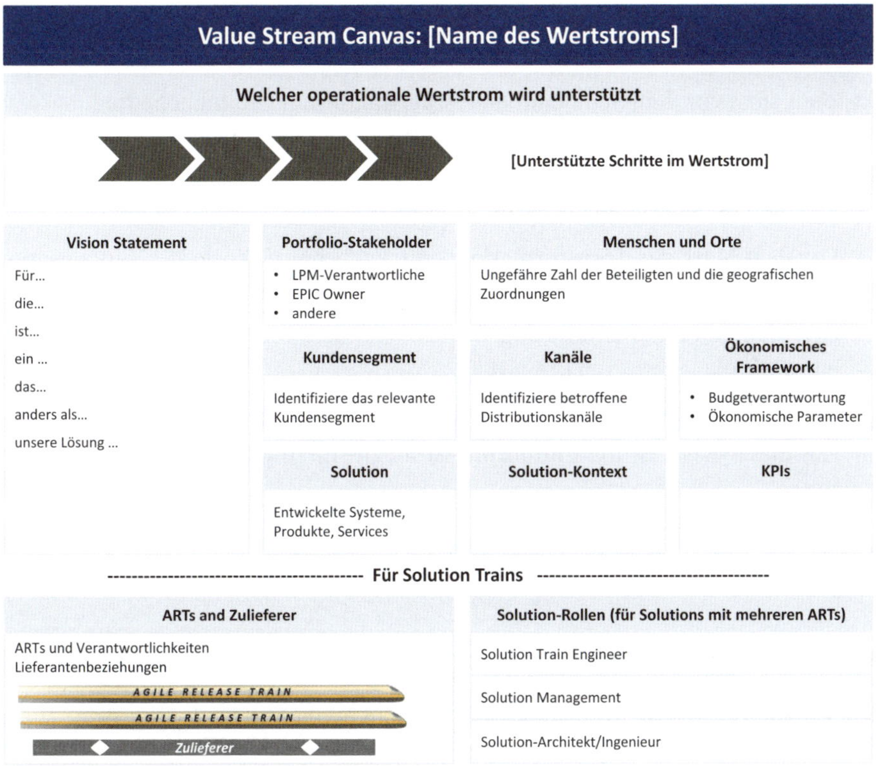

Abb. 12–2 *Canvas für einen Entwicklungswertstrom*

Ein praktischer Anwendungsfall

Wir bei der improuv GmbH haben die Erfahrung gemacht, dass diese Vorgehensweise unstreitig Vorteile hat, aber nicht in jedem Unternehmen funktioniert. Zumindest sollte man die Voraussetzungen für eine erfolgreiche SAFe-Einführung prüfen bzw. schaffen.

Ein Kunde nutzte schon Scrum in den Entwicklungsteams und lud uns ein, ihn bei seiner SAFe-Einführung zu unterstützen. Er hatte richtig erkannt, dass seine Probleme nicht allein mit der Scrum-Einführung in einzelnen Teams zu lösen waren. Allerdings mussten wir feststellen, dass sich viele Missverständnisse und Versäumnisse in der Scrum-Implementierung eingeschlichen hatten – von fehlender Testautomatisierung bis zum mangelnden Verständnis der Rolle von Scrum Mastern bei der kontinuierlichen Verbesserung. Als erste Maßnahme stoppten wir die SAFe-Einführung und verbrachten ca. sechs Monate damit, diese

Defizite zu bearbeiten. Die anschließende Einführung von SAFe verlief dann sehr problemlos, gefühlt wie von selbst.

Die solide Verankerung von agilem Gedankengut in Teams und Führung lässt sich nicht überspringen.

Rahmenbedingungen schaffen

Es lohnt sich, vor dem Start ein tieferes Verständnis der Rahmenbedingungen zu erwerben. Einige bekannte Fallstricke lassen sich damit umgehen – es bleiben in jeder praktischen Implementierung noch genügend Unwägbarkeiten übrig, um diese spannend und herausfordernd zu gestalten:

- Vor dem Start der Transformation sind Vorbereitungen in der Organisation durchzuführen.
- Der Change-Prozesse muss allgemein verstanden werden.
- Die Einführung von agilen Methoden ist etwas Besonderes, sie bedeutet einen grundlegenden Wandel.
- Auf dieser Basis ist die Einführungsstrategie auszuwählen und zu kommunizieren.

12.2 Vor dem Start

12.2.1 Bestandsaufnahme

Vor einem Umzug ist es angemessen, die alte Wohnung zu entrümpeln. Wenn man für eine Transformation die Metapher eines Umzugs nutzt, ist es hier ähnlich: Alte Gewohnheiten und Strukturen werden nicht nur zusätzlichen Ballast bereiten, sondern sie sind auch eine erhebliche Quelle für Widerstand, widersprüchliche Signale für die Belegschaft und eine unklare Richtung.

Man kann auch sagen: **Räum dein Haus auf.** Wenn man versucht, dysfunktionale Strukturen quasi im Vorbeigehen zu verbessern, steigt die Komplexität des Veränderungsprozesses und damit die Gefahr eines Fehlschlags gefährlich an. Auf der anderen Seite will man die (teure) Phase der Verunsicherung verkürzen und möglichst bald in den Genuss der Veränderung kommen. Es gilt hier wie immer, das richtige Maß zu finden und zumindest die wichtigsten Felder für eine Bereinigung zu identifizieren und zu bearbeiten:

- **Scrum-Praktiken**
  Scrum bedeutet cross-funktionale Teams mit Verantwortung für ihre Arbeit. Das ist bei Weitem nicht in allen Scrum-Implementierungen auch so umgesetzt. Wenn Scrum in den bestehenden Teams nur als formaler Prozess verstanden wird, dann ist die Wahrscheinlichkeit hoch, dass Teams und Manage-

ment diese Fehler mit noch größerem Schaden in die größere SAFe-Implementierung einbringen.

- **Software Engineering**
  Schlechter Code hat eine um Größenordnungen schlimmere Auswirkung in einem größeren Kontext, als wenn nur einzelne Teams für sich arbeiten. Teams, die technische Schulden produzieren, werden einen Welleneffekt durch das ganze Programm bewirken, die Lieferzuverlässigkeit massiv beeinträchtigen und die Idee »Liefern nach Anforderung« zur Makulatur werden lassen.
- **Zufällige Komplexität**
  Technisch mangelhafte Softwarepraktiken und falsche organisatorische Vorgaben haben eine gemeinsame Konsequenz: Sie erhöhen die Komplexität des Gesamtvorhabens und führen zu Unübersichtlichkeit auf jeder Ebene.
- **Finde die »Niere«**
  Das SAFe-Denkwerkzeug zum Identifizieren von Wertströmen in einer Matrixorganisation (siehe Abschnitt 7.6.1) ist ein gutes Beispiel für das Identifizieren und Beseitigen zufälliger Komplexität. Erst dann schält sich der essenzielle Teil der Komplexität der Entwicklung heraus.

12.2.2 Ziele und Voraussetzungen explizit machen

Ebenso wichtig ist die Klärung der Ziele der Transformation. Dazu sollte man sich über die Werte und Prinzipien klar werden, auf denen man die Transformation gründet.

- **Flow**
  Unabhängig vom Startpunkt steht ein **Ziel** im Mittelpunkt der Transformation: die effektive, kontinuierliche und zuverlässige Lieferung wertvoller Software. Das **Mittel** der Wahl basiert hier auf SAFe, das wiederum auf den Prinzipien des Product Development Flow von Don Reinertsen [Reinertsen 2009] und auf selbstorganisierten Scrum-/XP-Teams aufsetzt.
- **Kontinuierliche Verbesserung**
  Die gesamte Organisation muss verstehen und annehmen, dass der Wandel die neue Konstante darstellt und Veränderung ab jetzt nicht mehr »abgeschlossen« ist. Andernfalls bedeutet jede neue Verbesserung wieder unerwarteten Stress, Verunsicherung und Widerstand.
- **Transparenz**
  Transparenz und Vertrauen sind untrennbar miteinander und mit einer nachhaltigen Delegation von Verantwortung verknüpft – und sie sind unverzichtbare Grundlagen einer Kultur, die kontinuierliche Verbesserung lebt.

- **Scheitere hart und schnell**
  Zur Transparenz gehört auch die Bereitschaft, auf jeder Ebene mutig die Konsequenz aus Fehlern zu ziehen und Fehlentscheidungen zu korrigieren. Das bedeutet auch, Produkte und Features wegzuwerfen, die vielleicht teuer waren, die aber nicht akzeptiert werden oder nicht die nötige Qualität aufweisen. Ohne eine offene Fehlerkultur wird sich die Neigung halten, eigene Fehler zu kaschieren und auszusitzen.
- **Commitment**
  Ein klassischer Fehler nicht gelungener agiler Transformationen ist die Haltung des Managements, dass agile Vorgehensweisen nur die IT (oder sogar nur die Programmierer) betreffen. Einzelne Scrum-/XP-Teams werden das als Hindernis oder suboptimale Umgebung wahrnehmen. Eine SAFe-Implementierung wird das noch deutlicher sichtbar machen: Sie wird einen starken Anreiz hin zu einer engeren Zusammenarbeit und einer engeren Kopplung der Ebenen bieten, auch von strategischer Führung bzw. Portfolio und Programm.
- **Postheroische Führung**
  Eine agile und Lean-Umgebung erfordert Führungspersonen, die loslassen können, die ihre Mitarbeiter aktiv entwickeln und zu Entscheidungen befähigen. Entscheidungen müssen auf der richtigen Ebene angesiedelt sein, in der Regel heißt das: so niedrig wie möglich. Leiter, die als Superhelden alles entscheiden wollen, be- oder verhindern diesen Prozess.

12.3 Change-Prozesse verstehen

Für die Transformation einer Organisation auf agile und Lean-Methoden gelten viele Erfahrungen, die allgemein mit Veränderungsprozessen gemacht wurden. Diese Transformation ist ein Veränderungsprozess – nur kein ganz normaler.

Zunächst zur Frage, was einen Veränderungsprozess ausmacht.

Die Phasen eines Veränderungsprozesses

In einem klassischen Veränderungsprozess[1] [Lewin 1947] unterscheidet man drei Phasen (siehe Abb. 12–3):

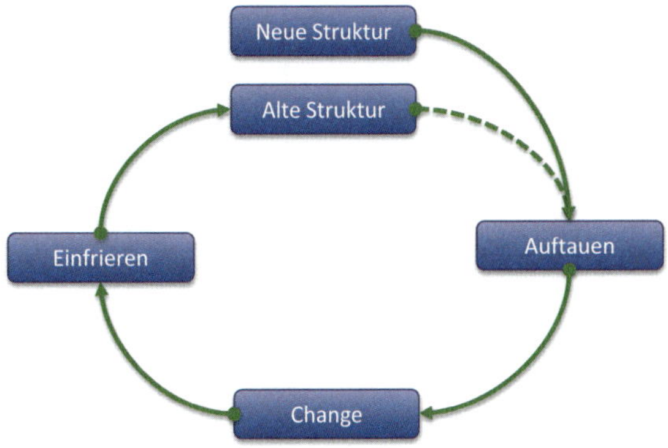

Abb. 12–3 *Veränderungsprozess nach Lewin*

- **Auftauphase**
  Hier gewinnt die Einsicht Raum, dass es nicht in gleicher Weise weitergehen kann und dass das Verhalten der Organisation nicht mehr den aktuellen Notwendigkeiten entspricht. In dieser Phase muss ein Veränderungsdruck wahrgenommen werden, der zum Auftauen der gegenwärtigen Verhältnisse führen muss. Diese Phase kann durchaus als Krise wahrgenommen werden.
- **Bewegungsphase**
  Jetzt werden Pläne und Lösungen für eine Veränderung generiert und umgesetzt. Es wird eine neue stabile Situation gesucht.
- **Einfrierphase**
  Die neue Situation wird implementiert.

Ablauf eines Change-Prozesses

Die beispielhafte Performance- und Zufriedenheitskurve (»Satir-Modell«) zeigt einen typischen Ablauf von Change-Prozessen (siehe Abb. 12–4). In eine vertraute Umgebung wird ein neues Element eingeführt. Das führt zu Verunsicherung, zum Teil zu Angst vor dem Unbekannten und Widerständen sowie zur Verteidigung von Gewohnheiten und Besitzständen. In der Folge wird einiges nicht gelingen: Das Alte funktioniert nicht mehr, das Neue noch nicht. Schrittweise schält sich der neue Zustand heraus, und die Vorteile der Änderung werden sichtbar.

---

1. Die Grundprinzipien sind hier sehr übersichtlich – neuere Modelle wie das ADKAR-Modell [Hiatt 2006] differenzieren stärker, insbesondere die notwendigen Schritte der Einfrierphase.

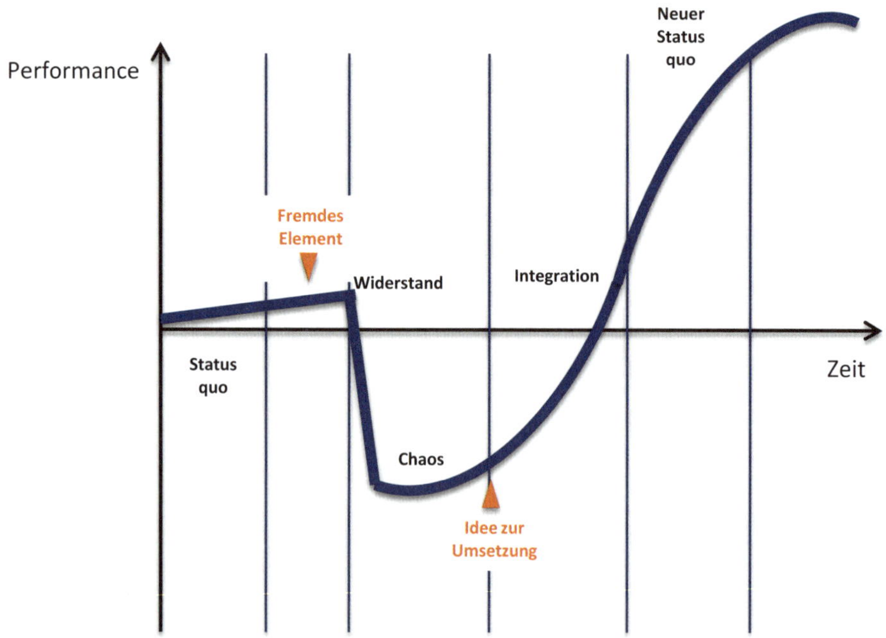

Abb. 12–4 *Performance- und Zufriedenheitskurve nach dem Satir-Modell (nach Steven M. Smith)* [2]

In der dritten Phase kehren manche Organisationen um, weil die Einschnitte zu schmerzhaft sind oder weil zu viele »Leichen im Keller« aufgedeckt werden. Das gilt auch im Fall von SAFe, und Kotters Erkenntnisse zu den Erfolgsbedingungen [Kotter 1996] gelten auch hier, insbesondere:

- SAFe braucht einen Sponsor.
- SAFe muss intensiv kommuniziert werden.
- Die Dringlichkeit einer Transformation zu einer agilen und Lean-Organisation muss vermittelt werden.

Wann gelingt ein Veränderungsprozess

John P. Kotter [Kotter 1996] hat seine Erfahrungen mit Veränderungsprozessen in einem Modell zusammengefasst, das man wahlweise als Stufenmodell oder als die wichtigsten Voraussetzungen für das Gelingen eines Veränderungsprozesses ansehen kann:

- Gefühl der Dringlichkeit vermitteln
- Führungskoalition aufbauen
- Vision und Strategie entwickeln

---

2. *http://stevenmsmith.com/ar-satir-change-model*

- Vision kommunizieren
- Hindernisse aus dem Weg räumen
- Kurzfristige Erfolge sichtbar machen
- Veränderung weiter antreiben, nicht nachlassen
- Veränderungen in der (Unternehmens-)Kultur verankern

Diese Beschreibung ist schon wesentlich ganzheitlicher, iterativer. Die einzelnen Aspekte kommen parallel vor und verstärken sich gegenseitig.

Der Prozess und die Menschen

Kommunikation allein reicht allerdings nicht. Um die Betroffenen nachhaltig zu beteiligen, muss die neue Struktur zu der ihren werden, sie müssen zu Beteiligten und Miteigentümern der Vision werden.

- **Menschen mitnehmen**
  Die Verunsicherung der Menschen muss adressiert werden: durch Aufzeigen der Perspektive, ihnen dabei zu helfen, sich zum einen zu öffnen und zum anderen neue Möglichkeiten zu finden, mit den Veränderungen umzugehen.
- **Rollen besetzen**
  Eine wesentliche Quelle der Verunsicherung ist die Frage: Welche Rolle werde ich nach der Änderung spielen?
- **Erwartungen abgleichen**
  Konkrete Diskussion der notwendigen Änderungen und Klarheit über die Erwartungen des Managements hilft den Mitarbeitern, sich ein klareres Bild über die neue Situation zu machen.
- **Externe Erwartungen managen**
  Ebenso müssen Kunden und andere externe Stakeholder auf die Veränderungen vorbereitet und kontinuierlich beteiligt werden.
- **Ausbilden**
  Nicht zuletzt ist es auch nötig, die neuen notwendigen Skills aufzubauen und die Veränderung zu einer Chance für die persönliche Entwicklung zu machen.

12.4 Mehr als ein normaler Change-Prozess

Change ist die Regel, nicht die Ausnahme

Die Häufigkeit von Veränderungsprozessen hat sich in den letzten Jahren dramatisch erhöht. Konnte man früher davon ausgehen, dass eine Organisation nach einem Veränderungsprozess eine Verschnaufpause einlegen würde, so steht typischerweise heute schon die nächste Veränderung ins Haus – wenn nicht gar Veränderungen parallel und überlappend angegangen werden.

Für Organisationen und ihre Belegschaft bedeutet dies, dass Veränderung der Normalzustand ist. Man muss ihn als solchen akzeptieren und Veränderungen auch in der gebotenen Ruhe angehen (auch hier gilt die Erkenntnis, dass man auf Dauer mit nachhaltiger Geschwindigkeit die beste Leistung und Qualität erzielt).

Iterieren zur Agilität

Mike Cohn [Cohn 2009] hat die Formulierung »Iterieren zur Agilität« für diese Bereitschaft zum ständigen Verändern geprägt. Wir sehen dies als eine der Grundlagen für eine erfolgreiche Umstellung einer Organisation auf agile Prinzipien.

Damit stellt sich auch eine der wichtigen Fragen an ein Konzept bzw. an ein Framework: Inwieweit unterstützt es eine Fokussierung auf einen ständigen Veränderungsprozess?

12.4.1 Startpunkt eines Transformationsprozesses

Von Anfang an sollte man verankern, dass die Einführung von SAFe keine einmalige Änderung ist, sondern kontinuierlich im Sinne einer »Agilen Evolution[3]« (siehe Abschnitt 10.2) weiterentwickelt wird.

Geschäftsziele reflektieren

Zu Beginn einer Transformation sollte man die allgemeinen Ziele und Rahmenbedingungen reflektieren, mit denen sich das Unternehmen im Markt bewegt. Diese sind von ihrer Natur her langfristig angelegt, vielleicht ergeben sich daraus aber noch keine konkreten Handlungsvorgaben für die Entwicklung. Zusätzlich sollte man sich auch über die strategischen Themen verständigen, die oft deutlicher die Richtung für Neu- und Weiterentwicklungen vorgeben.

Business-Capabilities bestimmen

Daraus ergeben sich die Kernfähigkeiten oder Business-Capabilities, die die Organisation bereitstellen muss, um erfolgreich im Markt zu agieren. Auf der anderen Seite hat man damit eine Richtschnur für Metriken, d.h., man hat Klarheit darüber, warum und was man bewerten will.

Initiale Metriken auswählen

In SAFe wird ein initialer Satz von Metriken auf allen drei Ebenen vorgeschlagen. Das ist ein möglicher Startpunkt. Wir haben im »Agile-Evolution-Prozess« einen umfangreichen Katalog von weiteren Metriken zusammengetragen, aus denen wir geeignete in eine konkrete SAFe- oder Scrum-Einführung einbringen.

---

3. Siehe *http://agile-evolution.com*.

Auf Teamebene betreffen diese die Dimensionen:

- Scrum-Praktiken
- Zusammenarbeit
- Produktqualität
- Konsistente Lieferung
- Agile Softwaretechniken
- Kontinuierliche Verbesserung

Auf den anderen Ebenen kommen andere Dimensionen wie Agilität der Organisation, die Führungskultur und die Strukturierung der Wertströme zum Tragen.

12.5 Strategien zur Einführung

Wenn man die Performance- und Zufriedenheitskurve (siehe Abb. 12–4) für eine Prognose der Leistungsfähigkeit der Organisation während der Umstellungsphase nutzt, dann liegt es nahe, die Phase reduzierter Leistungsfähigkeit so weit wie möglich zu verkürzen.

Damit stellt sich die Frage, auf welcher Ebene die Einführung starten sollte.

- **Starten bei den Teams**
  Diese Strategie ist am wenigsten riskant. Die einzelnen Teams können in ihrem eigenen Tempo lernen, dabei Altlasten aufräumen und Erfahrungen der anderen Teams nutzen. Allerdings sind die möglichen positiven Auswirkungen ebenfalls begrenzt: Die alten Organisationsstrukturen werden in der Übergangszeit ein Hindernis für die Teams bleiben.
- **Starten mit dem Programm**
  Diese Variante ist sinnvoll, wenn sich der Zuschnitt der Wertströme sofort ergibt oder bei mittelgroßen Firmen mit nur einem Wertstrom. Sie wird dazu führen, dass sich die Änderung am direktesten auf die zuverlässige und kontinuierliche Lieferung auswirkt.
- **Starten mit dem Portfolio**
  Diese Variante setzt voraus, dass die Führungsebene schon gut mit den agilen und Lean-Prinzipien vertraut ist und diese leben kann und will. Das Problem ist die lange Zeit, bis sich Auswirkungen einstellen, denn zu Anfang sind die Programme noch wasserfallorientiert und liefern nicht besser als vorher.

Big Bang

SAFe schlägt als bevorzugte Vorgehensweise eine Variante einer Big-Bang-Einführung auf der Programmebene, d.h. für einen Agile Release Train, vor: alle Beteiligten schulen und einen Agile Release Train einführen.

Dies bedeutet für große Organisationen nicht wirklich einen globalen Big Bang, da man die einzelnen Trains über die Zeit verteilen kann.

Die Betonung beim Schulen liegt auf **alle**, also einschließlich aller Manager und anderen Stakeholder.

12.5.1 Referenzszenario

Diese Vorgehensweise führt zu einem Referenzszenario, das in vollem Umfang nur für große Organisationen zutrifft:

- Finden der »Niere«, Identifizieren der Wertströme
- Separieren der Organisation nach Wertströmen
- Umstellen eines Wertstroms nach dem anderen – das Portfolio wird in der Übergangszeit Wasserfallbereiche und Agile Release Trains managen
- Den Wertstrom in Release Trains einteilen
- Alle (alle!) Beteiligten an einem Release Train schulen
- Einen Release Train mit dem ersten PI-Planungsmeeting starten
- Intensiv betreuen und weiter schulen und den kontinuierlichen Verbesserungsprozess, d.h. regelmäßiges Inspect & Adapt, initiieren und in Gang halten

12.6 Nachhaltigkeit planen

Oft lässt nach einer ersten Einführung die Energie für weitere Veränderungen nach, daher sollte man frühzeitig organisatorische Vorkehrungen treffen, diesen Geist der Veränderung am Leben zu halten.

- **Den kontinuierlichen Verbesserungsprozess treiben**
  Wer ist für diesen Prozess verantwortlich? Auf Teamebene ist das der Scrum Master, auf der Ebene eines Release Train sein Äquivalent, der RTE (Release Train Engineer). Für ein Portfolio oder die ganze Firma muss eine eigene Antwort gefunden werden, z.B. in Form eines Enterprise-Coaches oder eines agilen Kompetenzteams.
- **CoPs (Communities of Practice) gründen**
  Wissen und Innovation entsteht an allen Stellen – es muss Raum gegeben werden, dieses Wissen zu verbreiten. Für technische Praktiken zum Beispiel sind die Architekten die natürlichen Kandidaten, um den Wissensaustausch zu treiben.

- **Lernen durch Experimente**
  Die Teams haben mit den IP-Sprints (IP steht für Innovation und Planung) einen gewissen Freiraum, durch Experimente zu lernen. Wenn man das Beispiel Spotify (siehe Abschnitt 14.4) betrachtet, sieht man, dass das noch wesentlich weiter ausgebaut werden kann. Zum Beispiel: Können Teams auch am Markt agieren und damit einen Beitrag zur Ausrichtung des Wertstroms insgesamt liefern, agieren sie wie ein internes Start-up? Das kann dazu beitragen, dass der Lernprozess der gesamten Organisation erheblich beschleunigt und intensiviert wird.

12.7 Fehler und Fallen

Aus dem Gesagten kann man direkt einige der häufigsten Fallen ableiten:

- Ausrollen als Blaupause, unkritische Übernahme aller Vorschläge erfolgt ohne eine Orientierung, Richtung, Weiterentwicklung.
- Kein Sponsor – die Ziele und Erwartungen sind nicht kommuniziert und haben keinen starken Rückhalt im Management.
- Nur die IT selbst ist beteiligt, das höhere Management versteht nicht, wie seine Führungsrolle sich dabei verändert.
- Technische Grundlagen werden vernachlässigt, die technischen Schulden werden nicht konsequent bekämpft.
- Kein Verständnis für die Werte und Prinzipien, SAFe wird nur als eine Sammlung von Vorschriften betrachtet.

Eine letzte Frage stellt sich noch bei einer Einführung: Ist SAFe ein Schritt vorwärts oder ein Schritt zurück? Sehr fortschrittliche Firmen verfügen über weiterentwickelte agile Strukturen. Für diese ist es sinnvoll, sich SAFe nur als Ideensammlung anzusehen und einzelne Praktiken in ihre agile Kultur einzubauen, d.h. nicht alle Bestandteile des SAFe-Frameworks zu übernehmen.

13 Agile Architektur skalieren

13.1 Die Rolle der Softwarearchitektur

> *»Architektur repräsentiert die signifikanten Designentscheidungen, die ein System gestalten, wobei ›signifikant‹ durch die Kosten von Änderungen bestimmt wird.«*
>
> *(Grady Booch [Booch 2011])*

Daraus ergeben sich allgemeine Kriterien für eine »gute« Architektur:

- **Das Prinzip der Emergenz**
  Architektur muss veränderbar sein und sich an neue Anforderungen aus Technologie und Markt anpassen
- **Das Prinzip der losen Kopplung**
  Die Reichweite von Änderungen muss überschaubar bleiben.
- **Das Prinzip der geringsten Überraschung**
  In verschiedenen Komponenten sollten Entscheidungen ähnlich getroffen werden, damit eine einfachere Wiedererkennung und Einarbeitung gewährleistet ist.

Gleichzeitig gibt es auch Grenzen emergenter Architektur: In einer skalierten Umgebung braucht die Architektur eine vorausschauende Planung, da sonst die Integrität schwer herzustellen ist und die Kommunikationsaufwände explodieren.

Neben den emergenten Aspekt muss eine übergreifende Sicht treten, bei der neuralgische Punkte vorhergesehen werden und die Konsistenz mit übergreifenden Zielen sichergestellt wird. Dieser Aspekt heißt intentionale Architektur.

SAFe empfiehlt eine Kombination aus emergentem Design und der vorausschauenden Planung kritischer Aspekte in einer intentionalen Architektur und im »Architectural Runway.«

13.2 Architektur in SAFe

Die Betrachtung von Architektur bei SAFe erstreckt sich über alle Ebenen eines Unternehmens und ist Gegenstand eines intensiven Austauschs der Verantwortlichen bzw. involvierten Personen.

Bei der Entstehung einer Architektur werden einige Entscheidungen auf Portfolio- und Programmebene einem allgemeinen Ansatz von emergentem Design zur Seite gestellt. Agile Architektur entsteht aus einer Kombination von emergentem und intentionalem Design.

Die Landebahn – Architektur auf Programmebene

Mit einer typischen Anzahl von 5–12 Teams in einem Programm wächst die Notwendigkeit, genügend Abstimmungen zu schaffen, damit die Teams stabile Grundlagen zur Bearbeitung vorfinden und der Kommunikationsaufwand sich in Grenzen hält.

Solche Vorgaben können sowohl aus Architekturvision, Richtlinien, Enablers bzw. Architektur-Epics als auch aus der Implementierung neuer Features entstehen. Die Arbeit an der Weiterentwicklung auf Programmebene ist also nicht auf die Umsetzung der Enablers oder Architektur-Epics beschränkt (sie sollte nicht einmal die Mehrzahl der Aufgaben daraus ziehen).

SAFe verwendet hierfür die Metapher der Landebahn (»Architectural Runway«), sie umfasst den Code, der bei Beginn einer Iteration vorhanden sein muss, damit die Teams mit ihren neuen Features »darauf landen« können. Während der Iteration arbeiten die Teams also auch daran, das Minimum an Voraussetzungen für die Landebahn der nächsten Iteration zu definieren.

13.3 Sieben SAFe-Prinzipien zur agilen Architektur

SAFe fasst die Empfehlungen zur Architektur in einem Katalog von sieben Ratschlägen zusammen, um das Unternehmen in die Lage zu versetzen, für den Endnutzer so viel Wert wie möglich bereitzustellen.

#1: Design entwickelt sich – Architektur ist Kooperation

Die Komplexität großer Softwaresysteme macht zentralisierte Entscheidungen äußerst ineffizient. Entscheidungen, auch Designentscheidungen, müssen von den Teams gemeinschaftlich getroffen werden, die sie auch umsetzen können.

Design ist emergent, es wächst parallel mit der Geschäftsfunktionalität, d.h., es wird durch die Realisierung und Integration neuer User Stories getrieben und ständig durch Refaktorisierung weiterentwickelt.

Intentionale Architektur: In großen Systemen entsteht leicht ein hohes Maß an Abstimmungsaufwand, außerdem häufiges Redesign und zu geringe Stabilität der Umgebung. Nur emergentes Design reicht hier nicht aus. Es ist notwendig, einige der erforderlichen Entscheidungen zu antizipieren, um eine stabile und ökonomische Umgebung zu sichern. Dies bedeutet kein globales Design am Anfang, sondern nur so viel Vorarbeit wie nötig und so spät wie möglich. Unter Umständen ist dies auch nötig, um externe Restriktionen und strategische Ziele zu berücksichtigen. Diesen Aspekt nennt man intentionale Architektur. Sie stärkt die Teams, hilft ihnen, sich besser auf das gemeinsame Ziel auszurichten, und braucht eine ständige Rückkopplung aus den Teams.

Intentionale Architektur und emergentes Design ermöglichen die effektive Realisierung großer Systeme.

#2: Je größer das System, desto länger die Landebahn

Die Landebahn ist die Menge von Softwareinfrastruktur, die exzessives Redesign vermeidet. Tendenziell wird diese Landebahn bei großen Systemen länger[1]. Sie sollte nur so viel Code umfassen, wie von einem System benötigt wird. In großen Systemen sind die Elemente aus den Epics und Architektur-Epics heruntergebrochen. Sie sollten in ein bis zwei Iterationen passen und sich nur auf einen Agile Release Train (ART) beziehen.

Die Epics und Architektur-Epics werden wiederum in Features, User Stories und Prototypen (»Spikes«) heruntergebrochen, abgesichert und implementiert.

#3: Baue die einfachste Architektur, die funktionieren kann

Einfaches Design hilft dabei, sich neuen Anforderungen schneller anzupassen.

Die allgemeinen Ideen der agilen Softwareentwicklung geben auch für die Architektur nützliche Hinweise:

- Kontinuierlich refaktorisieren
- Die »Clean Code«-Designrichtlinien beachten (single responsibility, open-closed, YAGNI)
- Architektur ist Kommunikation: Beschreibe die Architektur in einer gemeinsamen Sprache möglichst nahe am Domänenmodell.

#4: Im Zweifel implementiere oder modelliere es

Technische Prototypen (»Spikes«) helfen dabei, Risiken bzw. Unsicherheiten abzubauen. Sie können dramatisch dazu beitragen, Umwege zu vermeiden.

---

1. Sie wird auch länger, wenn die Codebasis zu eng gekoppelt ist. Die Notwendigkeit vieler Vorarbeiten ist auch sehr oft ein Warnzeichen für eine schlechte Codebasis.

Wenn der Bereich zu groß ist, können auch Modelle helfen:

- Visualisierungs-Workshops wie Story Mapping
- Visuelles Domänenmodell
- Use-Case-Modelle zum Kommunizieren von Zielen und dem Systemverhalten

#5: Wer etwas entwickelt, soll es auch testen

Die Testbarkeit muss im Design eines Systems eingebaut werden. Das heißt, dass die Verantwortung für die Testbarkeit und für die kontinuierliche Durchführung der Tests bei den Teams (einschließlich des Architekten) liegt. Sie können diese Verantwortung nicht delegieren, da sie sonst keine Möglichkeit mehr haben, die Qualität des Systems sicherzustellen.

#6: Es gibt kein Monopol auf Innovation

Innovation in Bezug auf die Architektur startet bei den Teams. Dies ermöglicht die breiteste Basis für Ideen und eine schnelle Überprüfung und Umsetzung. Der Architekt hat die Rolle, die innovative Kraft der Teams zu stärken und sicherzustellen, dass die Innovationen keine unerwünschten disruptiven Nebenwirkungen auf andere Teams haben.

Mit den IP-Sprints gibt es einen vorgesehenen Raum für das Erproben dieser Ideen. Eine mögliche Ausgestaltung sind Hackathons[2]: Arbeite, woran du willst und mit wem du willst – die einzige Bedingung ist, dass du es anschließend dem Team präsentierst.

#7: Implementiere einen Fluss von Architektur

Eine Unternehmensarchitektur kann viele Release Trains betreffen. Diese Vorhaben werden auf Architektur-Epics heruntergebrochen und in den einzelnen Trains bearbeitet.

Durch das Unternehmens-Kanban-System wird sichergestellt, dass nur eine begrenzte Anzahl solcher Epics in Bearbeitung ist und dass diese auch in überschaubarer Zeit abgeschlossen werden.

Dadurch wird die gesamte Komplexität der Arbeit an der Architektur begrenzt.

2. Diese Form der Innovationsförderung ist unter dem Namen »Fedex-Day« als Erfindung der australischen Softwarefirma Atlassian bekannt geworden.

13.4 Enterprise-Architektur

Der Begriff Architektur wird in der Softwarewelt in zwei sehr verschiedenen Bedeutungen verstanden: Neben der Struktur und Vision eines konkreten Systems gibt es noch die Unternehmens- oder Enterprise-Architektur.

Enterprise-Architektur bezeichnet nicht vorrangig die Struktur von Code, sondern eine Firmenstrategie. Sie betrachtet die Art, wie Technologien, Geschäftsprozesse und die Organisation als Ganzes strukturiert und verzahnt werden.

Bei der Entwicklung einer Enterprise-Architektur bewegt man sich auf einer sehr hohen Abstraktionsstufe, und strategische Aspekte haben einen ebenso hohen Stellenwert wie technische Gesichtspunkte.

Enterprise-Architektur-Vorhaben in SAFe sind auf Portfolioebene angesiedelt und werden typischerweise auf der Ebene eines CTO (»Chief Technology Officer«) gemeinsam mit Unternehmens- und Systemarchitekten der einzelnen Programme formuliert und priorisiert.

Hier entstehen die Architektur-Epics. Der Weg der Architektur-Epics wird in Abschnitt 7.4 beschrieben.

13.5 Solider Unterbau durch agile Softwarepraktiken

Eine agile Entwicklung – insbesondere in größerem Maßstab – muss auf einer soliden Basis von Praktiken aufbauen, mit der sich regelmäßig ein belastbares Bild des Entwicklungsstandes herstellen lässt.

#1: Kontinuierliche Integration

Erfolgreich umgesetztes Konfigurationsmanagement ermöglicht die vollständige Reproduktion eines früheren Entwicklungsstandes mit nur einem einzigen Kommando, möglichst auf einem produktionsnahen System. Dies sollte kontinuierlich nach jedem Check-in durch kontinuierliche Integration erfolgen, um jederzeit Information über den realistischen Stand der Entwicklung bereitzustellen.

In einer gewachsenen Software wird häufige Integration unter Umständen dazu führen, dass die integrierte Software instabil wird, d.h. dass Tests fehlschlagen. Zu Beginn ist es daher oft nicht realistisch, kontinuierlich über alle Teams hinweg zu integrieren und einen stabilen Build zu erreichen, d.h. einen Build, in dem alle automatischen Tests »grün« sind.

Man sollte es trotzdem so oft wie möglich versuchen, mindestens mehrere Male pro Sprint: Die Integration zeigt die Schwächen der Codebasis auf und übt Druck zur Verbesserung aus.

Der Vorschlag von SAFe ist daher, mindestens eine systemweite Demo pro Sprint durchzuführen (auch wenn dies zu Beginn schmerzhaft ist), um den Stand dieser Bemühungen zu bewerten und offenzulegen, wo die Schwächen der Codebasis liegen.

#2: Test-First und testgetrieben arbeiten

Eine sinnvolle kontinuierliche Integration braucht eine solide Basis automatisierter Tests, die die Codebasis umfassend absichern. Diese Absicherung ist im Nachhinein nur mit enormem Aufwand möglich. Tests sollten daher zuerst geschrieben werden und mehr noch: Sie sollten bestimmen, welche Funktionalität implementiert wird, d.h., sie sollten die Entwicklung treiben. Deshalb also: testgetriebene Entwicklung (test driven development oder TDD) und integrierte Refaktorisierung des entstehenden Codes.

Die Tests rücken damit in eine neue Rolle. Sie beweisen nicht nur die Abwesenheit von Fehlern, sondern dienen als ausführbare Spezifikation.

Diese Logik findet man auf verschiedenen Ebenen: bei Unit Tests, die jeder Entwickler in kurzen Zyklen ausführt, und in der akzeptanztestgetriebenen Entwicklung (ATDD), bei der unter Umständen dezidierte Tester oder der Product Owner bzw. Kunde Szenarien aus der Geschäftslogik als Test formulieren.

Der agile Testquadrant gruppiert verschiedene Tests nach zwei Dimensionen (siehe Abb. 13–1):

- Erstens, ob ein Test eher der Geschäftsseite oder der Technologieseite zugeordnet werden kann. Tests auf der Geschäftsseite erläutern Verhalten, das in der Anwendungsdomäne beschrieben wird. Tests auf der Technologieseite nutzen eher die Sprache der Softwareentwickler.
- Zweitens, ob ein Test die Entwicklung unterstützt oder das Produkt absichert.

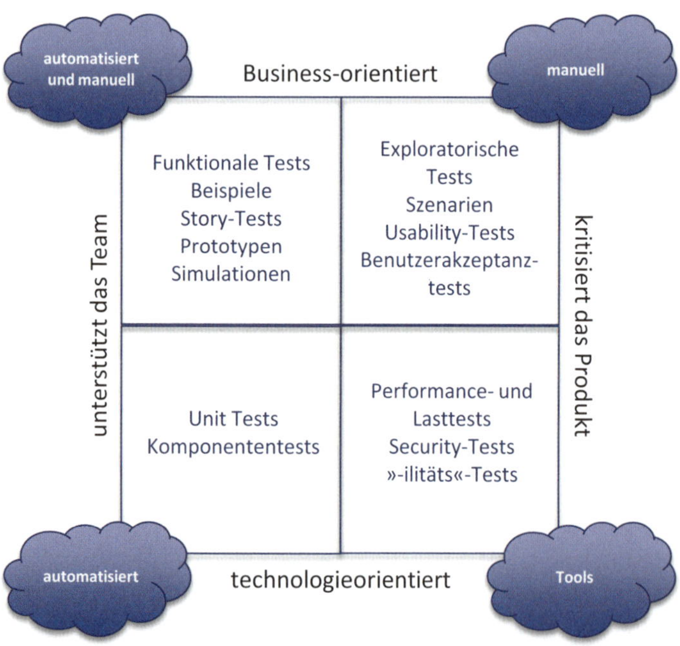

Abb. 13–1 *Der agile Testquadrant nach Marick*

In den beiden linken Quadranten sind daher vor allem automatisierte Tests angesiedelt. Die Unit Tests sichern den stabilen Stand der Entwicklung ab. Die funktionalen Tests stellen sicher, dass die Software die richtige Business-Funktionalität realisiert.

In den rechten Quadranten sind die darauf aufbauenden Tests dargestellt. Manuell exploratorische und nicht funktionale Test erweitern die Einsichten und erschließen bisher unbekannte Probleme.

#3: Pair Work

Pair Programming ist ein äußerst mächtiges Werkzeug zur Herstellung von Code in konstant hoher Qualität – auch wenn es gerade von Menschen, die es nicht kennen, oft stark emotional diskutiert wird.

Pair Programming, wie es in Extreme Programming propagiert wird, sichert Qualität und verbreitet Wissen im Team über eine effektive Arbeitsteilung. Der »Fahrer« an der Tastatur arbeitet direkt an der augenblicklichen Aufgabe, der »Pilot« behält den Überblick mit einem Auge auf die mittelfristige Perspektive und verhindert das Festfahren in Details.

Pair Work, wie es in SAFe propagiert wird, ist allgemeiner gefasst: Es ist die gemeinsame Arbeit von Entwicklern, Testern und Product Ownern an einem Task. Die Partner beim Pair Work sollten oft bzw. nach Bedarf rotieren.

Die Teammitglieder werden ermutigt, 20 bis 80 Prozent ihrer Zeit mit Pair Work zu verbringen. Die Ziele sind dieselben wie beim Pair Programming: Verbesserung der Konsistenz des Systems, des Designs, Wissensübertragung und damit eine generelle Erhöhung der Qualität und Entwicklungsgeschwindigkeit. Der Unterschied ist der größere Blickwinkel: Alle Beteiligten im Team sollten gleichermaßen am Pair Work teilnehmen.

#4: Kollektives Codeeigentum

In Scrum ist das Team gemeinschaftlich verantwortlich für seine Arbeit. Das bedeutet insbesondere, dass jeder für den Code verantwortlich ist. Die Vorteile liegen im Vermeiden von Flaschenhälsen und höherer Entwicklungsgeschwindigkeit. Kollektives Codeeigentum fördert auch die Initiative, das Einbringen eigener Ideen, die Fokussierung auf eine globalere Sicht auf Features und damit eine stärkere Ausrichtung der Arbeit am Wertbeitrag.

Das gemeinsame Eigentum an Tests hilft dabei, ein genaueres und tieferes Verständnis für das Verhalten des Systems zu bekommen und damit auch besseren Produktionscode zu schreiben.

14 SAFe im Kontext

SAFe bezieht sich ausdrücklich auf Lean Thinking und die Werte des Agilen Manifests. Darüber hinaus benutzt es Teile von Kanban auf verschiedenen Ebenen.

SAFe baut auf Teams – möglichst Feature-Teams – auf, die mit Scrum oder Kanban und Extreme Programming arbeiten. Dabei wird der Team-Gesichtspunkt um Aspekte von Leadership und Alignment erweitert, die bei der teamzentrierten Sicht agiler Methoden oft ausgeblendet bleiben.

SAFe modifiziert darüber hinaus einige der Praktiken in den Methoden, um Widersprüche zwischen den lokalen Zielen und übergreifenden Zielen eines Agile Release Train zu vermeiden.

14.1 Wurzeln

14.1.1 Das Missverständnis mit dem Wasserfall

Der vielleicht einflussreichste Beitrag zur Projektorganisation in der Software ist der Artikel, in dem Winston Royce das Wasserfallmodell vorstellt [Royce 1970]. Er diente als Begründung für die Strukturierung der Entwicklung in Phasen, analog der Produktionsvorbereitung und Fertigung in der mechanischen Massenproduktion. Das Wasserfallmodell war lange Zeit der vorherrschende Stil, wie Softwareentwicklung organisiert wurde.

Über die Gründe kann man aus heutiger Sicht viel spekulieren. Im Artikel selbst führt Royce immer mehr Rückkopplungsschleifen ein und kommt zu einer eher skeptischen Beurteilung seines eigenen Modells. Diese Skepsis wurde lange Zeit fast vollständig ignoriert – auch darüber kann man spekulieren.

Zwei Punkte mögen wichtig gewesen sein:

- Rechner in den 1960ern waren langsam, der Zugang war teuer. Es lohnte sich also, intensiv jeden Durchlauf eines Programms zu planen und vorher mögliche Fehler durch manuelle Prüfungen zu vermeiden. So konnte man die Zahl der Durchläufe und damit Entwicklungszeit einsparen.

- Die Kontrolle über das Projekt durch das Management entsprach dem gelehrten und gelebten Managementstil von Scientific Management (oder Taylorismus): die Trennung von Planung und Ausführung und die Delegation dieser Prozessschritte an verschiedene Personen.

In den 1990er-Jahren hatten sich die Rahmenbedingungen verändert. Die Rechner waren schneller geworden, und es lohnte sich, über neue Methoden nachzudenken, mit denen man diese höhere Rechenkapazität nutzen könnte.

Parallel dazu waren neue Wettbewerber (u.a. Toyota und das Toyota-Produktionssystem) auf dem Automobilmarkt aufgetaucht, die ihre Entwicklung und Produktion anders organisierten und anfingen, den etablierten Platzhirschen aus Detroit Schwierigkeiten zu machen. Diese Konzepte wurden im Westen unter dem Namen »Lean Production« bekannt. Toyota delegierte viel mehr Verantwortung an die Produktionsarbeiter und stellte damit die tayloristischen Grundannahmen der etablierten Organisationen infrage.

Beide Voraussetzungen waren wesentlich dafür, dass sich die Sammlung an Werten und Techniken, die wir heute als agile Entwicklung bezeichnen, in der Softwareentwicklung durchsetzen konnte.

14.1.2 Agile ändert die Spielregeln

An verschiedenen Orten begann man mit einem alternativen Entwicklungszyklus zu experimentieren. Ein wenig Planung, ein wenig Entwicklung sowie Testen in kurzen Zyklen brachte bessere Software mit niedrigeren Kosten hervor.

Kent Beck fasste dies als zwölf Praktiken und Prinzipien unter »Extreme Programming« zusammen [Beck 1999].

Die frühen Erfolge wurden von einer enthusiastischen Gruppe von Entwicklern getragen. Sie brachen mit festen Annahmen, wie man Projekte organisiert sowie Software plant und entwickelt. Das führte naturgemäß zu einer heftigen Kontroverse zwischen Skeptikern und Befürwortern – eine Kontroverse, die in verschiedenen Formen bis heute fortwirkt.

Die agile Vorgehensweise wird zum Teil immer noch als verspielt und unzuverlässig wahrgenommen. Die Befürworter verweisen dagegen darauf, dass agile Entwicklung viel mehr Disziplin von den Entwicklern verlangt und höhere Fähigkeiten zur Abstimmung und Zusammenarbeit voraussetzt.

14.1.3 Agile stammt von Lean ab

Parallel dazu hatte Jeff Sutherland als CIO der Softwarefirma Easel eine Methode Scrum entwickelt, die im Wesentlichen dieselben Softwareprinzipien verwendete wie Extreme Programming, und dazu ein Prozessframework zur Teamorganisation beschrieben.

Auf der Konferenz OOPSLA 1995 stellte er diesen Ansatz dann gemeinsam mit Ken Schwaber und anderen vor (zit. nach [Sutherland 2001]) und beschränkte die Beschreibung auf die Prinzipien der Teamorganisation.

In den frühen Darstellungen von Scrum bezog er sich stark auf eine Beschreibung der Lean-Entwicklung von Takeuchi und Nonaka [Takeuchi & Nonaka 1986], die sich auf die Änderung der Prozessorganisation beruft und dabei als Metapher für gleichzeitiges Handeln ohne Übergabe einen Spielzug aus dem Rugby benutzt: Scrum[1].

Später gewann die Beschreibung von Scrum zunehmend an Eigenständigkeit, und diese wichtige Quelle verlor an Sichtbarkeit. Scrum wurde vorwiegend als Methode zur Teamorganisation wahrgenommen. Die Prozesssicht wurde wieder wichtiger, als Agile und Scrum zum Mainstream wurden und auch größere Entwicklungsteams damit experimentierten. Große Entwicklungen brauchen eine Prozesssicht und müssen sich stärker einer ökonomischen Sichtweise stellen.

Parallel dazu entwickelten Mary und Tom Poppendieck eine Methode »Lean Software Development« [Poppendieck & Poppendieck 2003], die die wesentlichen Elemente einer Lean-Entwicklungsumgebung für ein Softwareentwicklungsteam adaptierte. Diese Methode beschreibt im Wesentlichen folgende Prinzipien:

- *Verschwendung vermeiden*
  Verschwendung ist alles, was keinen Wert zum Produkt beiträgt.
- *Lernen fördern*
  Das ist der beste Weg zur Verbesserung des Entwicklungsprozesses.
- *Entscheiden: so spät wie möglich*
  Optionen so lange offenhalten, bis Fakten als Basis verfügbar sind.
- *Liefern: so früh wie möglich*
  Frühes Feedback und kurze Zyklen fördern das Lernen und ermöglichen späte Entscheidungen.
- *Dem Team die Macht geben*
  Niemand versteht die Details von Technik und Prozess besser.
- *Integrität einbauen*
  Software muss viele Qualitäten haben und über die Zeit beibehalten.
- *Das Ganze sehen*
  Komplexe Systeme müssen als Ganzes optimiert werden.

Als wesentliche Werkzeuge werden die Vermeidung von Verschwendung und das Value Stream Mapping genutzt.

1. Siehe dazu auch Kapitel 10.

Als Verschwendung werden dabei verschiedene »schlechte Gewohnheiten« identifiziert:

- Teilfertige Arbeiten
- Extra-Features
- Wiederholtes Neu-Lernen
- Übergaben
- Task Switching
- Wartezeiten
- Trägheit
- Defekte

Mit dem Value Stream Mapping erstellt man einen Überblick über einen Prozess und legt dabei den Fokus auf die unproduktiven Zeiten.

Das Zielbild ist eine effektive Organisation, die auf maximales Lernen und kontinuierliche Verbesserung ausgerichtet ist.

14.1.4 Das Agile Manifest

Die agile Strömung fing um die Jahrtausendwende an, mehr Einfluss zu gewinnen, und verschiedene Autoren veröffentlichten weitere Varianten von agilen Methoden. Sie beschrieben eine Kombination eines Wertesystems und verschiedener Praktiken. Diese bekamen im Jahr 2001 einen gemeinsamen Namen: agile Softwareentwicklung.

Das »Agile Manifest«[2], das im Jahr 2001 von 17 prominenten Autoren aus der Softwareentwicklung veröffentlicht wurde, beschreibt eine gemeinsame Sicht auf grundlegende Werte, Praktiken und Prinzipien:

2. Siehe *http://www.agilemanifesto.org*.

Die wesentlichen **Werte** des Agilen Manifests sind:

- Individuen und Interaktionen sind wichtiger als Prozesse und Werkzeuge.
- Laufende Software ist wichtiger als umfassende Dokumentation.
- Kooperation mit dem Kunden ist wichtiger als Vertragsverhandlungen.
- Reaktion auf Veränderung ist wichtiger als Planerfüllung.

Obwohl wir auch die Begriffe auf der rechten Seite als wertvoll erachten, bewerten wir die Begriffe auf der linken Seite als wichtiger.

Die daraus abgeleiteten **Prinzipien** sind:

1. Unsere höchste Priorität ist es, den Kunden durch frühe und kontinuierliche Auslieferung wertvoller Software zufriedenzustellen.
2. Heiße Anforderungsänderungen selbst spät in der Entwicklung willkommen. Agile Prozesse nutzen Veränderungen zum Wettbewerbsvorteil des Kunden.
3. Liefere funktionierende Software regelmäßig innerhalb weniger Wochen oder Monate und bevorzuge dabei die kürzere Zeitspanne.
4. Fachexperten und Entwickler müssen während des Projekts täglich zusammenarbeiten.
5. Errichte Projekte rund um motivierte Individuen. Gib ihnen das Umfeld und die Unterstützung, die sie benötigen, und vertraue darauf, dass sie die Aufgaben erledigen.
6. Die effizienteste und effektivste Methode, Informationen an und innerhalb eines Entwicklungsteams zu übermitteln, ist die direkte Kommunikation (face-to-face).
7. Funktionierende Software ist das wichtigste Maß für den Arbeitsfortschritt.
8. Agile Prozesse fördern nachhaltige Entwicklung. Die Auftraggeber, Entwickler und Benutzer sollten kontinuierlich ein konstantes Entwicklungstempo beibehalten können.
9. Ständiges Augenmerk auf technische Exzellenz und gutes Design fördert Agilität.
10. Einfachheit – die Kunst, unnötige Arbeit zu vermeiden – ist essenziell.
11. Die besten Architekturen, Anforderungen und Designs entstehen durch selbstorganisierte Teams.
12. In regelmäßigen Abständen reflektiert das Team, wie es effektiver werden kann, und passt sein Verhalten entsprechend an.

Das Agile Manifest beschreibt bis heute einen Grundkonsens in der agilen Gemeinschaft und übt nach wie vor einen wesentlichen Einfluss aus.

14.1.5 Das Manifest der Interdependenz

Weniger bekannt, aber aus unserer Sicht ebenso wichtig, ist eine weitere Erbschaft der agilen Entwicklung: die enge Anbindung von Teams an die Prioritäten der Wertströme. Wir beschreiben die allgemeinen Prinzipien von Lean, Wertströmen und andere Begriffe in Kapitel 3. Beim Versuch, gemeinsame ökonomische Prinzipien und Vorteile agiler Entwicklung zu formulieren, wird diese enge Anbindung in der Erklärung der Interdependenz deutlich [Highsmith 2005]:

> Wir sind eine Gemeinschaft von erfolgreichen Projektleitern, die folgende Prinzipien einsetzen, um diese Ergebnisse zu erzielen:
>
> - Wir steigern den Return on Investment (ROI) durch den Fokus auf einen kontinuierlichen Wertfluss.
> - Wir liefern zuverlässige Ergebnisse durch die Einbindung der Kunden in häufige Interaktionen und gemeinsame Verantwortung.
> - Wir erwarten Unsicherheit und handhaben sie durch Iterationen, Antizipation und Anpassung.
> - Wir entfesseln Kreativität und Innovation durch die Anerkennung, dass Personen die ultimative Quelle von Wert sind, und schaffen ein Umfeld, in dem sie einen Beitrag leisten können.
> - Wir steigern die Leistung durch Verantwortung der Teams für die Ergebnisse und ihre gemeinsame Verantwortung für ihre Effektivität.
> - Wir verbessern Effektivität und Zuverlässigkeit durch situationsspezifische Strategien, Prozesse und Praktiken.

Hier können wir sehen, wie eine ökonomische Sicht mit den agilen Prinzipien der Teamorganisation verbunden wird, um beste Ergebnisse für die Organisation und den Einzelnen zu erzielen.

In gewisser Weise ist dies das Motto der gegenwärtigen Diskussion zur agilen Skalierung: die Wiederentdeckung der Lean-Wurzeln und der Versuch, eine übergreifende, globale Optimierung zu erreichen.

14.2 Lean Thinking und agile Software

Die Denkweisen von Lean fanden also auf verschiedenen Wegen Eingang in die Methodik der Softwareentwicklung. Allerdings wurden diese Ansätze vorwiegend auf die Betrachtung einzelner Scrum-Teams angewendet. Hier spielt hauptsächlich der Aspekt der Übertragung der Prinzipien auf eine komplexe Umgebung eine Rolle.

Das änderte sich erst, als sich vermehrt große Organisationen mit agiler Entwicklung auseinandersetzten. Nun wurden Fragen nach Wertströmen, der Organisation eines zuverlässigen Flusses und der Berechenbarkeit der Ergebnisse wieder relevant. Und damit werden Lean-Prinzipien wieder explizit in der Softwareentwicklung diskutiert. Larman und Vodde betonen in ihrem LeSS-Framework (siehe Abschnitt 14.3.1) stärker die Prinzipien des Change Management und machen sich Gedanken über die Anpassung der Scrum-Rollen in einer skalierten Umgebung. Die konkrete Ausgestaltung überlassen sie hingegen den einzelnen Projekten. SAFe nimmt dagegen direkt Bezug auf die Organisation des Produktentwicklungsflusses und baut insbesondere auf der Arbeit von Don Reinertsen auf [Reinertsen 2009].

14.2.1 Das Haus von Lean

SAFe verwendet eine vereinfachte, leicht abgewandelte Version des Bildes vom **Haus von Lean**[3], einer weitverbreiteten Grafik für die Darstellung der Lean-Prinzipien. Dessen übergreifendes Ziel ist Wertschöpfung. Diese manifestiert sich in einer nachhaltig kürzesten Vorlaufzeit und der besten Qualität und Wertschöpfung für Kunden, die Gesellschaft und die Wirtschaft.

Das Haus von Lean basiert auf einer Unterstützung durch das Management mit einem Rollenmodell als Lean Thinking Manager/Lehrer. Es beruht auf zwei Säulen, dem Respekt für Menschen und der kontinuierlichen Verbesserung (Kaizen). Dadurch kann im Inneren des Hauses ein effektiver Fluss der Produktentwicklung entstehen.

3. *http://www.scaledagileframework.com/lean*

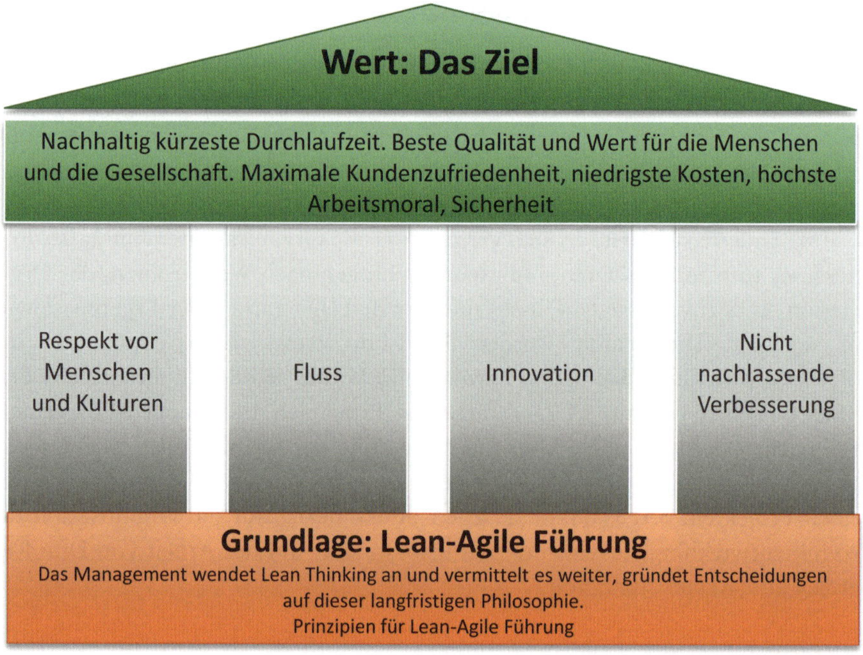

Abb. 14–1 *Das Haus von Lean*

Respekt vor Menschen bedeutet, dass man ernsthaft auf ihre Fähigkeiten und Initiative baut. Es heißt,

- Individuen und Teams weiterzuentwickeln – eine der Kerntätigkeiten des Lean-Managers,
- den Teams die Kompetenzen zu übertragen, kontinuierliche Verbesserung zu betreiben,
- Vertrauen und gegenseitigen Respekt zu entwickeln.

Kontinuierliche Verbesserung heißt,

- regelmäßig zu reflektieren, Verbesserungen zu identifizieren und umzusetzen (bei SAFe ist dieser Kernpunkt auf verschiedenen Ebenen fest verankert, insbesondere die Retrospektiven der Teams und die Inspect & Adapt-Meetings auf Programmebene),
- diese kontinuierliche Verbesserung zum Teil der Unternehmenskultur zu machen.

Die Verantwortung und die Initiative für Verbesserungen liegen nicht bei irgendwelchen Spezialisten, sondern bei allen Mitarbeitern und Teams.

Grundlage: Leadership

Führungspersonen in Lean übernehmen die Verantwortung für den Erfolg des Prozesses als »Manager«. Sie verstehen ihre Rolle in erster Linie darin, Menschen zu motivieren und zu entwickeln, und nicht, selbst die Sachprobleme zu lösen. Sie verstehen, dass die Effektivität ihrer Mitarbeiter sehr stark auch von ihrem Führungsstil bestimmt wird. Sie treiben den Lernprozess und, allgemeiner, die kontinuierliche Verbesserung, insbesondere das Training aller Mitarbeiter in Problemlösung und Verbesserungen. Um die Informationsverluste durch Übergaben und indirekte Informationen zu vermeiden, beurteilen sie Situationen aus erster Hand und aufgrund eigener Beobachtung.

Ziel: Wertschöpfung

Das allgemeine Ziel von Lean ist, nachhaltig den bestmöglichen Wert für den Kunden zu schaffen.

Das wird dadurch erreicht, indem man

- hohe Geschwindigkeit erzielt, d.h. die Durchlaufzeit nachhaltig verkürzt,
- Verzögerungen, Übergaben und unnötige Tätigkeiten vermeidet und maximalen Wert schafft,
- die beste Qualität für Kunden, die eigenen Leute und die Gesellschaft insgesamt erzielt.

Am kürzesten kann man es auf den Punkt bringen:

- Setze einen stabilen kontinuierlichen Prozess auf.
- Verbessere ihn kontinuierlich.

Im Zentrum der Betrachtung liegt die Konzentration auf ein besseres Verständnis der Kundenanforderungen, des Codes und der Tests bei ihrem Durchlauf durch das System. Die Managementaktivitäten sind nicht das zentrale System, sondern eine Hilfsfunktion bei der Optimierung dieses Flusses.

14.2.2 Lean Thinking

Lean Production, Lean Development, Lean Thinking

Lean ist ursprünglich die »westliche« Bezeichnung für das Toyota-Produktionssystem, mit der Womack und Jones dieses bekannt gemacht haben (siehe [Womack et al. 1990], [Womack & Jones 2003]). Es wird in unterschiedlichen Bereichen eingesetzt und hat dort auch unterschiedliche Schwerpunkte.

Lean Production ist die Organisation der Fertigung mit der Ausrichtung auf den Wertstrom. Im Mittelpunkt stehen hier das Erreichen eines globalen Optimums und eine möglichst späte Herstellung und Übergabe durch das »Pull«-Prinzip, d.h. dann, wenn die nächste Station Bedarf meldet.

Lean Development überträgt diese Prinzipien auf den Entwicklungsbereich. In diesem Bereich unterscheiden sich verschiedene Parameter von der Fertigung. Zum Beispiel fallen die Entwicklungskosten eines Motors gegenüber den akkumulierten Fertigungskosten kaum ins Gewicht. Es kann sich daher lohnen, mehrere Alternativen parallel zu entwickeln und damit den letztmöglichen Zeitpunkt für einen Motor hinauszuschieben.

Lean Thinking bezeichnet das allgemeine Denkmodell und die Organisationsprinzipien dahinter. Ein Kern von Lean ist die Orientierung an den Menschen, ihre Initiative und Beteiligung.

Lean wurde von Anfang an immer wieder falsch verstanden und damit auch nur unzureichend implementiert:

- Als einzelne Werkzeuge, z.B. zur Vermeidung von Verschwendung. Eine populäre Zusammenfassung von Lean ist der Satz »mehr mit weniger erreichen«. Damit wird der Teil der kontinuierlichen Verbesserung ignoriert.
- Als ein Werkzeugkasten, den man einfach übernehmen kann. Lean wurde und wird als konkrete Konsequenz aus einer spezifischen Situation, nämlich der Automobilproduktion, beschrieben. Die unkritische Übernahme als Kochrezept funktioniert eher unzureichend.
- Als eine Denkweise für Veränderung, Nachhaltigkeit, Kooperation und Evolution. Das ist die schwierigste Interpretation. Sie erfordert Umdenken und Infragestellen der eigenen Rolle in der Organisation.

Die beiden ersten Sichtweisen sind selten Erfolgsrezepte. Die unreflektierte Übernahme der Methoden aus der japanischen Automobilindustrie in andere Arbeitsbereiche und Kulturen funktioniert leider nicht. Um die Erfolgsgeschichte der Lean Production auch für Wissensarbeiter und andere Bereiche zu wiederholen, sind substanzielle Anpassungen nötig. Diese Anpassungen kann man jedoch nur mit einem tiefer gehenden Verständnis der zugrunde liegenden Prinzipien und Werte konzipieren und umsetzen.

Der Kern von Lean ist von Werten und Einstellungen bestimmt. So steht bei Lean folgende Haltung im Mittelpunkt: immer nach (evolutionären und revolutionären) Verbesserungen zu suchen, visuelles Management zu nutzen, das kontinuierliche Lernen aller Mitarbeiter und der Organisation in den Vordergrund zu stellen und verteilte Entscheidungen zu etablieren. Daraus ergeben sich verschiedene Umsetzungen der Lean-Prinzipien in Produktion, Entwicklung, Serviceorganisation und – hier unser Thema – Softwareentwicklung.

14.3 Agile Skalierungsframeworks im Vergleich

Die Diskussion über große agile Implementierung ist relativ jung. In der Anfangszeit der agilen Idee mahnten die Autoren der agilen Methoden[4] oft zur Vorsicht bei der Realisierung großer agiler Projekte. Das geschah nicht deshalb, weil die agile Vorgehensweise nicht skaliert, sondern es waren zu dieser Zeit einfach nicht genug Erfahrungen vorhanden, um stabile Aussagen dazu zu machen.

Das hat sich in den letzten Jahren geändert. Große, traditionell aufgestellte Unternehmen nutzen zunehmend agile Methoden und brauchen hierfür mehr und andere Unterstützung, die sich an ihren spezifischen Aufgabenstellungen und ihrer Firmenkultur orientiert. Die Bandbreite in der Philosophie der hier beschriebenen Frameworks spiegelt dies wider:

- **LeSS** (siehe Abschnitt 14.3.1) will die ursprünglichen Werte von Scrum bewahren und empfiehlt die Skalierung über die Rolle des Product Owners und eine lose Kopplung der Produktsegmente.
- **Scrum@Scale** von Jeff Sutherland (siehe Abschnitt 14.3.2) baut ebenfalls wesentlich auf Scrum auf und erweitert es modular, d.h., es stellt einen Satz von Mustern (Pattern) bereit, die in einer konkreten Anwendung kombiniert werden können.
- **Enterprise Scrum** (siehe Abschnitt 14.3.3) ist zum Zeitpunkt des Schreibens dieses Buches in seiner Beschreibung noch nicht ausgereift. Es scheint in die gleiche Richtung wie Scrum@Scale zu zielen, benennt aber einige Scrum-Begriffe um und bringt durch eine initiale »Konfigurierung« des Projekts eine starke Wasserfallkomponente mit hinein.
- **Nexus** (siehe Abschnitt 14.3.4) von Ken Schwaber ist ebenfalls eine Erweiterung von Scrum, es enthält die Rolle des Product Owners als Entscheider und den Sprint-Takt, in dem drei bis neun Nexus-Teams arbeiten. Als wichtige Neuerung beschreibt es ein Integrationsteam.
- **DAD** (siehe Abschnitt 14.3.5) ist im Kern ein Standardisierungswerkzeug und nutzt eine Kombination bzw. Sammlung von agilen Praktiken, bezieht sich jedoch nicht direkt auf die agile Wertebasis. DAD zeigt eine deutliche Präferenz einer Einbettung in bestehende Unternehmensstrukturen gegenüber einem Anspruch, einen Wandel zu initiieren.
- Das in diesem Buch beschriebene **SAFe** hat aus unserer Sicht einen interessanten Mittelweg gewählt: Es bietet eine Starthilfe für traditionelle Unternehmen in die agile Welt hinein. Dabei versteht es sich explizit nicht als Blaupause, die einfach ausgerollt wird, sondern als Startpunkt für eine kontinuierliche Weiterentwicklung. Als Vorteile sind außerdem der starke Fokus auf den Produktfluss und die integrierte Betrachtung der Wertströme zu nennen.

---

4. Wie z.B. Martin Fowler in *http://martinfowler.com/articles/canScaling.html.*

14.3.1 LeSS von Craig Larman und Bas Vodde

Geschichte

LeSS – Large Scale Scrum – geht auf die Erfahrungen von Craig Larman und Bas Vodde mit agilen Implementierungen zurück und wurde zuerst 2008 publiziert, allerdings noch nicht mit diesem Namen [Larman & Vodde 2008]. Die Abkürzung LeSS wird seit ca. 2013 verwendet.

Der Ansatz geht von Scrum aus und untersucht, welche Anpassungen gegenüber Standard-Scrum für einen Einsatz im Großen notwendig sind, und versucht, diese Anpassungen so minimal wie möglich zu halten.

Anspruch

Eine der Auswirkungen der Skalierung ist die wesentlich größere Sichtbarkeit. Ein einzelnes Team kann leicht »unter dem Radar« der Organisation bleiben, d.h., es kann selbstorganisiert arbeiten, auch wenn die ganze Organisation für eine solche Anpassung noch nicht bereit ist. Bei einer größeren Mannschaft ist dies nicht mehr realistisch, und um agiles Denken und agile Strukturen zu etablieren, ist eine wesentlich tiefgreifendere Änderung hin zu einer agilen Organisation nötig. Konsequenterweise positioniert sich LeSS auch als Werkzeug zur Transformation der gesamten Firma, nicht nur der IT-Entwicklung.

Teamrollen

LeSS verlangt die Auflösung der separaten Silos wie Testabteilung, Analyse und Produktentwicklung und strukturiert die gesamte Wertschöpfungskette als Scrum-Feature-Teams. LeSS fordert auch, die traditionellen Rollenverteilungen in den Teams wie »Tester« oder »Architekt« abzuschaffen.

Der Product Owner

Bei Scrum ist der Product Owner die einzige Person, die für die Ausgestaltung der Features eines Produkts verantwortlich ist. Dies impliziert, dass der Product Owner der Eigentümer des Product Backlogs ist.

LeSS positioniert den Product Owner einer großen Entwicklung genauso. In einer traditionellen Organisation bedeutet dies eine tiefgreifende Änderung: Das typische Vorgehen beinhaltet einen Entwicklungsauftrag zwischen einem Produktverantwortlichen und der Entwicklungsabteilung. Bei LeSS wird diese Trennung aufgehoben, und der Produktverantwortliche wird direkt der Product Owner, es entfallen also die Übergabe an die IT und die Rolle des Projektleiters. Die meilensteinbasierte Projektplanung mit einem festen Umfang entfällt ebenfalls.

Liefertakt

Bei LeSS gibt es wie bei Standard-Scrum ebenfalls die Lieferung eines lauffähigen Produktinkrements am Ende jedes Sprints, also alle 2–4 Wochen. Dies gilt für den gesamten Entwicklungszyklus, und es gibt keine vorgelagerte Analysephase. Hier wird sichtbar, warum separate Analyse- oder Produktentwicklungsabteilung entfallen sind.

Zwei Varianten

LeSS kennt zwei Stufen der Skalierung:

- Stufe 1 für einen Product Owner funktioniert bis zu einer Größe von ca. 10 Teams oder ca. 70 Personen. Diese Grenze kann variieren, sie hängt davon ab, ob der Product Owner noch das ganze Produkt überblickt, mit den Teams sinnvoll interagieren kann und darüber hinaus noch die externe Abstimmung im Griff hat.
- Stufe 2 funktioniert bis zu einer Größe von mehreren Tausend Entwicklern. Hier wird das Produkt in Bereiche gesplittet, und jeder Bereich von ca. 10 Teams erhält einen eigenen »Area Product Owner« mit der Verantwortung für ein Backlog mit eigenen Features, die seine Teams von Anfang bis Ende bearbeiten.

Praktiken

Larman und Vodde setzen eine hohe Hürde bei der Einführung von LeSS. Konsequenterweise beschreiben sie auch ausführlich, wie ein Transformationsprozess funktionieren kann, und beziehen sich dabei stark auf Peter Senges »Fünfte Disziplin« [Senge 2006]. Mit dem offenen Charakter von LeSS bleibt danach immer noch eine Menge von Entscheidungen offen, die in einer konkreten Implementierung gefällt werden müssen.

Mit dem zweiten Buch »Practices for Scaling Lean Agile Development« [Larman & Vodde 2010] beschreiben die Autoren eine Fülle von Erfahrungen und nützlichen Praktiken bei der Einführung wie z.B. die Nutzung eines internen »Open-Source«-Modells zur Reduzierung von Abhängigkeiten zwischen Teams und Bereichen. Sie beschreiben diese Praktiken konsequent optional, z.B. mit dem Hinweise »versuche dies ...« oder »vermeide das ...«.

Zusammenfassung

LeSS ist ein Framework mit einem sehr konsequenten agilen Ansatz, das auf Scrum aufbaut und versucht, möglichst viele dieser Prinzipien in einem skalierten Ansatz zu bewahren.

LeSS eignet sich für Organisationen, die schon fortgeschrittene Erfahrungen mit der agilen Denkweise gemacht haben. Es stellt hohe Anforderungen und wird traditionelle Organisationen stark herausfordern. Diese werden auch Schwierigkeiten haben, die vielen agilen Praktiken, die für eine agile Transformation notwendig sind, selbst zusammenzustellen.

14.3.2 Scrum@Scale von Jeff Sutherland

Geschichte

Scrum@Scale ist noch relativ jung. Es wurde zum ersten Mal 2014 auf der »Agile 2014« von Alex Brown und Jeff Sutherland präsentiert.[5] Seitdem entwickelt die Firma Scrum Inc. das Framework weiter und bemüht sich auch darum, eine Community dafür aufzubauen, insbesondere um eine größere Bibliothek von Mustern (Patterns) für Praktiken bereitzustellen.

Anspruch

Scrum@Scale baut auf Scrum auf und nennt als Kontext drei Richtungen, in die Scrum weiterentwickelt werden kann:

- **Scale**
  Die Zahl der zu koordinierenden Teams und die Komplexität der Projekte
- **Distribution**, also Verteilung
  Die Zahl der geografischen Orte, die in die Entwicklung einbezogen werden
- **Saturation**
  Das Maß dafür, wie weit agile Prinzipien die Organisation durchdrungen haben und wie weit damit traditionelle Silos aufgebrochen worden sind

Scrum@Scale konzentriert sich auf die Beschreibung der Dimension »Scale«. Es kennt wie SAFe drei Ebenen, nämlich Team, Geschäftseinheit und Unternehmen, verzichtet aber auf die Beschreibung von zusätzlichen Rollen.

Das Framework ist modular aufgebaut. Zurzeit existieren neun Module. Jedes der Module wird in Anlehnung an objektorientierten Prinzipien über Ziele, Input und Output beschrieben. Die Module untereinander werden über zwei große Feedbackzyklen zusammengehalten: Der erste Zyklus ist der »Product Ownership Cycle«, der die strategische Vision über das Backlog und das Produktfeedback mit dem Scrum-Prozess auf der Teamebene verknüpft. Der zweite Zyklus, der »Scrum Master Cycle«, verbindet die strategische Vision über die Teamkoordination und den kontinuierlichen Verbesserungsprozess mit dem Teamprozess.

---

5. Siehe *http://www.scruminc.com/wp-content/uploads/2014/07/Scrum-at-Scale-A-Modular-Approach.pdf.*

Module

Die Module sind funktional zu verstehen, d.h., sie beschreiben Fähigkeiten, die die Organisation hat, ohne spezifische Rollen dafür zu benennen. Die einzelnen Module sind:

1. **Der Scrum-Prozess auf der Teamebene**
   Sein Ziel ist das Maximieren des Flusses fertiger, getesteter Ergebnisse, die Geschwindigkeit zu erhöhen und eine nachhaltige Entwicklung zu gewährleisten.
2. **Die strategische Version**
   Die Vision formuliert klare Ziele für die Organisation, entwickelt diese weiter und richtet die Organisation entlang dieser Zielsetzung aus.
3. **Backlog-Priorisierung**
   Die Priorisierung legt eine klare Reihenfolge fest, in der Produkte, Features und Services erstellt werden, und orientiert sich dabei an Wertschöpfung, Risikomanagement und internen Abhängigkeiten.
4. **Backlog-Zerlegung und -Verfeinerung**
   Sie bricht komplexe Projekte und Produkte auf funktionale Elemente herunter, die von Teams in einem Sprint erledigt werden können, und verteilt diese an die Teams. Daneben werden neue Anforderungen und Kundenfeedback eingearbeitet.
5. **Releaseplanung**
   In diesem Modul wird die Auslieferung wichtiger Features und Eigenschaften geplant, die erwarteten Ergebnisse werden den Kunden kommuniziert und wenn nötig wird die Priorisierung entsprechend dem Kundenfeedback angepasst.
6. **Releasemanagement**
   Es liefert in einem konsistenten Strom fertige Produkte und Features an die Kunden aus und sichert eine hohe Qualität.
7. **Produkt- und Releasefeedback**
   Kundenfeedback über das Produkt, den Prozess und die geplanten Lieferzeitpunkte werden in diesem Modul aufgenommen.
8. **Kontinuierliche Verbesserung und Beseitigung von Hindernissen (Impediments)**
   Dabei werden Hindernisse identifiziert, die Teams langsamer werden lassen, eine strukturierte und sichere Umgebung zur Verbesserung bereitgestellt und die erzielten Verbesserungen beobachtet. Adressiert wird die Sichtbarkeit der Hindernisse auf der Ebene der Organisation, auf der sie beseitigt werden können.

9. **Teamübergreifende Kommunikation**
   Hier geht es um die Koordination ähnlicher Prozesse mehrerer miteinander verbundener Teams und das Managen von Abhängigkeiten. Wo erforderlich werden Teamnormen und -richtlinien aufgestellt, um konsistente Ergebnisse zu sichern.

Daneben gibt es noch das zehnte Modul, das nicht direkt Teil der zwei großen Feedbackzyklen ist:

10. **Metriken und Transparenz**
    Dieses Modul stellt allen Entscheidungsträgern den Kontext bereit, um »gute« Entscheidungen fällen zu können und dabei einen minimalen Aufwand zu betreiben. Dadurch sollen Feedbackzyklen verkürzt werden.

Zusammenfassung

Durch die modulare Struktur wird eine hohe Flexibilität bei der Einführung erzielt. Je nach Kontext kann sich eine Firma für eine spezifische Reihenfolge der Module von Scrum@Scale entscheiden und damit die drängendsten Probleme vorrangig angehen.

Die Beschreibung konzentriert sich auf die Ziele, den Input und Output und ermöglicht damit explizit eine breitere Palette an Umsetzungsmöglichkeiten.

14.3.3 Enterprise Scrum von Mike Beedle

Der Ansatz von Beedle [Beedle 2014] ist wie LeSS stark Scrum-basiert. Man kann ihn kurz zusammengefasst als eine leichte Anpassung von Scrum mit einigen neuen Rollennamen charakterisieren. Daneben beschreibt er einen Prozess und macht einige Anleihen bei der Scrum-Pattern-Community [Coplien 2014], vor allem mit einer Darstellung der Konfiguration (s.u.) durch eine Entwurfsmuster-Terminologie.

Terminologie

Beedle arbeitet mit einer etwas anderen Terminologie als »Original«-Scrum (siehe Tab. 14–1) und beschreibt die Unternehmensebene als eine Art Haut (Skin) um Scrum. Beedle begründet die Umbenennung etwas vage mit der verbesserten Möglichkeit, die Begriffe im Unternehmensumfeld zu nutzen.

Project Skin	Business Skin
Scrum	Enterprise Scrum
Product Owner	Business Owner
Scrum Master	Scrum Master
Team	Team
Product Backlog	Value List
PBI (product backlog item)	VLI (value list item)
Sprint	Improvement Cycle
Daily Scrums	Daily Scrums
Definition of Done (DOD), Definition of Ready (DOR)	Definition of Done (DOD), Definition of Ready (DOR)
Scrum Board	Scrum Board
Sprint	Improvement Cycle
Velocity	Velocity (but not necessarily measured in time estimates; it can be any metric that is applicable)
Product Increment	Value Increment or <VLI-type1> Increment (where VLI-Type1 is the principal activity)
PSP (potentially shippable product)	UV (usable value)
Sprint Burndown	Burndown
	Metric
	Chart

Tab. 14–1 *Unterschiede in der Terminologie von Scrum und Enterprise Scrum*

Beedle führt als zusätzliche Begriffe Metriken und Charts ein, gibt aber keine Beispiele für konkrete Instanzen oder ihre Verwendung.

Prozess

Der Prozess in Enterprise Scrum ist im Wesentlichen in vier Schritten zu beschreiben:

- Erstelle eine Vision.
- Konfiguriere Enterprise Scrum über verschiedene Konfigurationsparameter. Für die Konfiguration ist kein Feedbackzyklus vorgesehen.
- Erstelle eine erste Werteliste, also ein Product Backlog.
- Produziere Geschäftswert in einer Reihe von (ggf. geschachtelten) Verbesserungszyklen.

Zusammenfassung

Enterprise Scrum nutzt intensiv eine Pattern-Sprache für die Zusammenstellung von guten Praktiken. Es ist daher ähnlich modular verwendbar wie Scrum@Scale und fokussiert in seiner Begrifflichkeit auf die Verwendbarkeit in Großunternehmen.

14.3.4 Nexus von Ken Schwaber

Nexus[6] ist ein relativ junges Framework von Ken Schwaber. Es ist keine Überraschung, dass Nexus (wie auch das oben beschriebene LeSS) eine Erweiterung von Scrum ist, denn Ken Schwaber publiziert seit mehr als 15 Jahren über die Skalierung mit Scrum.

Nexus ist für eine überschaubare Zahl von drei bis neun Teams gedacht, die mit einem gemeinsamen Product Backlog arbeiten. Die zentrale Rolle bleibt der einzelne Product Owner, der das letzte Wort über das Produkt hat. Der Sprint dient weiterhin als wesentlicher Taktgeber für die koordinierte Arbeit der Teams, die ihre Ergebnisse mindestens jeden Sprint integrieren.

Teamzuschnitt und Minimierung von Abhängigkeiten

Bevor man über die Koordination mehrerer Teams redet, ist es sinnvoll, Abhängigkeiten zu minimieren. Nexus unterscheidet dabei Abhängigkeiten in den Anforderungen, dem Anwendungswissen und den Software- und Testartefakten der einzelnen Teams.

Zu starke Abhängigkeiten behindern die Produktivität, daher ist es sinnvoll, den Zuschnitt der Teams so zu wählen, dass diese Abhängigkeiten minimiert werden.

Nexus-Rollen

Die Rollen von Scrum bleiben intakt, insbesondere hat der Product Owner als einzelne Person die Autorität über die Produktentwicklung. Allerdings wird eine neue Rolle eingeführt: das Nexus-Integrationsteam.

Das Nexus-Integrationsteam

Das Integrationsteam besteht aus dem (einzigen) Product Owner, einem Scrum Master und einem oder mehreren Teammitgliedern. Die Teammitglieder sind nicht unbedingt dem Integrationsteam fest zugeordnet, sondern können auch in einem anderen Team mitarbeiten.

---

6. *https://www.scrum.org/Portals/0/NexusGuide%20v1.1.pdf.*

Das Integrationsteam hat die Aufgabe, die anderen Teams zu coachen, zu koordinieren und die korrekte Anwendung von Nexus sicherzustellen. Es übernimmt die Verantwortung für alle Integrationsfragen.

Artefakte

Die Scrum-Artefakte bleiben erhalten. Es gibt ein einzelnes integriertes Product Backlog für alle Teams. Jedes Team hat sein eigenes Sprint Backlog. Als zusätzliches Artefakt gibt es das integrierte Nexus Sprint Backlog, das die Transparenz über die Arbeit und die Abhängigkeiten zwischen den einzelnen Teams sicherstellt.

Meetings

Die Nexus-Meetings erweitern die gleichnamigen Scrum-Meetings. Eine Ausnahme ist das Review: Es gibt nur ein integriertes Nexus-Review, das die Reviews der einzelnen Teams ersetzt.

- **Sprint-Planung**
  Die Nexus-Sprint-Planung bereitet die Sprint-Planung der einzelnen Teams vor, indem Vertreter der einzelnen Teams Einträge aus dem Product Backlog auswählen. In diesem Meeting wird ein übergreifendes Sprint-Ziel formuliert. Die Sprint-Planungen der einzelnen Teams folgen danach. Wenn die Teams am gleichen Ort arbeiten, können sie sich auch während dieser Planungen koordinieren.
- **Nexus Daily Scrum**
  Hier berichten Vertreter der einzelnen Teams über den Stand ihrer Arbeit, über Abhängigkeiten und allgemein interessante Vorkommnisse. Sie nutzen das Product Backlog für die Koordination und tragen die Ergebnisse und Entscheidungen zurück in ihre Teams.
- **Nexus-Sprint-Review**
  Das Sprint-Review dient dazu, am Ende jeden Sprints ein integriertes Produktinkrement vorzustellen. Dabei ist es im Regelfall notwendig, einen hohen Grad an Testautomation zu erreichen, um eine konsistente hohe Qualität der Software sicherzustellen.
- **Refinement**
  Die Refinement-Meetings dienen dazu, kontinuierlich am Product Backlog zu arbeiten. Die Häufigkeit, Dauer und Teilnahme richten sich nach der Notwendigkeit, ein gepflegtes Product Backlog und eine gemeinsame Sicht darauf bereitzustellen.
- **Retrospektive**
  In der Nexus-Retrospektive treffen sich Vertreter der einzelnen Teams und besprechen gemeinsam aufgetretene Probleme. Anschließend führen die ein-

zelnen Teams ihre Retrospektiven durch. Danach besteht die Gelegenheit für die Teamvertreter, sich nochmals zu treffen und zu überlegen, wie sie die aufgegriffenen Themen visualisieren und verfolgen wollen.

Zusammenfassung

Nexus baut wie LeSS direkt auf Scrum auf und verfolgt dabei einen konsequent minimalistischen Ansatz: Es werden diejenigen Elemente von Scrum erweitert, die in einer skalierten Umgebung in unveränderter Form nicht mehr funktionieren.

Es bleibt abzuwarten, wie sich Nexus weiterentwickelt und wieweit sich Nexus durchsetzen kann. Zum gegenwärtigen Zeitpunkt kann man darüber keine faire Prognose abgeben. Durch die starke Ähnlichkeit mit den Ansätzen von LeSS entsteht eine natürliche Konkurrenz dieser sehr ähnlichen Ansätze, wobei LeSS nicht nur eine etablierte Anhängerschaft, sondern auch sehr detaillierte Beschreibungen in den ausführlichen Büchern von Craig Larman und Bas Vodde vorweisen kann [Larman & Vodde 2008; Larman & Vodde 2010].

14.3.5 DAD von Scott Ambler

Grundideen

DAD – Disciplined Agile Delivery – ist ein Framework der zweiten Generation, das eine kohärente End-to-End-Strategie anbietet, um eine agile Lösung zu liefern, die in der Praxis funktioniert. DAD ist ein »Menschen-zentrierter, lernorientierter hybrider agiler Ansatz zum Liefern von IT-Lösungen. Es hat einen Risiko-Wert-Lebenszyklus, ist zielorientiert, skalierbar und nimmt Rücksicht auf Unternehmensbelange« [Ambler & Lines 2012].

Scott Ambler entwickelte diesen Entwicklungsprozess während seiner Zeit als Chef-Methodiker für IT bei IBM Rational (Sommer 2006 bis Sommer 2012), um einen kohärenteren Ansatz für agile Softwareentwicklung zu bieten, einen Ansatz, der die Prozesslücken füllt, die (absichtlich) von Scrum ignoriert werden, und der für Großfirmen skaliert. Nach Ambler beschränken sich viele agile Methoden auf die Phase vom Projektstart bis zur Lieferung. Ohne DAD müsse man eine Vielzahl von Methoden zusammenschustern, um den Job zu erledigen [Ambler & Lines 2012].

Zentrale Aspekte

- **Menschen zuerst**
  DAD zitiert die Aussage des Agilen Manifests, dass Menschen und die Art, wie sie miteinander interagieren, der primäre Erfolgsfaktor eines Projekts sind.

- **Lernorientiert**
  Das DAD-Framework fördert die enge Zusammenarbeit und gegenseitiges Lernen.
- **Hybrid**
  DAD kombiniert Strategien aus bestehenden Methoden, wie Scrum, Extreme Programming (XP), Agile Modeling (AM), Unified Process (UP), Kanban und anderen, und will dem Anwender damit die Notwendigkeit der Anpassung ersparen.
- **Vollständiger Lebenszyklus**
  DAD adressiert das gesamte Projekt vom Initiationspunkt bis hin zur Auslieferung.
- **Prozesszielgetrieben**
  DAD fordert nicht wie Scrum, dass die Anforderungen in einem einzigen Backlog konsolidiert werden, sondern »die Stakeholder« entscheiden direkt über die Priorisierung.
- **Unternehmensbewusstsein**
  Unternehmensbewusstsein ist ein entscheidender Teil der Philosophie von DAD. DAD-Teams arbeiten im Unternehmens-Ökosystem einer Organisation wie jedes andere Team. Idealerweise wird ein DAD-Team vorhandene Ressourcen nutzen. Ein weiterer Aspekt ist die explizite Aufnahme von DevOps-Praktiken in DAD.

DAD definiert einen Satz von primären und sekundären Rollen. Primäre Rollen kommen in jedem Projekt vor, sekundäre Rollen nur nach Bedarf.

Primäre Rollen

- **Stakeholder**
  Jemand, der wesentlich durch die Ergebnisse der Lösung beeinflusst wird.
- **Product Owner**
  Die Person, die als »eine Stimme des Kunden« spricht.
- **Teammitglied**
  Das Teammitglied konzentriert sich auf die Herstellung der eigentlichen Lösung.
- **Team Lead**
  Der agile Trainer, der für die Kommunikation, die Optimierung der Prozesse und die Beseitigung von Hindernissen verantwortlich ist.
- **Architektur-Besitzer**
  Er trifft die Architekturentscheidungen für das Team.

Sekundäre Rollen

- **Spezialist**
  Manchmal sind externe Spezialisten neben dem cross-funktionalen Team erforderlich.
- **Domänen-Experte**
  Ein Domänen-Experte ist manchmal für komplexe Bereiche erforderlich.
- **Technischer Experte**
  In Fällen, in denen ein besonders schwieriges Problem auftritt, kann ein technischer Experte hinzugezogen werden, z.B. ein Datenbankadministrator, User-Experience-(UX-)Designer oder Sicherheitsexperte.
- **Unabhängige Tester**
  In Fällen einer komplexen Domäne oder Technologie kann zusätzlich zum Team ein unabhängiges Testteam gebraucht werden.
- **Integrator**
  Komplexe große Lösungen kann ggf. ein Integrator aus den verschiedenen Subsystemen bauen.

Zusammenfassung

Als hybrider Ansatz verwendet DAD möglichst traditionelle Rollenbeschreibungen und einige Versatzstücke aus den verschiedenen Methoden. Es wird vermieden, traditionelle Manager mit zu viel Neuem zu überfordern.

Der End-to-End-Anspruch wird vor allem dadurch eingelöst, dass ein vollständiges Projekt in Releases und diese in Phasen eingeteilt werden:

- *Inception*
  Zielfestlegung und Planung
- *Construction*
  Es wird inkrementell eine verwertbare Lösung konstruiert.
- *Transformation*
  Die Lösung wird ausgeliefert.

Beide Entscheidungen weisen auch auf einen weiteren grundlegenden Unterschied zu den anderen beschriebenen Methoden hin: DAD ist darauf ausgerichtet, einmal angepasst und dann ausgerollt zu werden.

14.3.6 Verschiedene Zielsetzungen der Frameworks

Wenn man DAD mit dem Ansatz von LeSS vergleicht, sticht die Bandbreite der oben beschriebenen agilen Skalierungsframeworks besonders deutlich ins Auge: LeSS konzentriert sich fast ausschließlich auf den »Change«-Aspekt und die Implementierung der kontinuierlichen Verbesserung und macht nur minimale

Aussagen zu Strukturen und sicherlich nicht zu Phasen. LeSS wendet sich an avantgardistische Firmen, die bereit sind, mit großen Teilen traditioneller Organisation zu brechen.

DAD richtet sich offensichtlich an Organisationen, die sehr traditionell aufgestellt sind, und bietet ihnen einen begrenzten Ansatz für die Verbesserung ihrer Prozesse an, verlangt von ihnen dabei nicht, sich wesentlich zu verändern. Es verschenkt damit ggf. die Chance, bestehende Dysfunktionalitäten aufzudecken und zu verbessern.

SAFe richtet sich an dieselben Organisationen und gibt ihnen für die Startphase eine Orientierung. Es bietet jedoch eine viel tiefgreifendere Umgestaltung an und öffnet den Weg hin zu einer agilen und Lean-Organisation. Dabei verlangt SAFe aber nicht die Umstellung über den ganzen Weg, sondern akzeptiert die Strukturen typischer großer Firmen.

Scrum@Scale und Enterprise Scrum nehmen durch ihre modulare, Pattern-orientierte Struktur unter den Skalierungsframeworks eine Sonderstellung ein: Sie lassen einen großen Freiraum zur Gestaltung der spezifischen Implementierung von Agile und Lean.

Nexus schließlich hat viele Ähnlichkeiten mit LeSS und setzt wie LeSS auf den Erhalt bzw. eine Präzisierung der Kern-Scrum-Konzepte für größere Entwicklungen.

14.3.7 Starterkits – über Sinn und Unsinn agiler Frameworks

Die am weitesten fortgeschrittenen agilen Teams geben zum Teil Praktiken wieder auf, die beim Übergang zu agiler Entwicklung unentbehrlich waren. Sie werden zu starr, sind zu sehr an Regeln orientiert, schränken die Weiterentwicklung ein. Wenn man nur die Brille von Regeln und Praktiken aufsetzt, sind diese fortgeschrittenen Organisationen von Teams, die wieder in alte Strukturen zurückfallen, nur schwer zu unterscheiden.

Was macht diese fortgeschrittenen Teams und Organisationen aus? Und welchen Wert haben Prozessframeworks, wenn ausgerechnet die besten Benutzer wieder davon abweichen?

Wir glauben, dass Frameworks ein unentbehrliches Werkzeug zum Wachsen darstellen. Sie zeigen Beispiele guter Praktiken und die Defizite und Probleme der gegenwärtigen Organisation auf. Um es nochmals zu betonen: Vielleicht das wichtigste Bewertungskriterium für ein Framework ist die Art, wie Change und kontinuierliche Verbesserung integriert sind.

Scrum implementiert dies durch den Sprint, eine Timebox und die Forderung, am Ende jedes Sprints ein potenziell auslieferbares Produktinkrement zu liefern. Auf die meisten Organisationen übt das einen Druck aus, ihre Praktiken zu verändern und über ihre Strukturen insgesamt nachzudenken, um dieses Ziel zu erreichen.

Kanban übt diesen Druck durch die Limitierung der gleichzeitigen Arbeiten aus.

Parallel dazu stellen Frameworks – vor allem mit dem Retrospektiven-Meeting – Mittel zur kontinuierlichen Verbesserung des Prozesses zur Verfügung. Unerfahrene Organisationen nutzen diese Mittel, um den vorgegebenen Prozess besser zu implementieren. Aber im Lauf der Zeit werden sie die Vorgaben infrage stellen bzw. darüber hinausgehen, d.h. den Prozess selbst in die Hand nehmen.

Scrum, Kanban und SAFe sind solche Starterkits: Sie helfen bei der Strukturierung und der Verbesserung der Organisation. Sie können aber auch eine Falle sein und zu Stillstand führen, wenn sie eingefroren und festgeschrieben werden. Dann haben sie ihre wichtigste Eigenschaft verloren: ein Werkzeug zu Change Management und kontinuierlicher Verbesserung zu sein.

14.4 Fortgeschrittene agile Implementierungen

Das Beispiel Spotify

Ein interessanter fortgeschrittener Ansatz zur Implementierung agiler Prinzipien kommt von dem schwedischen Streaming-Provider Spotify.

Spotify hat mit Scrum gestartet, und dies ist tief in der Unternehmenskultur verankert. Mit der Zeit wurde die kontinuierliche Verbesserung das dominante Muster und starre Strukturen, sogar die Scrum-Strukturen, wurden zu einer Einengung. Sie wurden im Zuge des Wachstums von Spotify ebenfalls weiterentwickelt [Kniberg 2014]:

- **Squads**
  Die Teams sitzen zusammen, haben einen Product Owner, haben eine Mission wie ein Start-up und werden ermutigt, alle möglichen Arten von Experimenten durchzuführen. Manche von ihnen verwenden Scrum, manche Kanban oder eine Mischung von beidem.
- **Agile Coach**
  Die Squads haben Zugriff auf einen Agile Coach, der sie unterstützt. Dieser ersetzt den Scrum Master.
- **Selbstbewertung**
  Squads bewerten regelmäßig ihre Arbeit, sowohl den aktuellen Stand als auch den Trend, und machen diese sichtbar.
- **Tribes**
  Ein Tribe ist eine Gruppe von Squads mit bis zu 100 Mitgliedern, die an einem zusammenhängenden Thema arbeiten. Ein Tribe hat einen Tribe Lead, der an der Bereitstellung einer guten Arbeitsumgebung arbeitet. Tribes sind so etwas wie die Inkubatoren für die Start-up-Squads.

- **Chapters und Guilds**
  Durch die hohe Autonomie der Squads entsteht die Herausforderung, das gemeinsame Lernen zu organisieren. Dazu gibt es intensiv arbeitende Communities of Practice. Diese heißen »Chapter« innerhalb eines Tribe und »Guild«, wenn sie übergreifend arbeiten.

Abhängigkeiten reduzieren

Abhängigkeiten zwischen Squads sind unvermeidbar, allerdings werden Abhängigkeiten systematisch verfolgt, und die Squads suchen aktiv Wege, diese zu reduzieren.

Dies hinterlässt auch Spuren in der gesamten Architektur: Spotify ist sehr schnell gewachsen und hat über 1000 Mitarbeiter. Die Services werden durch ca. 100 verschiedene Systeme bereitgestellt, jedes Squad darf in jedem System Änderungen vornehmen, um seinen Service auszurollen. Damit dies nicht aus dem Ruder läuft, gibt es System-Owner für die verschiedenen Systeme und Chef-Architekten, die die Änderungen koordinieren, Squads beraten und dabei helfen, wiederholte Fehler zu vermeiden.

Vertrauenskultur

Jeder hat Zugriff auf alle Systeme – einem gestandenen Systemadministrator sträuben sich bei diesem Gedanken alle Nackenhaare. Dieses Konzept ist nur in einer bestimmten Umgebung und bei einem hohen gegenseitigen Vertrauen überhaupt denkbar.

Dazu passt, dass Vertrauen und Loslassen eine gelebte Philosophie der Geschäftsleitung von Spotify ist. Sie sehen sich als die Personen, die die richtigen Fragen stellen und damit die Firma entsprechend fokussieren.

14.5 Die Grenzen von SAFe

14.5.1 Missverständnisse von SAFe

Wir haben es mehrfach erwähnt, aber es muss hier nochmals am Anfang einer kritischen Diskussion zu SAFe stehen: SAFe wird ein Fehlschlag werden, wenn man es als Blaupause versteht und einfach ausrollt.

SAFe kann signifikant helfen, wenn man es als Starter-Paket begreift. Man kann einen vernünftigen Satz von Erfahrungen verwenden und muss von da an das Modell auf die eigenen Erfordernisse anpassen.

Man kommt nicht umhin anzumerken, dass SAFe zum Teil zu diesem Missverständnis einlädt. Es ist sehr detailliert ausgearbeitet und macht in vielen Fällen fast schmerzhaft genaue Vorschläge. Das ist gleichzeitig Stärke und Schwäche.

Die suggestive Kraft des Big Picture

Besonders deutlich wird dies am »Big Picture«, dem Überblicksbild von SAFe. Das Bild wirkt auf der einen Seite in vielen Fällen als Türöffner: »Endlich hat jemand die Frage der Skalierung zu Ende gedacht – das will ich haben« – kann die erste Assoziation sein.

Auf der anderen Seite ist aber auch genau das die naheliegende Falle: »Wir implementieren SAFe und müssen uns danach keine Gedanken mehr machen.«

Struktur versus Kultur

Ein solcher mechanischer Ansatz basiert auf der Illusion, dass die IT »in Ordnung« kommt und danach keine Aufmerksamkeit mehr braucht. Das Gegenteil ist der Fall. Ein ernsthafter an der Wertschöpfung orientierter Portfolioprozess bindet das Topmanagement enger an die Umsetzung und schafft neue Feedbackzyklen auf jeder Ebene. Wenn die Manager darauf nicht vorbereitet sind, wird jeder agile Ansatz, auch SAFe, zu unmittelbaren Spannungen führen.

Eine agile Transformation ist ein Change-Prozess einhergehend mit einem tiefgreifenden Kulturwandel. Wenn man SAFe richtig einsetzt, können seine Elemente als Katalysatoren zu diesem Wandel beitragen. Zum Beispiel kann die Forderung, regelmäßig Inkrementdemonstrationen durchzuführen, allein schon den Blick auf technische Defizite, Abteilungssilos und fehlende Business-Capabilities lenken.

14.5.2 Wer braucht SAFe?

In vielen gewachsenen Organisationen hat die Komplexität über die Jahre zugenommen, und zum Teil ist nicht mehr einfach ersichtlich, was die Ursache für diese Komplexität ist. Was macht die essenzielle Komplexität aus, d.h. die Komplexität, die das Produkt tatsächlich hat, und welchen Anteil muss man unter zufällige Komplexität verbuchen, d.h., die Organisation ist deshalb so groß, weil sie sich selbst verwaltet.

SAFe bietet an dieser Stelle ein Denkwerkzeug an, um diese Unterscheidung zu unterstützen: den Prozess zum Auffinden der Wertströme (Finde die »Niere«, siehe Abschnitt 7.6.1). Er muss aber aktiv genutzt werden, um nicht nur einfach die »Soll«-Strukturen zu beschreiben, sondern um dies zum Einleiten einer Vereinfachung und Veränderung zu nutzen. In einer realen Transformation gibt es aber viele solcher »Baustellen«: Rollenbeschreibungen, Belohnungssysteme, Team- vs. Ressourcenstrukturen, Führungsbild und vieles andere. Die Anpassung all dieser Strukturen wird – wie jeder Change-Prozess – viel Kraft kosten und Widerstände auslösen.

Auf jeden Fall sollte am Anfang die Analyse stehen: Wo stehen wir und was müssen wir aufräumen, damit wir eine reale Chance zu nachhaltigen Fortschritten haben.

Ist SAFe ein Startpunkt für uns?

SAFe kann einer traditionellen Matrixorganisation helfen, die ersten Schritte hin zu einem effektiven agilen und Lean-Unternehmen zu gehen. In diesem Fall kann es viele Überlegungen abkürzen und eine Orientierung geben.

Für Firmen, die schon agile und Lean-Praktiken nutzen, ist es besser, ihre eventuell schon weiter fortgeschrittenen Strukturen in SAFe einzubringen, anstatt unkritisch die Strukturen zu übernehmen, die möglicherweise einen Rückschritt bedeuten.

Rollen versus Personen

SAFe beschreibt eine Vielzahl von Rollen, was zunächst den Eindruck erwecken könnte, dass diese immer besetzt und auch immer von verschiedenen Personen eingenommen werden. Das ist nicht richtig. Ein Beispiel ist der UX-Verantwortliche eines Release Train:

- Abhängig vom Produkt kann so eine Rolle gebraucht werden oder nicht.
- Sie kann durch ein oder mehrere Mitglieder in Teams oder sogar von einer Community of Practice besetzt werden.
- Sie ist die Konsequenz daraus, dass es (noch) nicht (oder nicht ausreichend) gelungen ist, eine kooperative Lösung zu finden, in der inkrementell neue Funktionalitäten entwickelt, getestet und ausgeliefert werden.

Im Beispiel Spotify ist nicht Vereinheitlichung die erste Assoziation, sondern Entkopplung und die Ausrichtung der Squads auf die Arbeit als Start-ups, die eigenständig Experimente durchführen.

Braucht man alle Strukturen?

Diese Überlegungen sind nicht nur für UX relevant, sondern für viele der Rollen auf der Programm- und Portfolioebene.

SAFe bricht mit einem Prinzip in den anderen agilen Methoden, dass keine Strukturen auf Vorrat definiert werden, sondern dass man mit einem minimalen Satz startet und den Rest nach Bedarf hinzufügt oder entfernt. Daher werden auch nicht alle Organisationen unbedingt alle Ebenen und alle Rollen brauchen.

14.5.3 Feedbackschleifen schließen

SAFe nennt Beispiele für Metriken auf den verschiedenen Ebenen, aber es beschreibt wenige Mechanismen, wie die Ergebnisse der Metriken in die weitere Planung eingehen. Damit geht die Beschreibung von SAFe schon über viele andere Frameworks hinaus, etwa Scrum nach dem Scrum Guide [Schwaber & Sutherland 2016], der nur konstatiert, dass das Scrum-Team mit dem Ende des Retrospektiven-Meetings Verbesserungen für den nächsten Sprint identifiziert hat. Besonders fällt dies bei der Portfolioebene auf. Beim Prozess, mit dem neue Epics für den Portfolioprozess ausgewählt und priorisiert werden, fehlt ein »fast track«, das schnelles Feedback aus dem Markt für neue Ideen einbringt. SAFe verhindert dies zwar nicht, aber es sieht auch keine expliziten Mechanismen dafür vor: SAFe ist ein Startpunkt, von dem aus man einen agilen Prozess implementieren kann. Es ist kein Allheilmittel oder die Lösung für alle Fragen.

14.6 Kultur verspeist Prozess zum Frühstück

Bei SAFe wie bei Scrum gilt: Damit das Framework nicht eine leere Prozesshülle bleibt, sondern eine lebendige agile Implementierung wird, muss kontinuierliche Verbesserung ein Teil der Kultur werden. Die Metriken sind genauso ein Startpunkt für regelmäßige Weiterentwicklung wie das gesamte Framework.

Insgesamt sind Praktiken nur die Oberfläche. Sie sind schwer zu vermitteln, und es ist noch schwerer, auf Dauer einen Abgleich von Praktiken zu erreichen.

Vieles wird leichter, wenn man die zugrunde liegenden Werte und Prinzipien vermittelt. Prinzipien sind dauerhafter, anpassungsfähiger und beeinflussen nachhaltiger die gelebten und geteilten Anschauungen und die Kultur einer Organisation.

Literaturverzeichnis

[**Ambler & Lines 2012**] Ambler, S. W.; Lines, M.: *Disciplined Agile Delivery: A Practitioner's Guide to Agile Software Delivery in the Enterprise.* IBM Press, 2012.

[**Beck 1999**] Beck, K.: *Extreme Programming Explained: Embrace Change.* Addison-Wesley, 1999.

[**Beedle 2014**] Beedle, M.: *Enterprise Scrum*, 2014. *http://www.enterprisescrum.com.*

[**Beedle et al. 1999**] M. Beedle, M. Devos, Y. Sharon, K. Schwaber, J. Sutherland: *Scrum: A Pattern Language for Hyperproductive Software Development.* Pattern Languages of Program Design, Vol. 4. Addison-Wesley, 1999, pp. 637–651.

[**Booch 2011**] Booch, G.: *Handbook of Software Architecture*, 2011. *http://www.handbookofsoftwarearchitecture.com/index.jsp.*

[**Cohn 2009**] Cohn, M.: *Succeeding with Agile: Software Development Using Scrum.* Addison-Wesley, 2009.

[**Coplien 2014**] Coplien, J.: *Scrum Pattern Community*, 2014. *http://www.scrumplop.org.*

[**DeMarco & Lister 1999**] DeMaro, T.; Lister, T.: *Peopleware: Productive Projects and Teams.* Computer Bookshops, 1999.

[**Deming 1993**] Deming, W. E.: *The New Economics for Industry, Government, Education.* MIT Press, 1993.

[**Deming 2000**] Deming, W. E.: *Out of the Crisis.* MIT Press, 2000.

[**Goldratt 1990**] Goldratt, E. M.: *Theory of Constraints.* North River Press, 1990.

[**Hiatt 2006**] Hiatt, J.: *ADKAR: A Model for Change in Business, Government and Community.* Prosci Inc., 2006.

[**Highsmith 2005**] Highsmith, J.: *Declaration of Interdependence*, 2005. *http://pmdoi.org.*

[**Kniberg 2014**] Kniberg, H.: *Crisp*, 2014. *http://blog.crisp.se/2012/11/14/henrikkniberg/scaling-agile-at-spotify.*

[**Kohn 1993**] Kohn, A.: *Punished by Rewards: The Trouble with Gold Stars, Incentive Plans, A's, Praise, and Other Bribes.* Houghton Mifflin, 1993.

[**Kotter 1996**] Kotter, J. P.: *Leading Change.* Harvard Business School Press, 1996.

[Larman & Vodde 2008] Larman, C.; Vodde, B.: *Scaling Lean & Agile Development: Thinking and Organizational Tools for Large-Scale Scrum.* Addison-Wesley, 2008.

[Larman & Vodde 2010] Larman, C.; Vodde, B.: *Practices for Scaling Lean Agile Development.* Addison-Wesley, 2010.

[Larman & Vodde 2017] Larman, C.; Vodde, B.: *Large-Scale Scrum: Scrum erfolgreich skalieren mit LeSS.* dpunkt.verlag, 2017.

[Lawrence 2010] Lawrence, R.: *Agile for All,* 2010. *http://www.agileforall.com/2009/10/patterns-for-splitting-user-stories.*

[Lewin 1947] Lewin, K.: *Frontiers of Group Dynamics.* Bd. 1, Human Relations, 1947.

[Nonaka & Konno 1998] Nonaka, I.; Konno, N.: *The Concept of »Ba«: Building a Foundation for Knowledge Creation.* California Management Review, Vol. 40, No. 3, S. 40–54.

[Osterwalder 2011] Osterwalder, A.: *Business Model Generation: Ein Handbuch für Visionäre, Spielveränderer und Herausforderer.* Campus Verlag, 2011.

[Poppendieck & Poppendieck 2003] Poppendieck, M.; Poppendieck, T.: *Lean Software Development: An Agile Toolkit.* Addison-Wesley, 2003.

[Poppendieck & Poppendieck 2009] Poppendieck, M.; Poppendieck, T.: *Leading Lean Software Development.* Addison-Wesley, 2009.

[Reinertsen 2009] Reinertsen, D. G.: *The Principles of Product Development Flow: Second Generation Lean Product Development.* Celeritas Publishing, 2009.

[Ries 2011] Ries, E.: *The Lean Startup: How Today's Entrepreneurs Use Continuous Innovation to Create Radically Successful Businesses.* Crown Business, 2011.

[Royce 1970] Royce, W. W.: *Managing the Development of Large Software Systems.* Technical Papers of Western Electronic Show and Convention (WesCon), 1970.

[Schwaber & Sutherland 2016] Schwaber, K.; Sutherland, J.: *Scrum Guide,* 2016. *http://www.scrumguides.org.*

[Senge 2006] Senge, P. M.: *The Fifth Discipline: The Art & Practice of The Learning Organization.* 2. Auflage, Crown Business, 2006.

[Sutherland 2001] Sutherland, J.: *Retrospective on SCRUM and Its Implementation in Five Companies.* 2001, *http://www.enterprisescrum.com/publications/scrum%20-%20Jeff%20Sutherland.pdf.*

[Takeuchi & Nonaka 1986] Takeuchi, H.; Nonaka, I.: *The New New Product Development Game.* Bde. Jan-Feb, Harvard Business Review, 1986.

[Wikipedia-Littles Gesetz] (kein Datum) Wikipedia: *Little's Gesetz. http://de.wikipedia.org/wiki/Littles_Gesetz.*

[Wikipedia-Team] (kein Datum) Wikipedia: *Team. http://en.wikipedia.org/wiki/Team.*

[Womack & Jones 2003] Womack, J. P.; Jones, D. T.: *Lean Thinking.* Campus Verlag, 2003.

[Womack et al. 1990] Womack, J. P.; Jones, D. T.; Roos, D.: *The Machine that changed the world.* Free Press, 1990.

Index